高职高专国家示范性院校机电类专业课改教材

现代电气及PLC应用技术

（西门子 S7–200 及 SMART)

主　编　童克波
副主编　殷培峰　孙红英　马　超
参　编　李　泉　闫海兰

西安电子科技大学出版社

内 容 简 介

　　本书以"边教、边学、边做"为目的，按项目引导、任务驱动的模式编写。本书主要内容包括各种常用低压电器元件，继电接触式控制系统的基本控制线路的原理、接线、故障排除和调试运行，西门子S7-200 PLC的结构原理，V4.0 STEP 7-Micro/WIN SP9编程软件的使用，S7-200仿真软件的使用，PLC对电动机负载、灯负载、数码管负载的控制以及PLC对模拟量的控制，最后讲解西门子公司新推出的S7-200 SMART PLC。

　　本书是一本"理实一体化"教材，非常适合作为高职院校的自动控制、电气自动化、机电一体化、过程自动化、机电设备与维修专业的教材，也可供有关工程技术人员参考。

图书在版编目(CIP)数据

现代电气及 PLC 应用技术：西门子 S7-200 及 SMART / 童克波主编. —西安：
西安电子科技大学出版社，2019.5(2021.8 重印)
ISBN 978 - 7 - 5606 - 5282 - 5

Ⅰ.① 现… Ⅱ.① 童… Ⅲ. ① 电气控制—高等学校—教材 ② PLC 技术—
高等学校—教材 Ⅳ.① TM571.2 ② TM571.6

中国版本图书馆 CIP 数据核字(2019)第 055663 号

策划编辑　秦志峰
责任编辑　张　玮
出版发行　西安电子科技大学出版社(西安市太白南路 2 号)
电　　话　(029)88202421　88201467　　　　邮　　编　710071
网　　址　www.xduph.com　　　　　　电子邮箱　xdupfxb001@163.com
经　　销　新华书店
印刷单位　西安创维印务有限公司
版　　次　2019 年 5 月第 1 版　　2021 年 8 月第 2 次印刷
开　　本　787 毫米×1092 毫米　1/16　印 张 18
字　　数　426 千字
印　　数　3001～5000 册
定　　价　44.00 元
ISBN 978 - 7 - 5606 - 5282 - 5 / TM
XDUP 5584001-2
如有印装问题可调换

前　言

本书以西门子 S7-200 PLC 机型为讲授机型，全书按照"项目引导、任务驱动"的思路进行编写，贯彻"学中练、练中学、学练一体"新教学理念。全书共分为 10 个项目，每个项目设置了多个教学任务，教学任务由"任务引入""任务分析""相关知识""任务实施"和"知识拓展"等环节组成，以便引导学生总结和强化所学知识。

近几年，西门子公司推出了 S7-200 SMART PLC 机型，用于取代 S7-200 PLC 机型。本书在项目 10 中对 S7-200 SMART PLC 机型也作了详细介绍，供大家参考。

本书是按"理实一体化"教学模式编写的，特别适合高职院校使用。本书的主要特色如下：

(1) 同一题目使用不同的方式编程，可让读者从中感受到编程的多样性，并掌握更多编程技巧。

(2) 贯彻"理实一体化"的教学模式，切实做到"边教、边学、边做"。

(3) 所选内容贴近生产实际，容易在实训中实现，更利于学生理解、掌握。

本书最大的特点是案例多，一个任务一个案例，通过大量案例讲解、实施，使学生具备认识各种低压电器元件，并能根据原理图正确进行接线的能力。PLC 的讲解由浅入深、循序渐进，最后使学生达到根据题目要求使用逻辑指令、功能指令、模拟量指令编写中小程序的目标。

全书共 10 个项目、1 个附录。本书由兰州石化职业技术学院童克波任主编，兰州石化职业技术学院殷培峰、孙红英和平顶山工业职业技术学院马超任副主编；参与本书编写的还有兰州石化职业技术学院李泉、闫海兰。具体编写分工如下：童克波编写项目 6、项目 7、项目 9；殷培峰编写项目 1；孙红英编写项目 3、项目 4、项目 10；马超编写项目 8；李泉编写项目 5；闫海兰编写项目 2 及附录。全书由童克波负责统稿并定稿。

由于编者水平有限，书中不妥之处在所难免，恳请广大读者批评指正。编者联系邮箱：tongkebo@163.com。

编　者

2019 年 4 月

目 录

项目 1

基本电气控制线路

任务 1　实现电动机的单向旋转

一、任务引入

电动机的单向旋转是指在三相异步电动机的定子绕组上加上额定电压，进行全压启动。在工业、农业和建筑业等行业中这种控制电路占到 60%以上，通常采用继电器-接触器控制系统，其特点是电气设备少、电路简单、维修量小。该控制电路启动后，电动机保持连续旋转，按停止按钮，电动机停止转动；电路还设有短路、过载、欠压和失压保护。

二、任务分析

要完成该任务，必须具备以下能力：

(1) 掌握接触器、热继电器、熔断器等低压电器的结构和工作原理。

(2) 能绘制主电路和控制电路图。

(3) 熟悉电动机单向旋转的工作原理。

(4) 能依据电气控制原理图完成接线。

三、相关知识

1. 低压电器概述

1) 低压电器的定义

对电能的生产、输送、分配和使用起控制、调节、检测、转换及保护作用的电气设备称为电器。按工作电压的不同，电器可分为高压电器和低压电器两大类。

低压电器是指工作在额定电压交流 1200 V 以下、直流 1500 V 及以下电路中起通断、控制、保护或调节作用的电器。

2) 低压电器的分类

低压电器种类繁多，结构各异，功能多样，用途广泛。其分类如下：

(1) 按动作方式分类，低压电器可分为以下两类：

① 手动电器。由人手直接操作才能完成任务的电器称为手动电器，如刀开关、按钮和转换开关等。

② 自动电器。依靠指令信号或某种物理量(如电压、电流、时间、速度、热量、位移等)变化就能自动完成接通、分断电路任务的电器称为自动电器，如接触器、继电器等。

(2) 按用途分类，低压电器可分为以下两类：

① 低压保护电器。这类电器主要在低压配电系统及动力设备中起保护作用，以保护电源、线路或电动机，如熔断器、热继电器等。

② 低压控制电器。这类电器主要用于电力拖动控制系统中，用于控制电路通断或控制电动机的各种运行状态并能及时可靠地动作，如接触器、继电器、控制按钮、行程开关、主令控制器和万能转换开关等。

有些电器具有双重作用，如低压断路器既能控制电路的通断，又能实现短路、欠压及过载保护。

(3) 按执行机构分类，低压电器可分为以下两类：

① 电磁式电器。利用电磁感应原理，通过触点的接通和分断来通断电路的电器称为电磁式电器，如接触器、低压断路器等。

② 非电量控制电器。其工作是靠非电量(如压力、温度、时间、速度等)的变化而动作的电器称为非电量控制电器，如刀开关、行程开关、按钮、速度继电器、压力继电器和温度继电器等。

3) 低压电器的基本结构

低压电器的基本结构由电磁机构和触头系统组成。

(1) 电磁机构。电磁机构由电磁线圈、铁芯和衔铁三部分组成。电磁线圈分为直流线圈和交流线圈两种。直流线圈需通入直流电，交流线圈需通入交流电。

电磁机构的工作特性包括：

① 吸力特性。在交流电磁机构中，由于交流电磁线圈的电流 I 与气隙 δ 成正比，所以在线圈通电而衔铁尚未闭合时，电流可能达到额定电流的 5～6 倍。如果衔铁卡住不能吸合或频繁操作，线圈可能因过热而烧毁，所以在可靠性要求较高或操作频繁的场合，一般不采用交流电磁机构。

在直流电磁机构中，电磁吸力与气隙的二次方成反比，所以衔铁闭合前后电磁吸力变化较大，但由于电磁线圈中的电流不变，所以直流电磁机构适用于动作频繁的场合。

② 直流放电回路电磁机构。直流电磁机构的通电线圈断电时，由于磁通的急剧变化，在线圈中会感应出很大的反电动势，很容易使线圈烧毁，所以在线圈的两端要并联一个放电回路。放电回路中的电阻值为线圈电阻值的 5～6 倍。

③ 交流电磁机构中短路环的作用。当线圈中通入交流电时，铁芯中出现交变的磁通，时而最大时而为零，这样在衔铁与固定铁芯间会因吸引力变化而产生振动和噪声。当加上短路环后，交变磁通的一部分将通过短路环，在环内产生感应电动势和电流。根据电磁感应定律，此感应电流产生的感应磁通使通过短路环的磁通产生相位差，进而由磁通产生的吸引力也有相位差，只要作用在磁铁上合力大于反力，即可消除振动。

(2) 触头系统。触头的形式主要有以下几种：

① 点接触式，常用于小电流电器中。

② 线接触式，用于通电次数多、电流大的场合。

③ 面接触式，用于较大电流的场合。

4) 低压电器电弧的产生和灭弧方法

(1) 电弧的产生。低压电器工作时，当触头在分断时，如果触头之间的电压超过 12 V，电流超过 0.25 A，触头间隙内就会产生电弧。

(2) 常用的灭弧方法。常用的灭弧方法包括双断口灭弧、磁吹灭弧、栅片灭弧、灭弧罩灭弧。

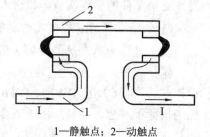

1—静触点；2—动触点

图 1-1　双断口结构的灭弧示意图

① 双断口灭弧：同一相采用两对触头，使电弧分成两个串联的短弧，使每个断口的弧隙电压降低，触头的灭弧行程缩短，提高灭弧能力。这种灭弧方法结构简单，无需专门的灭弧装置，一般多用于小功率的电器中。双断口结构的灭弧示意图如图 1-1 所示。

② 磁吹灭弧：利用气体或液体介质吹动电弧，使之拉长、冷却。按照吹弧的方向，分纵吹和横吹。另外还有两者兼有的纵横吹，大电流横吹、小电流纵吹。磁吹灭弧广泛用于直流接触器中。

③ 栅片灭弧：开关分断时触头间产生的电弧在磁场力作用下进入灭弧栅片内被切割成几个串联的短弧，当外加电压不足以维持全部串联短电弧时，电弧迅速熄灭。交流低压电器开关多采用这种灭弧方法。栅片灭弧装置示意图如图 1-2 所示。

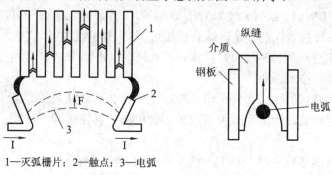

1—灭弧栅片；2—触点；3—电弧

图 1-2　栅片灭弧装置示意图

④ 灭弧罩灭弧：这是一种比栅片灭弧更简单的灭弧方式，采用由陶土和石棉水泥做成的耐高温的灭弧罩，通过隔离和降温来实现灭弧，可用于交直流灭弧。

5) 低压电器的主要技术参数

(1) 额定电压。额定电压是指在规定的条件下，能保证电器正常工作的电压值，通常指触点的额定电压值。对于电磁式电器还规定了电磁线圈的额定工作电压。

(2) 额定电流。额定电流是指在额定电压、额定频率和额定工作制下所允许通过的电流。它与使用类别、触点寿命、防护等级等因素有关，同一开关可以对应不同使用条件下规定的不同工作电流。

(3) 使用类别。使用类别是指有关操作条件的规定组合，通常用额定电压和额定电流的倍数及其相应的功率因数或时间常数等来表征电器额定通断能力的类别。

(4) 通断能力。通断能力包括接通能力和断开能力，以非正常负载时接通和断开的电流值来衡量。接通能力是指开关闭合时不会造成触点熔焊的能力。断开能力是指开关断开时能可靠灭弧的能力。

(5) 寿命。寿命包括电寿命和机械寿命。电寿命是指电器在所规定使用条件下不需修理或更换零件的操作次数。机械寿命是指电器在无电流情况下能操作的次数。

6) 低压电器的发展概况与发展动向

我国低压电器产品的发展大致可分为以下三个阶段：

第一阶段，从 20 世纪 60 年代初至 70 年代初，在模仿基础上自行设计开发第一代统一设计产品。以 CJ10、DW10、DZ10、JR16B 等产品为代表，产品结构尺寸大、材料消耗多、性能指标不理想、品种规格不齐全。这代产品总体技术性能相当于国外 50 年代水平，有的是 40 年代水平，现已被淘汰，但这一代产品为我国低压配电和控制系统的发展起了重要作用。

第二阶段，从 20 世纪 70 年代后期到 80 年代，进行产品的更新换代和引进国外先进技术制造第二代产品。更新换代的代表产品有 CJ20 接触器，DZ20、DW15 断路器系列等。引进国外技术制造的代表产品有 ME、3WE、3TB、B 系列等。这批产品体积小，技术指标明显提高，相当于国外 20 世纪 70 年代末、80 年代初的水平。其中：ME 系列，引进德国 AEC 公司技术，国内型号为 DW17 系列；3WE 系列、3TB 系列，引进德国西门子公司技术，3TB 系列的国内型号为 CJX3 系列；B 系列，引进 ABB 公司技术。

第三阶段，从 20 世纪 90 年代起，我国低压电器产业发展突飞猛进，开发、研制的代表产品有 DW40、DW45、DZ40、CJ40、S 系列等，与国外合资生产的有 M、F、3TF 系列等。这些产品的总体技术性能优良，达到或接近国外 20 世纪 80 年代末、90 年代初水平。其中：M 系列，引进法国施耐德公司技术；F 系列，引进德国 F-G 公司技术；3TF 系列，引进德国西门子公司技术。

为了尽快提高我国的电力系统、自动控制系统、自动监测系统的自动化水平，必须大力发展第三代电器产品，淘汰和改善老产品，使电器产品在研制、开发、生产、检测各阶段实现全面飞跃。

近十年来，我国低压电器制造工业的发展飞速，特别是先进技术的引进，加快了新产品的问世。从国外公司引进的 ME 系列低压断路器、B 系列交流接触器、T 系列热继电器、NT 和 NGT 系列熔断器、C45 系列小型低压断路器等产品的制造技术，基本上实现了国产化，有的产品还返销到国外。如我国自行生产的 DW15-2500 框架式低压断路器，额定电压为 380 V，分断能力为 60 kA，符合 IEC 国际标准，结构紧凑、新颖，使用维修方便，具有电动操作方式并附有应急和维修手柄，保护性能齐全。引进先进技术而开发的新产品 B105 系列交流接触器符合 IEC 和 VDE 标准，体积小、重量轻、结构紧凑、使用方便，机械寿命达 1000 万次，在额定电压 380 V、使用类别为 AC-3 时，电寿命达到 100 万次。RT20／RT30 系列有填料封闭式熔断器，功耗低，分断能力高达 120 kA。

进入 21 世纪以来，低压电器在技术上和功能上都有了很大的发展，各种继电器、接触器和断路器已经普遍采用了电子和智能控制。随着现代设计技术、微机技术、微电子技术、计算机网络和数字通信技术的飞速发展，以及人工智能技术在低压电器中的应用，智能电器已经从简单的采用微机控制取代传统继电控制功能的单一封闭装置，发展到具有较完整的理论体系和多学科交叉的电器智能化系统，成为电气工程领域中电力开关设备、电力系统继电保护、工业供配电系统及工业控制网络技术新的发展方向。

2. 常用低压电器

1) 刀开关

刀开关是手动电器中结构最简单的一种，由绝缘手柄、触刀、静插座、铰链支架和绝缘底板等组成，如图 1-3 所示，主要作用是隔离电源，或作不频繁接通和断开容量较小的低压配电线路。刀开关的分类方式很多，按极数分为单极、双极和三极；按灭弧装置分为带灭弧装置和不带灭弧装置；按转换方向分为单掷和双掷；按操作方式分为直接手柄操作和远距离联杆操作；按有无熔断器分为带熔断器式刀开关和不带熔断器式刀开关。

安装刀开关时，绝缘手柄要向上，不得倒装或平装。如果倒装，拉闸后手柄可能因自重下落引起误合闸而造成人身或设备安全事故。接线时，应将电源线接在上端，负载线接在下端，以确保安全。

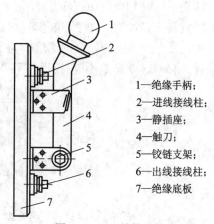

1—绝缘手柄；
2—进线接线柱；
3—静插座；
4—触刀；
5—铰链支架；
6—出线接线柱；
7—绝缘底板

图 1-3   刀开关的结构

在电力拖动控制电路中最常用的是由刀开关和熔断器组合的负荷开关。负荷开关分为开启式负荷开关和封闭式负荷开关两种。

(1) 开启式负荷开关。开启式负荷开关(HK 系列)又称闸刀开关，常用于电气照明、电热设备及小容量电动机控制电路中，在短路电流不大的电路中作手动不频繁带负荷操作和短路保护用。

HK 系列开启式负荷开关由刀开关和熔断器组合而成，开关的瓷底板上装有进线座、静触头、熔丝、出线座及刀片式动触头，如图 1-4 所示。此系列闸刀开关不设专门灭弧装置，整个工作部分用胶木盖罩住，分闸和合闸时应动作迅速，使电弧较快地熄灭，以防电弧灼伤人手，同时减少电弧对刀片和触座的灼损。开关分单相双极和三相三极两种。图 1-5 为其图形符号和文字符号。

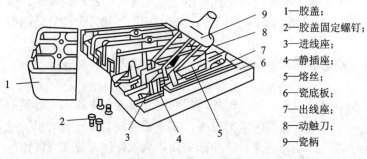

1—胶盖；
2—胶盖固定螺钉；
3—进线座；
4—静插座；
5—熔丝；
6—瓷底板；
7—出线座；
8—动触刀；
9—瓷柄

图 1-4   HK 系列开启式负荷开关结构图

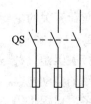

图 1-5   图形符号和文字符号

(2) 封闭式负荷开关。封闭式负荷开关(HH 系列)又称铁壳开关，是在开启式负荷开关基础上改进的一种开关。开启式负荷开关没有灭弧装置，手动操作时，触刀断开速度比较慢，以致在分断大电流时，往往会有很大的电弧向外喷出，有可能引起相间短路，甚至灼伤操作人员。若能够提高触刀的通断速度，在断口处设置灭弧罩，并将整个开关本体装在一个防护壳体内，就可以极大地改善开关的通断性能。根据这个思路设计的封闭式负荷开关，较开启式负荷开关性能更为优越、操作更安全可靠。

图 1-6 所示为常用 HH 系列铁壳开关结构，主要由触刀、静插座、熔断器、速动弹簧、手柄和外壳等组成。为了迅速熄灭电弧，在开关上装有速动弹簧，用钩子扣在转轴上，当转动手柄开始分闸(或合闸)时，U 形动触刀并不移动，只拉伸了弹簧，积累了能量。当转轴转到某一角度时，弹簧力使动触刀迅速从静触座中拉开(或迅速嵌入静触座)，电弧迅速熄灭，具有较高的分、合闸速度。为了保证用电安全，此开关的外壳上还装有机械联锁装置。开关合闸时，箱盖不能打开；箱盖打开时，开关不能合闸。

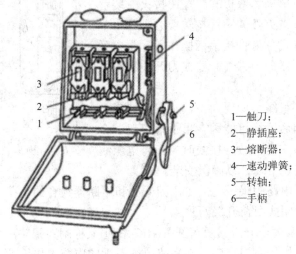

1—触刀；
2—静插座；
3—熔断器；
4—速动弹簧；
5—转轴；
6—手柄

图 1-6　常用 HH 系列铁壳开关结构

负荷开关在安装时要垂直安放，为了使分闸后刀片不带电，进线端在上端与电源相接，出线端在下端与负载相接。合闸时手柄朝上，拉闸时手柄朝下，以保证检修和装换熔丝时的安全。若水平或上下颠倒安放，拉闸后由于闸刀的自重或螺钉松动等原因，易造成误合闸，引起意外事故。

封闭式负荷开关由于具有铸铁或铸钢制成的全封闭外壳，防护能力较好，一般用在工矿企业电气装置和农村的电力排灌、农产品加工、电热及电气照明线路的配电设备中，作为非频繁接通和分断电路用，也可用于控制 15 kW 以下的交流电动机不频繁全压启动的控制开关。

负荷开关的主要技术参数有额定电压、额定电流、极数、通断能力、寿命等。

2) 接触器

接触器是一种适用于低压配电系统中远距离频繁接通或断开交直流主电路和大容量控制电路的自动电器，是利用电磁吸力进行操作的电磁开关，其主要控制对象是电动机、电热设备、电焊机等。它具有操作方便、动作迅速、操作频率高、灭弧性能好等优点，因此应用很广泛。接触器的图形、文字符号如图 1-7 所示。

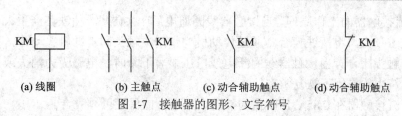

| (a) 线圈 | (b) 主触点 | (c) 动合辅助触点 | (d) 动合辅助触点 |

图 1-7 接触器的图形、文字符号

接触器按其主触头通过电流的种类不同可分为交流和直流两种。

(1) 交流接触器。

① 交流接触器的结构。交流接触器主要由灭弧装置、触头系统和电磁系统三部分组成。图 1-8 为交流接触器的外形与结构图。

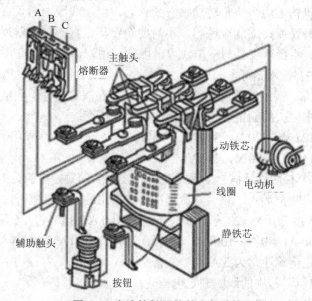

图 1-8 交流接触器的外形与结构

a. 灭弧装置。接触器的灭弧系统利用了双断点的桥式触点具有电动力吹弧的作用,所以 10 A 以上的接触器采用缝隙灭弧罩及灭弧栅片灭弧,10 A 以下的接触器采用半封闭式陶土灭弧罩或相间隔弧板灭弧。

b. 触头系统。触头系统采用双断点桥式触头,由银钨合金制成,具有良好的导电性和耐高温烧蚀性。按通断能力分为主触头和辅助触头。主触头一般由接触面积大的三对常开主触头组成,有灭弧装置,用于通断电流较大的主电路。辅助触头一般由两对常开、常闭辅助触头组成,其接触面积小,用于通断电流较小的控制电路。通常所讲的常开触头和常闭触头,是指电磁系统未通电时的触头状态。触头的状态断开,称为常开触头;触头的状态闭合,称为常闭触头。常开触头和常闭触头是联动的,当线圈通电时,常闭触头先断开,常开触头随后闭合;当线圈断电时,常开触头先恢复断开,常闭触头后恢复闭合。

c. 电磁系统。电磁系统由动、静铁芯、线圈和反作用弹簧组成。静铁芯由 E 形硅钢片叠压铆成,以减小交变磁场在铁芯中产生的涡流及磁滞损耗。线圈由反作用弹簧固定在静铁芯上,动触头固定在动铁芯上,线圈不通电时,主触头保持在断开位置。为了减少机械振动和噪声,在静铁芯极面上装有短路环。

② 交流接触器的工作原理。当接触器线圈通电后产生磁场，使铁芯产生大于反作用弹簧弹力的电磁吸力，将衔铁吸合，通过传动机构带动主触头和辅助触头动作，即常闭触头断开，常开触头闭合。当接触器线圈断电或电压显著下降时，电磁吸力消失或过小，触头在反作用弹簧力的作用下恢复常态。

常用交流接触器在 0.85～1.05 倍的额定电压下，能保证可靠吸合。

(2) 直流接触器。

直流接触器主要用于远距离接通和分断直流电路以及频繁启动、停止、反转和反接制动的直流电动机。也可以用于频繁接通和断开的起重电磁铁、电磁阀、离合器的电磁线圈等。直流接触器的结构和工作原理与交流接触器基本相同，也由电磁系统、触头系统和灭弧装置组成。电磁机构采用沿棱角转动拍合式铁芯，由于线圈中通入直流电，铁芯不会产生涡流，可用整块铸铁或铸钢制成铁芯，不需要短路环。直流接触器通入直流电，吸合时没有冲击启动电流，不会产生猛烈撞击现象，因此使用寿命长，适宜频繁操作场合。

(3) 接触器的主要技术指标。

① 额定电压 U_N。接触器铭牌上的额定电压是指在规定条件下，能保证电器正常工作的电压值，一般指主触头的额定电压。常用的额定电压有：

交流接触器：127 V、220 V、380 V、500 V。

直流接触器：110 V、220 V、440 V。

② 额定电流 I_N。接触器铭牌上的额定电流指主触头的额定电流，由工作电压、操作频率、使用类别、外壳防护形式、触头寿命等决定。常用的额定电流有：

交流接触器：5 A、10 A、20 A、40A、60 A、100 A、150 A、250 A、400 A、600 A。

直流接触器：40 A、80 A、100 A、150 A、250 A、400 A、600 A。

辅助触头的额定电流通常为 5 A。

③ 线圈额定电压。常用的线圈额定电压有：

交流接触器：36 V、110 V、127 V、220 V、380 V。

直流接触器：241 V、48 V、220 V、440 V。

④ 通断能力。接触器的通断能力是以主触头在规定条件下可靠地接通和分断的电流值来衡量。

⑤ 操作频率。接触器的操作频率是指在每小时允许操作次数的最大值。它直接影响接触器的电寿命和机械寿命。

(4) 接触器的选择。常用的交流接触器有 CJ10、CJ12、CJ20、B、3TB 系列。CJ 是国产系列产品，B 系列是引进德国 ABB 公司技术生产的一种新型接触器。3TB 系列是引进德国西门子公司的技术而生产的新产品。常用的直流接触器有 CZ0、CZ18、CZ28 系列。

接触器的选择原则如下：

① 接触器的类型选择：根据电路中负载电流的种类选择接触器。控制交流负载应选用交流接触器，控制直流负载应选用直流接触器。当直流负载容量较小时，也可用交流接触器控制，但触头的额定电流应适当选择大些。

② 额定电压的选择：接触器的额定电压(主触头的额定电压)应大于或等于负载回路的额定电压。

③ 额定电流的选择：接触器的额定电流(主触头的额定电流)应大于或等于负载回路的

额定电流。

④ 线圈的额定电压的选择：应与所在控制电路的额定电压等级一致。

(5) 接触器的安装与使用。

① 接触器要垂直安装在平面上，倾斜度不超过 5°；安装孔的螺钉应装有垫圈，并拧紧螺钉，防止松脱或振动；避免杂物落入接触器内。安装地点应避免剧烈振动，以免造成误动作。

② 安装前应首先检查接触器的外观是否完好，是否有灰尘、油污以及各接线端子的螺钉是否完好无缺，触点架、动静触点是否同时动作等。

③ 检查接触器的线圈电压是否符合控制电压的要求，接触器的额定电压应不低于负载的额定电压，触点的额定电流应不低于负载的额定电流。

④ 安装接触器时，应防止小螺钉、螺母、垫片、线头掉入接触器内。

3) 熔断器

熔断器是一种结构简单、使用方便、价格低廉的保护电器，广泛用于低压配电系统和控制系统中，主要用作短路保护和严重过载保护。熔断器串接于被保护电路中，当通过的电流超过规定值一定时间后，以其自身产生的热量使熔体熔断，切断电路，从而达到保护电路及电气设备的目的。

(1) 熔断器的结构和工作原理。熔断器的基本结构主要由熔体、载熔体件和绝缘底座三部分组成。熔体是熔断器的核心部件，熔体常做成丝状、栅状或片状。熔体材料具有特性稳定、易于熔断的特点，一般采用铅锡合金、镀银铜片以及锌、银等金属。

熔断器串入被保护电路中，在正常情况下，熔体相当于一根导线，这是因为在正常工作时，流过熔体的电流小于或等于它的额定电流，此时熔体发热温度尚未达到熔体的熔点，所以熔体不会熔断，电路保持接通而正常运行；当被保护电路出现严重过载或短路时，流过熔断器的电流远大于其额定电流，该电流在极短的时间内产生大量的热量，熔体的温度急剧上升，达到熔点自行熔断，从而分断故障电流，起到保护作用。

(2) 熔断器的分类。常用的熔断器类型有瓷插式、螺旋式、有填料封闭管式熔断器、无填料封闭管式等几种。

① 瓷插式熔断器。常用的瓷插式熔断器为 RC1 系列，如图 1-9 所示，由瓷盖、瓷座、动触头、静触头和熔丝等组成，其结构简单，价格便宜，带电更换熔丝方便，但分断电流能力低，所以只能用于低压分支电路或小容量电路中作短路和过载保护，而不能用于易燃易爆的工作场合。

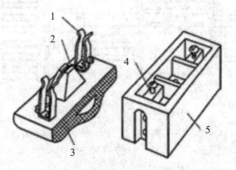

1—动触头；
2—熔丝；
3—瓷盖；
4—静触头；
5—瓷座

图 1-9　RC1 型瓷插式熔断器

② 螺旋式熔断器。常用的螺旋式熔断器 RL1 系列如图 1-10 所示，主要由带螺纹的瓷帽、熔管、瓷套、上接线端、下接线端和瓷座等组成。熔管内装有熔丝，并充满石英砂，两端用铜帽封闭，防止电弧喷出管外。熔管一端有熔断指示器(一般为红色金属小圆片)，当熔体熔断时，熔断指示器自动脱落，同时管内电弧喷向石英砂及其缝隙，可迅速降温而熄灭电弧。

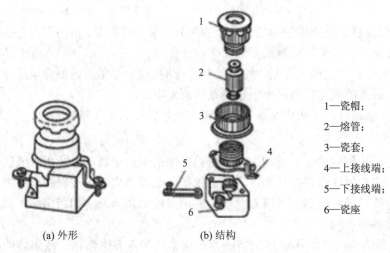

1—瓷帽；
2—熔管；
3—瓷套；
4—上接线端；
5—下接线端；
6—瓷座

(a) 外形　　　　(b) 结构

图 1-10　RL1 型螺旋式熔断器

螺旋式熔断器分断电流能力较大，体积小，更换熔体方便，广泛用于低压配电系统中的配电箱、控制箱及振动较大场合，作短路和过载保护。

螺旋式熔断器的额定电流为 5～200 A，使用时将用电设备的连线应接到熔断器的上接线端，电源线应接到熔断器的下接线端，防止更换熔管时金属螺旋壳上带电，保证用电安全。

③ 有填料封闭管式熔断器。常用的有填料封闭管式熔断器 RT0 系列如图 1-11 所示，主要由熔管和底座两部分组成。其中，熔管由管体、熔体、指示器、触刀、盖板和石英砂填料等组成。有填料管式熔断器均装在特制的底座上，如带隔离刀闸的底座或以熔断器为隔离刀的底座上，通过手动机构操作。填料管式熔断器的额定电流为 50～1000 A，主要用于短路电流大的电路或有易燃气体的场所。

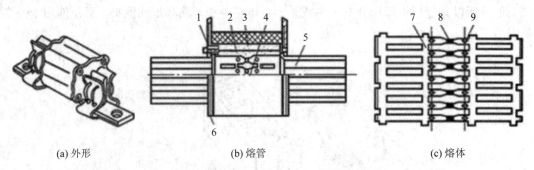

(a) 外形　　　　(b) 熔管　　　　(c) 熔体

1—熔断指示器；2—指示器熔体；3—石英砂；4—工作熔体；5—触刀；6—盖板；
7—引弧栅；8—锡桥；9—变截面小孔

图 1-11　RT0 型有填料封闭管式熔断器

有填料封闭管式熔断器除国产RT系列,还有从德国AEG公司引进的NT系列,如NT1、NT2、NT3和NT4系列。

④ 无填料封闭管式熔断器。常用的无填料封闭管式熔断器RM10系列如图1-12所示,主要由熔管和带夹座的底座组成。其中,熔管由钢纸管(俗称反白管)、黄铜套和黄铜帽组成,安装时铜帽与夹座相连。100 A 及以上的熔断器的熔管设有触刀,安装时触刀与夹座相连。熔体由低熔点、变截面的锌合金片制成,熔体熔断时,纤维熔管的部分纤维物因受热而分解,产生高压气体,使电弧很快熄灭。

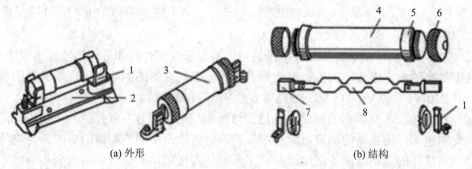

(a) 外形　　　　　　　　　　　　　　　　(b) 结构

1—夹座；2—底座；3—熔管；4—钢纸管；5—黄铜套；6—黄铜帽；7、8—触刀

图 1-12　RM10 型无填料封闭管式熔断器

无填料封闭管式熔断器是一种可拆卸的熔断器,具有结构简单、分断能力较大、保护性能好、使用方便等特点,一般与刀开关组合使用构成熔断器式刀开关,主要用于容量不是很大且频繁发生过载和短路的负载电路中,对负载实现过载和短路保护。

⑤ 快速熔断器。快速熔断器是一种用于保护半导体元器件的熔断器,由熔断管、触点底座、动作指示器和熔体组成。熔体为银质窄截面或网状形式,只能一次性使用,不能自行更换。由于快速熔断器具有快速动作性,故常用于过载能力差的半导体元器件的保护,其常用的半导体保护性熔断器有RS、RLS和从德国AEG公司引进的NGT型。

⑥ 自复式熔断器。自复式熔断器实质上是一种大功率非线性电阻元件,具有良好的限流性能。其与一般熔断器有所不同,不需更换熔体,能自动复原且多次使用。RM型和RT型等熔断器都有一个共同的缺点,即熔体熔断后,必须更换熔体方能恢复供电,从而使中断供电的时间延长,给供电系统和用电负荷造成一定的停电损失。而RZ1型自复式熔断器弥补了这一缺点,它既能切断短路电流,又能在短路故障消除后自动恢复供电,无需更换熔体。但在线路中只能限制短路电流,不能切除故障电路。所以自复式熔断器通常与低压断路器配合使用,或者组合为一种带自复式熔断体的低压断路器。

如DZ10-100R型低压断路器就是DZ10-100型低压断路器与RZ1-100型自复式熔断器的组合,利用自复式熔断器来切断短路电流,而利用低压断路器来通断电路和实现过负荷保护。它既能有效地切断短路电流,又能减轻低压断路器的工作,提高供电可靠性。

为了抑制分断时产生的过电压,并保证断路器的脱扣机构始终有一动作电流以保证其工作的可靠性,自复式熔断器要并联一阻值为 $80\sim120$ MΩ 的附加电阻,如图1-13所示。

自复式熔断器的工业产品有BZ1系列等,它用于交流380 V的电路,与断路器配合使用。熔断器的额定电流有 100 A、200 A、400 A、600 A 四个等级。

注意：尽管自复式熔断器可多次重复使用，但技术性能却将逐渐劣化，故一般只能重复工作数次。

(3) 熔断器的图形符号和文字符号。熔断器的图形符号和文字符号如图 1-14 所示。

图 1-13　自复式熔断器与断路器串联接线　　　　　图 1-14　熔断器的图形符号和文字符

(4) 熔断器的主要技术参数。

① 额定电压 U_N。熔断器的额定电压是指熔断器长期工作时和分断后能够承受的电压，它取决于线路的额定电压，其值一般应等于或大于电气设备的额定电压。熔断器的额定电压等级有 220 V、380 V、415 V、550 V、660 V 和 1140 V 等。

② 额定电流 I_N。熔断器的额定电流是指熔断器长期工作且各部件温升不超过规定值时所能承受的电流。熔断器的额定电流与熔体的额定电流是不同的，熔断器的额定电流等级比较少，而熔体的额定电流等级比较多，即在同一规格的熔断器内可以安装不同额定电流等级的熔体，但熔体的额定电流最大不超过熔断器的额定电流。如 RL-60 熔断器，其额定电流是 60 A，但其所安装的熔体的额定电流就有可能是 60 A、50 A、40 A 和 20 A 等。

③ 极限分断能力。熔断器的极限分断能力是指熔断器在规定的额定电压和功率因数(或时间常数)的条件下，能分断的最大短路电流值。在电路中出现的最大电流值一般是指短路电流值。所以，极限分断能力也反映了熔断器分断短路电流的能力。

(5) 熔断器的选用原则。熔断器的选择主要是根据熔断器的类型、额定电压、熔断器额定电流和熔体额定电流等来进行的。选择时要遵循满足线路、使用场合、熔体额定电流及安装条件的要求：

① 在无冲击电流(启动电流)的负载中，如照明、电阻炉等电路，应使熔体的额定电流大于或等于被保护负载的工作电流，即 $I_{ue} \geq I_{fz}$。

② 对有冲击电流的负载，如电动机控制电路，为了保证电动机即能正常启动又能发挥熔体的保护作用，熔体的额定电流可按下式计算：

单台直接启动电动机：熔体额定电流 $I_{ue} \geq$ 电动机额定电流 I_{ed} 的 1.5～2.5 倍。

多台直接启动电动机：总保护熔体额定电流 $I_{ue} \geq (1.5\sim2.5)I_{ed.zd} + \sum I_g$。

式中 $I_{ed.zd}$ 为电路中容量最大的一台电动机的额定电流，$\sum I_g$ 为其余电动机工作电流之和。

降压启动电动机：熔体额定电流 $I_{ue} \geq$ 电动机额定电流 I_{ed} 的 1.5～2 倍。

(6) 熔断器的安装要求。

① 安装前要检查熔断器的型号、额定电流、额定电压、额定分断能力等参数是否符合规定要求。

② 安装时应使熔断器与底座触刀接触良好，避免因接触不良而造成温升过高，以致引起熔断器误动作和损伤周围的电器元件。

③ 安装螺旋式熔断器时，应将电源进线接在瓷座的下接线端子上，出线接在螺纹壳的上接线端子上。

④ 安装熔体时，熔丝应沿螺栓顺时针方向弯过来，压在垫圈下，以保证接触良好，同时不能使熔丝受到机械损伤，以免减小熔丝的截面积，产生局部发热而造成误动作。

⑤ 熔断器安装位置及相互间距离应便于更换熔体，有熔断指示的熔芯，指示器的方向应装在便于观察的一侧。在运行中应经常注意检查熔断器的指示器，以便及时发现电路单相运行情况。若发现瓷底座有沥青类物质流出，表明熔断器接触不良、温升过高，应及时处理。

(7) 更换熔断器熔体时的要求。

① 更换熔体时，必须切断电源，防止触电。更换熔体时，应按原规格更换，安装熔丝时，不能碰伤，也不要拧得太紧。

② 更换新熔体时，要检查熔体的额定值是否与被保护设备相匹配。熔断器熔断时应更换同一型号规格的熔断器。

③ 工业用熔断器应由专职人员更换，更换时应切断电源。用万用表检查更换熔体后的熔断器各部分是否接触良好。

④ 安装新熔体前，要找出熔体熔断的原因，未确定熔断原因时不要拆换熔体。

4) 热继电器

热继电器是利用流过热元件的电流所产生的热效应而动作的一种保护电器，主要用于电动机的过载保护、断相保护、电流不平衡运行保护以及其他电气设备发热状态的控制。常见的热继电器有双金属片式、热敏电阻式和易熔合金式。其中以双金属片式的热继电器使用最多。

(1) 热继电器的结构及工作原理。双金属片式的热继电器的结构及原理示意图如图 1-15 所示，其主要由热元件、双金属片和触点组成。双金属片是热继电器的感测元件，由两种不同热膨胀系数的金属片碾压而成，当双金属片受热时，会出现弯曲变形。使用时，把热继电器的热元件串接在电动机定子绕组中，电动机定子绕组的电流即为流过热元件的电流。其常闭触点串接在电动机的控制电路中。

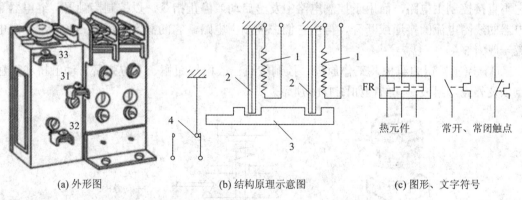

(a) 外形图　　　　　　(b) 结构原理示意图　　　　　(c) 图形、文字符号

1—热元件；2—双金属片；3—导板；4—触点复位

图 1-15　热继电器的结构及原理示意图

当电动机正常运行时，热元件产生的热量虽能使双金属片弯曲，但还不足以使热继电器的触头动作。当电动机过载时，双金属片弯曲位移增大，推动导板使常闭触头断开，从

而切断电动机控制电路起保护作用。热继电器动作后一般不能自动复位，要等双金属片冷却后按下复位按钮复位。热继电器动作电流的调节可以借助旋转凸轮于不同位置来实现。

(2) 热继电器的主要技术参数。热继电器的主要技术参数有：热继电器额定电流、整定电流、调节范围和相数等。

热继电器的额定电流是指流过热元件的最大电流。热继电器的整定电流是指能够长期流过热元件而不致引起热继电器动作的最大电流值。热元件的额定电流是指热元件的最大整定电流值。

通常热继电器的整定电流是按电动机的额定电流整定的。对于某一热元件的热继电器，可手动调节整定电流旋钮，通过偏心轮机构，调整双金属片与导板的距离，能在一定范围内调节其电流的整定值，使热继电器更好地保护电动机。

热继电器的品种很多，国产的常用型号有 JR10、JR15、JR16、JR20、JRS1、JRS2、JRS5 和 T 系列等。

(3) 热继电器的使用与选择。

① 相数选择。一般情况下，可选用两相结构的热继电器，但当三相电压的均衡性较差，工作环境恶劣或无人看管的电动机，宜选用三相结构的热继电器。对于三角形接线的电动机，应选用带断相保护装置的热继电器。

② 热继电器额定电流选择。热继电器的额定电流应大于电动机额定电流，然后根据该额定电流来选择热继电器的型号。

③ 热元件额定电流的选择和整定。热元件的额定电流应略大于电动机额定电流。当电动机启动电流为其额定电流的 6 倍以及启动时间不超过 5 s 时，热元件的整定电流调节到电动机的额定电流；当电动机的启动时间较长、拖动冲击性负载或不允许停车时，热元件整定电流调节到电动机额定电流的 1.11～1.15 倍。

5) 控制按钮

控制按钮是一种常用的主令电器，是一种短时间接通或断开小电流电路的手动控制器，它不直接控制主电路，而用于控制电路中发出启动或停止指令，以控制接触器、继电器等电器的线圈电流的接通或断开，再由它们去控制主电路。它的额定电压为 500 V，额定电流一般为 5 A。

(1) 控制按钮的结构及工作原理。控制按钮一般由按钮帽、复位弹簧、动触桥和静触点以及外壳等组成。其结构如图 1-16 所示。

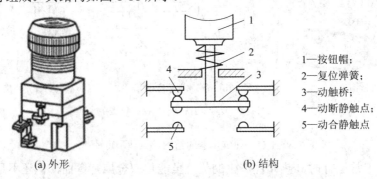

1—按钮帽；
2—复位弹簧；
3—动触桥；
4—动断静触点；
5—动合静触点

(a) 外形   (b) 结构

图 1-16 控制按钮的外形与结构

当用手指按下按钮帽，复位弹簧被压缩，动触桥就向下移动，先脱开动断静触点(常闭触点)，然后与动合静触点(常开触点)接触，从而使常闭触点断开，常开触点闭合；当松开上按钮帽时，在复位弹簧的作用下，动触桥恢复原位，其动合静触点先断开，而动断静触点后闭合。

(2) 控制按钮的分类。控制按钮的分类形式较多，按照按钮的结构形式可分为开启式(K)、保护式(H)、防水式(S)、防腐式(F)、紧急式(J)、钥匙式(Y)、旋钮式(X)和指示灯式(D)等。

紧急式控制按钮用来进行紧急操作，按钮上装有蘑菇形钮帽；指示灯式控制按钮用作信号显示，在透明的按钮盒内装有信号灯；钥匙式控制按钮为了安全，需用钥匙插入方可旋转操作等。为了区分各个按钮的作用，避免误操作，通常将钮帽做成不同颜色，其颜色一般有红、绿、黑、黄、蓝、白等，且以红色表示停止按钮，绿色表示启动按钮。

常用的控制按钮的型号有 LA18、LA19、LA25、LA101、LA38 及 NP1 等。

(3) 控制按钮的文字符号、图形符号。控制按钮的图形符号和文字符号如图 1-17 所示。

(a) 动合触点　　　　(b) 动断触点　　　　(c) 复合触点

图 1-17　控制按钮的图形符号和文字符号

(4) 控制按钮的选用原则。

① 根据使用场合选择按钮的类别和型号。

② 根据控制电路的需要，确定按钮的触点对数及触点形式。

③ 根据工作状态指示和动作情况要求选择按钮和指示灯的颜色，而且由于带指示灯的按钮因灯泡发热，长期使用易使塑料灯罩变形，应适当降低灯泡端电压。

④ 对于工作环境灰尘较多的场合，不宜选用 LA18 和 LA19 型按钮。

⑤ 在高温场合，塑料按钮易变形老化而引起接线螺钉间相碰短路，此时应加装紧固圈和套管。

四、任务实施

本任务用继电器–接触器实现对三相异步电动机单向旋转控制。

1. 控制要求

按电动机的启动按钮，电动机保持连续旋转，按停止按钮，电动机停止转动。电路设有短路、过载、欠压和失压保护。

2. 训练目的

(1) 熟悉三相异步电动机单向旋转控制的原理。

(2) 掌握接触器、熔断器、热继电器等低压电器的应用。

(3) 掌握电气控制线路的接线方法。

(4) 掌握控制线路的检查方法。

3．控制要求分析

按电动机的启动按钮，电动机应全压启动，接触器自锁，保持电机连续旋转；按停止按钮，接触器自锁触头断开，电动机停止转动。电路采用熔断器作短路保护、热继电器作过载保护、接触器作欠压和失压保护。

4．实训设备

刀开关、熔断器、接触器、热继电器、控制按钮、接线端子和小功率三相异步电动机。

5．设计步骤

1) 电路设计与原理分析

图 1-18 为三相异步电动机单向旋转控制电路的原理图。

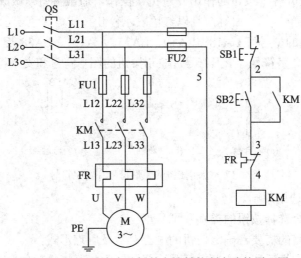

图 1-18　三相异步电动机单向旋转控制电路的原理图

(1) 启动时，合上刀开关 QS，按下启动按钮 SB2，接触器 KM 线圈通电吸合，主触点闭合，电动机接通三相电源启动。同时，与启动按钮 SB2 并联的接触器辅助常开触点 KM(2-3) 闭合，构成自锁电路，使 KM 线圈保持通电，当松开 SB2 时，KM 线圈仍通过自锁电路保持得电，从而使电动机能够连续运转。

(2) 电动机停转时，按下停止按钮 SB1，接触器 KM 线圈断电释放，KM 主触点与动合辅助触点均断开，切断电动机主电路及控制电路，电动机停止运转。

2) 电路接线

(1) 主电路的接线。从刀开关 QS 下方接线端子 L11、L21、L31 开始。由于电动机的连续运转须考虑电动机的过载保护，因此，要确定所使用的热继电器相数。若使用普通三相式热元件的热继电器，接触器 KM 主触点的三个端子 L13、L23、L33 分别与三相热元件端子连接；若使用只有两相式热元件的热继电器，则 KM 主触点只有两个端子与热元件端子连接，而第三个端子直接经过端子排 XT 相应端子接电动机。注意：在接线时不可将热继电器触点的接线端子当成热元件端子接入主电路，否则将烧坏热继电器的触点。

(2) 控制电路的接线。由于有接触器自锁触点的并联支路，因此，接线时应按下列原则进行：首先接串联支路，接好并检查无误后，再接并联支路，并联连接接触器的自锁触点 KM(2-3)。

注意：在该电路中，从按钮盒中引出的 1 号、2 号、3 号三根导线，要用三芯护套线与接线端子排连接。经过接线端子排再接入控制电路；接触器 KM 自锁触点的上、下端子接线分别为 2 号和 3 号线，不能接错。

3) 电路检查

接线完成后，对照原理图逐线核对检查，核对接线盒内的接线和接触器自锁触点的接线，防止错接。另外，用手拨动各接线端子处接线，排除虚接故障。接着断开 QS，摘下接触器灭弧罩，在断电的情况下，用万用表电阻挡(R×1)检查各电路，方法如下：

(1) 主电路的检查。

① 在断电状态下，选择万用表合理的欧姆挡(数字式一般为 200 Ω 挡)进行电阻测量法检查。

② 为消除控制电路对测量结果影响，取下熔断器 FU2 的熔体。

③ 检查各相线间是否断开。将万用表的两支表笔分别接 L11-L21、L21-L31 和 L11-L31 端子，应测得断路。

④ 检查 FU1 及接线。

⑤ 检查接触器 KM 主触头及接线，如接触器带有灭弧罩，需拆卸灭弧罩。

⑥ 检查热继电器 FR 的热元件及接线。

⑦ 检查电动机及接线，按下 KM 的触点架，均应测得电动机绕组的直流电阻值。接着检查电源换相通路，两只表笔分别接 U–V、U–W 和 V–W 端子，均应测得相等的电动机绕组的直流电阻值。

(2) 控制电路的检查。

① 选择万用表合理的欧姆挡(数字式一般为 2 kΩ 挡)进行电阻测量法检查。

② 断开熔断器 FU2，将万用表表笔接在 1、5 接点上，此时万用表读数应为无穷大。

③ 启动检查：按下按钮 SB2↓(此箭头表示动作持续)，应显示 KM 线圈电阻值，再按下 SB1，万用表应显示无穷大(∞)，说明线路由通到断，线路正常。

④ 自锁电路检查：按下 KM 主触点↓，应显示 KM 线圈电阻值，再按下 SB1，万用表应显示无穷大(∞)，说明 KM 自锁电路正常。

4) 通电试车操作要求

(1) 通电试车过程中，必须保证学生人身和设备的安全，在教师的指导下规范操作，学生不得私自送电。

(2) 在确认电器元件、接线、负载和电源无误后，清理实训工作台上的杂物，告知周围的学生准备试车，在教师的监督下通电。

(3) 熟悉操作过程。操作电动机的启动和停止，观察电动机的运行是否正常，接触器有无噪声。

(4) 试车结束后，应先切断电源，再拆除接线及负载。

五、知识拓展

本任务用继电器–接触器实现对三相异步电动机既有长动、又有点动的控制电路。

图 1-19 是既能长动控制又能点动控制的电气控制原理图。

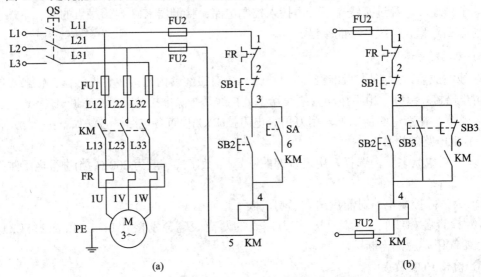

图 1-19 长动、点动的电气控制原理图

在图 1-19(a)所示的控制电路中,当手动开关 SA 断开时为点动控制,SA 闭合时为连续运转控制。在该控制电路中,启动按钮 SB2 对点动控制和连续运转控制均实现控制作用。

图 1-19(b)为采用两个按钮 SB2 和 SB3 分别实现连续运转和点动控制的控制电路图。线路的工作情况分析如下:先合上刀开关 QS,若要电动机连续运转,则启动时按下 SB2,接触器 KM 线圈通电吸合,主触点闭合,电动机 M 启动,KM 自锁触点(4-6)闭合,从而实现自锁,电动机连续运转。停止时按下停止按钮 SB1,KM 线圈断电,主触点断开,电动机停转,自锁触点(4-6)断开,切断自锁回路。

若要进行点动控制,则按下点动按钮 SB3,触点 SB3(3-6)先断开,切断 KM 的自锁回路,触点 SB3(3-4)后闭合,接通 KM 线圈电路,电动机启动并运转。当松开点动按钮 SB3 时,触点 SB3(3-4)先断开,KM 线圈断电释放,自锁触点 KM(6-4)断开,KM 主触点断开,电动机停转,SB3 的动断触点(3-6)后闭合,此时自锁触点 KM(6-4)已经断开,KM 线圈不会通电动作。

在该控制方式中,当松开点动按钮 SB3 时,必须使接触器 KM 自锁触点先断开,SB3 的动断触点后闭合。如果接触器释放缓慢,KM 的自锁触点没有断开,SB3 的动断触点已经闭合,则 KM 线圈不会断电,这样就变成了连续控制。

任务 2　实现对电动机的多地控制

一、任务引入

在大型设备如龙门刨床、X62W 型铣床中,为了操作方便,常常要求能在多个地点进行控制。

多点控制就是在两个及两个以上的地点对同一台电动机根据实际情况设置启停控制按钮，在不同的地点可以达到相同的控制作用。如要实现三相鼠笼式异步电动机单向旋转的两地控制线路，就应该有两组控制按钮，启动按钮并联，停止按钮串联，这样在甲、乙两地任一处按下启动按钮或停止按钮，均可达到控制同一台电动机的目的。

二、任务分析

要完成该任务，必须具备以下能力：
(1) 掌握空气开关、控制按钮等低压电器的结构和工作原理。
(2) 能绘制主电路和控制电路图。
(3) 熟悉电动机单向旋转的两地控制线路的工作原理。
(4) 能依据电气控制原理图完成接线。

三、相关知识

1. 自动空气开关

1) 自动空气开关的结构

自动空气开关又称低压断路器，其结构主要由触头系统、灭弧系统、各种起不同保护作用的脱扣器和操作机构等部分组成。如图 1-20 所示为 DZ 型断路器的外形与符号。

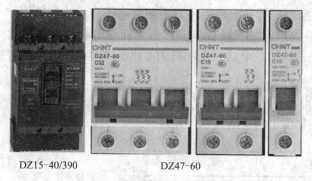

DZ15-40/390　　　　DZ47-60

(a) 外形　　　　　　　　　　　(b) 图形、文字符号

图 1-20　DZ 型断路器的外形与符号

(1) 触头系统。触头系统是低压断路器的执行元件，用来接通和分断电路，一般由动触头、静触头和连接导线等组成。正常情况下，主触头可接通和分断工作电流，当线路或设备发生故障时，触头系统能快速切断(通常为 0.1～0.2 s)故障电流，从而保护电路及电气设备。

常见的主触头有单断口指式触头、双断口桥式触头、插入式触头等几种形式。主触头的动、静触头接触处焊有银基合金镶块，其接触性能好，接触电阻小，可以长时间通过较大的电流。在容量较大的低压断路器中，为了更好地保护主触头，增设副触头和弧触头，形成主触头、副触头和弧触头的并联形式，其中弧触头的主要功能是分断电弧。

(2) 灭弧系统。低压断路器的灭弧装置一般采用栅片式灭弧罩，罩内有相互绝缘的镀铜钢片组成灭弧栅片，用于在切断短路电流时将电弧分成多段，使长弧分割成多段断弧，加速电弧熄灭，提高断流能力。

(3) 脱扣器。

① 过电流脱扣器(电磁脱扣器)。过电流脱扣器上的线圈串联在主电路，线圈通过正常电流产生的电磁吸力不足以使衔铁吸合，脱扣器的上下搭钩钩住，使三对主触头闭合。当电路发生短路或严重过载时，过电流脱扣器的电磁吸力增大，将衔铁吸合，向上撞击杠杆，使上下搭钩脱离，弹簧力把三对主触头的动触头拉开，实现自动跳闸，达到切断电路之目的。

② 失压脱扣器。当电路电压正常时，失压脱扣器的衔铁被吸合，衔铁与杠杆脱离，断路器主触头能够脱离；当电路电压下降或失去时，失压脱扣器的吸力减小或消失，衔铁在弹簧的作用下撞击杠杆，使搭钩脱离，断开主触头，实现自动跳闸。失压脱扣器常用于电动机的失压保护。

③ 热脱扣器。热脱扣器的热元件串联在主电路，当电路过载时，过载电流流过热元件产生一定热量，使双金属片受热向上弯曲，通过杠杆推动搭钩分离，主触头断开，从而切断电路，使用电设备不致因过载而烧毁。跳闸后须等 1~3 min 待双金属片冷却复位后才能再合闸。

④ 分励脱扣器。分励脱扣器由分励电磁铁和一套机械机构组成，当需要断开电路时，按下跳闸按钮，分励电磁铁线圈通入电流，产生电磁吸力吸合衔铁，使开关跳闸。分励脱扣器只用于远距离跳闸，对电路不起保护作用。

(4) 操作机构。断路器的操作机构是实现断路器的闭合与断开的执行机构。一般分为手动操作机构、电磁铁操作机构、电动机操作机构和液压操作机构。其中手动操作机构用于小容量断路器，电磁铁操作机构、电动机操作机构多用于大容量断路器，进行远距离操作。

2) 低压断路器的工作原理

低压断路器的工作原理图如图 1-21 所示。

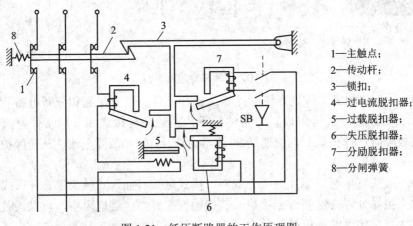

1—主触点；
2—传动杆；
3—锁扣；
4—过电流脱扣器；
5—过载脱扣器；
6—失压脱扣器；
7—分励脱扣器；
8—分闸弹簧

图 1-21　低压断路器的工作原理图

断路器的主触点 1 是靠操作机构手动或电动合闸的，并由自动脱扣机构将主触点 1 锁在合闸位置上。如果电路发生故障，自动脱扣机构在相关脱扣器的推动下动作，使传动杆

2 与锁扣 3 之间的钩子脱开，于是主触点 1 在分闸弹簧 8 的作用下迅速分断。过电流脱扣器 4 的线圈和热脱扣器 5 的线圈与主电路串联，失压脱扣器 6 的线圈与主电路并联。当电路发生短路或严重过载时，过电流脱扣器的衔铁被吸合，使自动脱扣机构动作；当电路过载时，过载脱扣器的热元件产生的热量增加，使双金属片向上弯曲，推动自动脱扣机构动作；当电路失压时，失压脱扣器的衔铁释放，也使自动脱扣机构动作。分励脱扣器 7 则作为远距离分断电路使用，根据操作人员的命令或其他信号使线圈通电，从而使断路器跳闸。

3) 低压断路器的用途

低压断路器是低压配电网中主要的开关电器之一，常用于低压配电开关柜中，作配电线路、电动机、照明电路等的电源开关，它不仅可以接通和分断正常的负载电流，而且对线路或电气设备在发生短路、过载、欠压和漏电等故障时，能及时切断线路，起到保护作用。低压断路器操作安全，分断能力较高，兼有短路、过载、欠压和漏电等保护，且故障排除一般不需要更换部件，因而被广泛应用。

4) 低压断路器的分类及常用型号

低压断路的分类方法较多，按结构形式分为框架式 DW 系列(又称万能式)和小型模数式；按极数分为单极、两极、三极和四极；按操作方式分为电动操作、储能操作和手动操作三类；按灭弧介质分为真空式和空气式等；按安装方式分为插入式、固定式和抽屉式三类。

低压断路常用型号有国产的框架式 DW 系列，如 DW10、DW15、DW15HH、DW16、DW17 等；国产的塑壳式 DZ 系列，如 DZ20、DZ5、DZ10、DZ12、DZ15、DZ47 等，以及企业自己命名的 CM1 系列、CB11 系列和 TM30 系列等。引进国外的产品有德国西门子公司的 3VU1340、3VU1640、3WE、3VE 系列；德国 AEG 公司的 ME 系列；日本寺崎电气公司的 AH 系列、T 系列；美国西屋公司的 H 系列等。

5) 低压断路器的主要技术参数

(1) 额定电压。额定电压是指低压断路器在规定条件下长期运行所能承受的工作电压，一般指线电压。额定电压可分为额定工作电压、额定绝缘电压和额定脉冲电压三种。

① 额定工作电压：与通断能力及使用类别相关的电压值，通常大于或等于电网的额定电压等级。我国常用的额定电压等级有：交流 220 V、380 V、660 V、1140 V；直流 110 V、240 V、440 V、750 V、850 V、1000 V、1500 V 等。应该指出，同一断路器可以规定在几种额定工作电压下使用，但相应的通断能力并不相同。

② 额定绝缘电压：往往高于额定工作电压，是设计断路器的电压值。一般情况下，额定绝缘电压就是断路器的最大额定工作电压。断路器的电气间隙和爬电距离应按此电压值确定。

③ 额定脉冲电压：断路器工作时，要承受系统中所发生的过电压，因此断路器的额定电压参数中给定了额定脉冲耐压值，其数值应大于或等于系统中出现的最大过电压峰值。额定绝缘电压和额定脉冲电压共同决定了断路器的绝缘水平。

(2) 额定电流。断路器的额定电流是指断路器在规定条件下长期工作时的允许持续电流。额定电流等级一般有 6A、10A、16A、20A、32A、40A、63A、100A 等。

(3) 通断能力。通断能力指在一定的试验条件下，自动开关能够接通和分断的预期电流值，常以最大通断电流表示其极限通断能力。

(4) 分断时间。分断时间是指从电路出现短路的瞬间开始到触点分离、电弧熄灭、电路完全分断所需的全部时间。一般直流快速断路器的动作时间为 20～30 ms，交流限流断路器的动作时间应小于 5 ms。

6) 断路器的选择

(1) 断路器的额定电压和额定电流应不小于电路的正常工作电压和工作电流。

(2) 热脱扣器的整定电流应与所控制的电动机的额定电流或负载额定电流一致。

(3) 电磁脱扣器瞬时脱扣整定电流应大于负载电路正常工作时的尖峰电流，对于电动机负载来说，DZ 型自动开关的整定电流应按下式计算：

$$I_Z \geqslant KI_g$$

式中，K 为安全系数，可取 1.5～1.7；I_g 为电动机的启动电流。

2. 组合开关

1) 组合开关的结构

组合开关又称转换开关，是一种多挡位、多触头、能够控制多个回路的主令电器，如图 1-22 所示，它主要由手柄、转轴、弹簧、凸轮、绝缘垫板、动触片、静触片、接线柱和绝缘杆等组成。其中手柄、转轴、弹簧、凸轮、绝缘垫板和绝缘杆等构成转换开关的操作机构和定位机构，动触片、静触片和绝缘钢纸板等构成触点系统，若干个触点系统串套在绝缘杆上由操作机构统一操作。

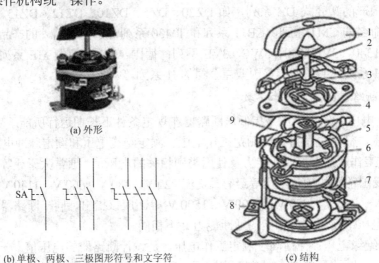

(a) 外形

(b) 单极、两极、三极图形符号和文字符

(c) 结构

1—手柄；2—转轴；3—弹簧；4—凸轮；5—绝缘垫板；6—动触片；7—静触片；8—接线柱；9—绝缘杆

图 1-22 HZ10 系列组合开关

动触片由两片磷铜片(或硬紫铜片)和具有良好灭弧性能的绝缘钢纸板铆合而成，其结构有 90°、180° 两种，和绝缘垫板一起套在绝缘杆上。组合开关的手柄能沿正反两个方向转动 90°，并带动三个动触点分别与三个静触点接通或断开。

组合开关有单极、双极和多极之分。它是由单个或多个单极旋转开关叠装在同一根方形转轴上组成的。在开关的上部装有定位机构，它能使触片处在一定的位置上。定位角分 30°、45°、60°、90° 等几种。

2) 组合开关的用途

组合开关结构紧凑，安装面积小，操作方便，广泛用于机床电路和成套设备中，主要用作电源的引入开关，用来接通和分断小电流电路，如电流表、电压表的换相测量等；也可以用于控制小容量电动机，如 5 kW 以下小功率电动机的启动、换向和调速。

3) 组合开关的图形符号、文字符号及常用型号

组合开关的图形符号和文字符号如图 1-22(b)所示。组合开关常用型号有 HZ5、HZ10 系列，图 1-22(a)、(c)为 HZ10 系列组合开关的外形与结构图。

HZ5 系列额定电流有 10 A、20 A、40 A 和 60 A 四种。

HZ10 系列额定电流有 10 A、25 A、60 A 和 100 A 四种，适用于交流 380 V 以下、直流 220 V 以下的电器设备中。

4) 组合开关的选用原则

应根据用电设备的电压等级、所需触点数及电动机的功率选用组合开关。

(1) 用于照明或电热电路时，组合开关的额定电流应等于或大于被控制电路中各负载电流的总和。

(2) 用于电动机电路时，组合开关的额定电流应取电动机额定电流的 1.5～2.5 倍。

(3) 组合开关的通断能力较低，不能用来分断故障电流。当用于控制异步电动机的正反转时，必须在电动机停转后才能反向启动，且每小时的接通次数不能超过 15～20 次。

(4) 组合开关本身不带过载和短路保护，如果需要这类保护，就必须增加其他保护电器。

5) 安装注意事项

(1) HZ10 系列组合开关应安装在控制箱或壳体内，其操作手柄最好安装在控制箱的前面或侧面。开关为断开状态时手柄应在水平位置。

(2) 若需在箱内操作，最好将组合开关安装在箱内上方，若附近有其他电器，则需采取隔离措施或者绝缘措施。

四、任务实施

本任务用继电器-接触器实现对单台三相异步电动机的单向异地(两地)带点动控制。

1．控制要求

在甲、乙两地，分别按电动机的启动按钮，电动机保持连续旋转；按甲、乙两地任意停止按钮，电动机停止转动；按甲、乙两地的点动按钮，电动机都能实现点动控制。电路设有短路、过载、欠压和失压保护。

2．训练目的

(1) 熟悉三相异步电动机单向多点控制电路的原理。

(2) 掌握空气开关、控制按钮、接触器、热继电器等低压电器的应用。

(3) 掌握异地电气控制线路的接线方法。

(4) 掌握单向多点控制线路的检查方法。

3．控制要求分析

要实现单向异地(两地)带点动控制，需要有两组控制按钮，启动按钮并联，停止按钮

串联。按甲、乙两地电动机的启动按钮 SB3 或 SB4，电动机应全压启动，接触器自锁，保持电机连续旋转；当按甲、乙两地任意一个停止按钮 SB1 或 SB2，接触器自锁触头断开，电动机停止转动。按甲、乙两地的点动按钮 SB5 或 SB6，电动机都能实现点动控制电路，采用按钮间连接作机械保护、熔断器作短路保护、热继电器作过载保护、接触器作欠压和失压保护。

4．实训设备

空气开关、熔断器、接触器、热继电器、控制按钮、接线端子和小功率三相异步电动机。

5．设计步骤

1) 电路设计与原理分析

图 1-23 为三相异步电动机单向异地(两地)带点动控制电路的原理图，图中 SB1、SB3、SB5 为甲地的停止、单向旋转、点动控制按钮；SB2、SB4、SB6 为乙地的停止、单向旋转、点动控制按钮。

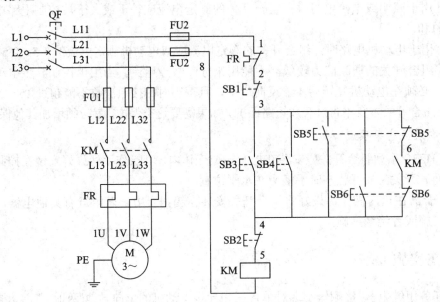

图 1-23　三相异步电动机单向异地(两地)带点动控制电路的原理图

(1) 启动时，合上空气开关 QF，按下启动按钮 SB3 或 SB4，接触器 KM 线圈通电吸合，主触点闭合，电动机接通三相电源启动。同时，与启动按钮 SB3 或 SB4 并联的接触器辅助常开触点 KM 闭合，构成自锁电路，使 KM 线圈保持通电，当松开 SB3 或 SB4 时，KM 线圈仍通过自锁电路保持得电，从而使电动机能够连续运转。

(2) 电动机停转时，按下停止按钮 SB1 或 SB2，接触器 KM 线圈断电释放，KM 主触点与动合辅助触点均断开，切断电动机主电路及控制电路，电动机停止运转。

(3) 点动控制操作时，按下启动按钮 SB5 或 SB6，接触器 KM 线圈通电吸合，主触点闭合，电动机接通三相电源启动。此时，与接触器 KM 自锁触头串联的 SB5 或 SB6 常闭触点断开，不能构成自锁电路。当松开 SB5 或 SB6 时，KM 线圈失电，使电动机停止运转，实现点动控制。

2) 根据原理图完成接线

(1) 主电路的接线。从空气开关 QF 下方接线端子 L11、L21、L31 开始。由于电动机的连续运转须考虑电动机的过载保护，因此，要确定所使用的热继电器相数。若使用普通三相式热元件的热继电器，接触器 KM 主触点的三个端子 L13、L23、L33 分别与三相热元件端子连接；若使用只有两相式热元件的热继电器，则 KM 主触点只有两个端子与热元件端子连接，而第三个端子直接经过端子排 XT 相应端子接电动机。注意：在接线时不可将热继电器触点的接线端子当成热元件端子接入主电路，否则将烧坏热继电器的触点。

(2) 控制电路的接线。由于有并联支路，因此，接线时应按下列原则进行：首先接串联支路，接好并检查无误后，再接并联支路。

注意：在该电路中，从甲地的控制按钮盒中引出四根导线，乙地的控制按钮盒中也引出四根导线都要与接线端子排连接。经过接线端子排再接入控制电路；接触器 KM 自锁触点的上、下端子接线分别为 6 号和 7 号线，不能接错。

3) 电路检查

接线完成后，对照原理图逐线核对检查，核对接线盒内的接线和接触器自锁触点的接线，防止错接。另外，用手拨动各接线端子处接线，排除虚接故障。取下接触器灭弧罩，在断电的情况下，用万用表电阻挡(R×1)检查各电路，方法如下：

(1) 主电路的检查。

① 在断电状态下，选择万用表合理的欧姆挡(数字式一般为 200 Ω 挡)进行电阻测量法检查。

② 为消除控制电路对测量结果的影响，取下熔断器 FU2 的熔体。

③ 检查各相线间是否断开。将万用表的两支表笔分别接 L11-L21、L21-L31 和 L11-L31 端子，应测得电阻无穷大为正常。

④ 检查 FU1 及接线。

⑤ 检查接触器 KM 主触头及接线，如接触器带有灭弧罩，需拆卸灭弧罩。

⑥ 检查热继电器 FR 的热元件及接线。

⑦ 检查电动机及接线，按下 KM1 的触点架，均应测得电动机绕组的直流电阻值。接着检查电源换相通路，两只表笔分别接 U-V、U-W 和 V-W 端子，均应测得相等的电动机绕组的直流电阻值。

(2) 控制电路的检查。

① 选择万用表合理的欧姆挡(数字式一般为 2 kΩ 挡)进行电阻测量法检查。

② 断开熔断器 FU2，将万用表表笔接在 1、8 接点上，此时万用表读数应为无穷大。

③ 甲、乙两地启动检查：按下按钮 SB3 或 SB4↓，应显示 KM 线圈电阻值，再按下 SB1 或 SB2，万用表应显示无穷大(∞)，说明线路由通到断，线路正常。

④ 自锁电路检查：按下 KM 主触点↓，应显示 KM 线圈电阻值，再按下 SB1 或 SB2，万用表应显示无穷大(∞)，说明 KM 自锁电路正常。

⑤ 点动电路检查：按下 KM 主触点↓，应显示 KM 线圈电阻值，再按下 SB5 或 SB6，万用表应先显示无穷大(∞)，然后再显示 KM 线圈电阻值，说明 KM 自锁电路中串接 SB5 或 SB6 的常闭触头，点动电路正常。

4) 通电试车操作要求

(1) 通电试车过程中，必须保证学生人身和设备的安全，在教师的指导下规范操作，学生不得私自送电。

(2) 在确认电器元件、接线、负载和电源无误后，清理实训工作台上的杂物，告知周围的学生准备试车，在教师的监督下通电。

(3) 熟悉操作过程。

① 先操作甲地的单向启动、停止、点动，观察电动机的运行是否正常，所用电器工作是否正常。

② 后操作乙地的单向启动、停止、点动，观察电动机的运行是否正常，所用电器工作是否正常。

③ 异地操作：先按下甲地(或乙地)的单向启动按钮，电动机运行，再按下乙地(或甲地)的停止按钮，观察电动机是否停止。

(4) 试车结束后，应先切断电源，再拆除接线及负载。

五、知识拓展

本任务用继电器-接触器实现三相异步电动机的顺序控制。

在装有多台电动机的设备上，由于每台电动机所起的作用不同，因此，启动过程有先后顺序的要求。当需要某台电动机启动几秒钟后，另一台方可启动，这样才能保证生产过程的安全。这种控制方式就是电动机的顺序控制。

1. 第一种控制方式

控制系统中有两台电动机，要求电动机 M1 启动后，电动机 M2 才能启动。停止时，两台电动机同时停止。

图 1-24 是通过主电路来实现上述顺序控制电路的原理图。其控制特点是：电动机 M2 的主电路接在 KM1 接触器主触点的下面。当电动机 M1 启动后，电动机 M2 才能启动。

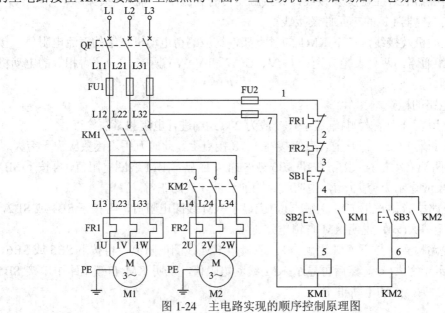

图 1-24　主电路实现的顺序控制原理图

控制原理为：按下 SB2，KM1 线圈得电吸合并自锁，KM1 的主触头闭合，电动机 M1 启动。再按下 SB3，接触器 KM2 才能吸合并自锁，KM2 的主触头闭合，电动机 M2 启动。停止时，按下 SB1，接触器 KM1、KM2 的线圈断电，接触器 KM1、KM2 的主触头断开，电动机 M1、M2 同时停止。

图 1-25 是通过控制电路来实现上述顺序控制电路的原理图。其控制特点是：在接触器 KM2 的线圈回路中串接了接触器 KM1 的常开触头。如果接触器 KM1 的线圈不吸合，串接在 KM2 线圈中的 KM1 的常开触头不闭合，即使按下 SB3，接触器 KM2 也不能吸合，这就保证了只有当电动机 M1 启动后，M2 电动机才能启动。停止时，按下 SB1，接触器 KM1、KM2 的线圈断电，电动机 M1、M2 同时停止。同时，热继电器 FR1、FR2 的常闭触头串联在一起，保证了系统中任何一台电动机发生过载故障时，两台电动机全都停止。

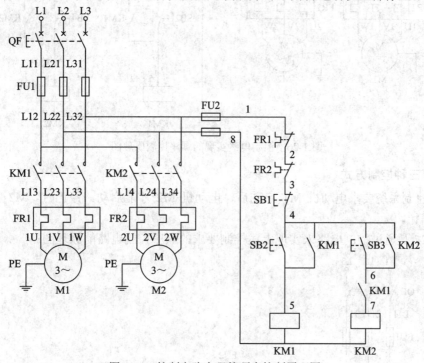

图 1-25　控制电路实现的顺序控制原理图

2. 第二种控制方式

有一控制系统，装有两台电动机，要求电动机 M1 启动后，电动机 M2 才能启动。停止时 M2 可单独停止；M1 停止时两台电动机同时停止。

图 1-26 是通过控制电路来实现上述控制要求的顺序控制电路的原理图。其控制特点是：M2 电动机有单独的停止按钮 SB3，在接触器 KM2 的线圈回路中串接了接触器 KM1 的常开触头。如果接触器 KM1 的线圈不吸合，串接在 KM2 线圈中的 KM1 的常开触头不闭合，即使按下 SB4，接触器 KM2 也不能吸合，这就保证了只有当电动机 M1 启动后，M2 电动机才能启动。停止时，按下 SB1，接触器 KM1、KM2 的线圈断电，电动机 M1、M2 同时停止。由 SB3 控制 M2 电动机的单独停止。同时，热继电器 FR1、FR2 的常闭触头串联在一起，保证了系统中任何一台电动机发生过载故障时，两台电动机全都停止。

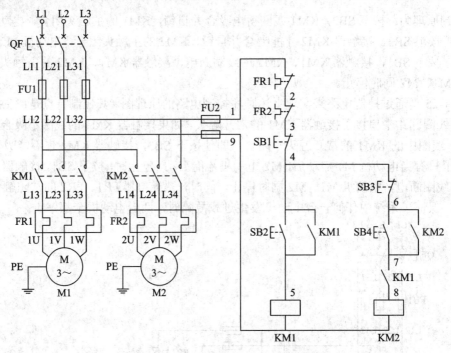

图 1-26　控制电路实现的顺序控制原理图

3．第三种控制方式

某一控制系统要求电动机 M1 启动后，电动机 M2 才能启动。停止时，M2 独停后，M1 才能停止。

图 1-27 是通过控制电路来实现上述控制要求的顺序控制电路的原理图。

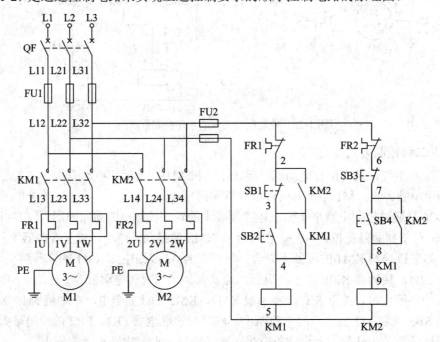

图 1-27　控制电路实现的顺序控制原理图

其控制特点是：在停止按钮 SB1 的两端并联了 KM2 的常开触头，其目的是只有在 M2 电动机停后，电动机 M1 才能停止。同时，在接触器 KM2 的线圈回路中串接了接触器 KM1 的常开触头。如果接触器 KM1 的线圈不吸合，串接在 KM2 线圈中的 KM1 的常开触头不闭合，即使按下 SB4，接触器 KM2 也不能吸合，这就保证了只有当电动机 M1 启动后，M2 电动机才能启动。

停止时，先按下 SB3，接触器 KM2 的线圈断电，电动机 M2 停止，并联在停止按钮 SB1 两端的 KM2 的常开触头动作；再按下 SB1 时，M1 电动机才能停止。

任务 3   实现电动机的正反转控制

一、任务引入

在实际应用中，各种生产机械往往要求运动部件能够实现上下、左右、前后等两个方向的运动，如铣床中顺铣和逆铣、机床工作台的往复运动、电梯的上升与下降等，都要求电动机能作正、反向旋转，即可逆运行。由电动机原理可知，只要改变三相异步电动机三相电源任意两相的相序，就能改变电动机的旋转方向。

正反转控制的特点就是通过正反向接触器改变电动机定子绕组相序来实现的，也可通过倒顺开关来实现。通常采用的电路有电气互锁和双重互锁控制电路。

二、任务分析

要完成该任务，必须具备以下能力：

(1) 熟悉电气互锁和双重互锁控制电路的工作原理。
(2) 能绘制主电路和控制电路图。
(3) 能依据电气控制原理图完成接线。
(4) 掌握正反转控制线路故障的分析和检查方法。

三、相关知识

1. 万能转换开关

万能转换开关简称转换开关，是由多组同结构的触点组件叠装而成的多回路控制电器，可同时控制多条电路的通断，且具有多个挡位，广泛用于交直流控制回路、信号回路和测量回路，也可用于小容量电动机的启动、制动、正反转换向及双速电动机的调速控制等。由于它触点数量多，换接线路多，并可根据需要增减触点数量、任意排列组合以实现各种接线方案，因此用途广泛，被称为"万能"转换开关。

1) 万能转换开关的结构

万能转换开关由操作机构、定位装置和触点系统等三部分组成，用螺栓组装成整体，如属防护型产品，还设有金属外壳。LW5 系列的转换开关的结构如图 1-28 所示。

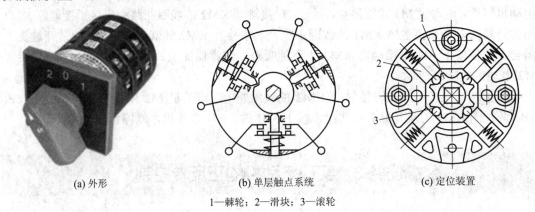

(a) 外形   (b) 单层触点系统   (c) 定位装置

1—棘轮；2—滑块；3—滚轮

图 1-28   LW5 系列转换开关的结构

触点为双断点桥式结构，每个由胶木压制的触点座内可安装 2～3 对触点。触点的通断由凸轮控制，操作时手柄带动转轴，使凸轮转动，从而使触点接通或断开。每对触点上还有隔弧装置以限制电弧扩散。由于凸轮形状或安装形式不同，当操作手柄在不同位置时，触点的分、合情况也不同，从而达到换接电路的目的。

定位装置采用滚轮卡棘轮辐射形结构。操作时滚轮与棘轮的摩擦为滚动摩擦，因此所需操作力小、定位可靠、寿命长。此外，这种机构还起一定的速动作用，既有利于提高分断能力，又能加强触点系统动作的同步性。

万能转换开关按手柄形式可分为旋钮、普通手柄、带定位可取出钥匙的和带指示灯的等；按定位形式可分为自复式和定位式，定位角分 30°、45°、60°、90°等数种。

2) 万能转换开关的图形符号、文字符号和触点通断表

万能转换开关的图形符号、文字符号和触点通断表如图 1-29 所示。图形符号中"每一横线"代表一路触点，而用竖的虚线代表手柄的位置。哪一路接通，就在代表该位置的虚线上的触点下用黑点"●"表示。触点通断也可用通断表来表示，如图 1-29(b)所示，表中"×"表示触点闭合，空白表示触点分断。例如，在图 1-29(a)中，当转换开关的手柄置于"Ⅰ"位置时，表示触点"1"、"3"接通，其他触点断开；置于"0"位置时，触点全部接通；置于"Ⅱ"位置时，触点"2"、"4"、"5"、"6"接通，其他触点断开。

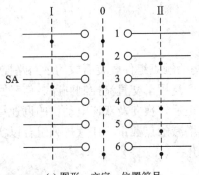

触点编号 \ 手柄定位	Ⅰ	0	Ⅱ
1	×	×	
2		×	×
3	×	×	
4		×	×
5		×	×
6		×	×

(a) 图形、文字、位置符号   (b) 触点通断表

图 1-29   万能转换开关的图形、文字符号触点通断表

3) 万能转换开关常用的型号

常用的万能转换开关除了 LW5 系列外，还有 LW6、LW8、LW12 等。LW5 系列用于交、直流电压为 500 V 及以下的电路；LW6 系列用于交流电压为 380 V 及以下的电路，或直流 220 V 及以下的电路；LW8 系列是一种改进型的转换开关，没有金属转轴，采用无轴直齿连接结构，用于交流电压为 380 V 及以下的电路，或直流 220 V 及以下的电路；LW12 系列引进国外先进技术，采用新工艺新材料，为我国核电厂设计制造，可取代 LW5、LW6、LW8 等系列，用于额定电流为 16 A、交流电压为 380 V 及以下的电路，或直流 220 V 及以下的电路，5.5 kW 及以下的三相异步电动机的直接控制电路。

如图 1-30 所示为 LW5 型 5.5 kW 的倒顺转换开关的结构图，它是专用作小容量异步电动机的正反转控制转换开关。

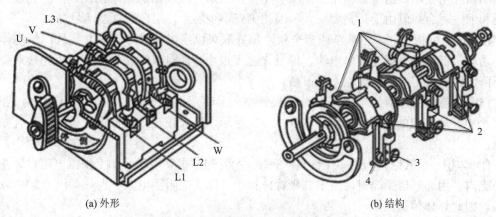

(a) 外形　　　　　　　　　　　　　　　　　　(b) 结构

1—动触头；2—静触头；3—调节螺钉；4—触头压力弹簧

图 1-30　倒顺转换开关

开关右侧装有 3 副静触头，标注号分别为 L1、L2 和 W，左侧也装有 3 副静触头，标注号分别为 U、V、L3。转轴上固定有 2 组共 6 个动触头。开关手柄有"倒"、"停"、"顺"3 个位置，当手柄置于"停"位置时，2 组动触头与静触头均不接触。当手柄置于"顺"位置时，一组 3 个动触头分别与左侧 3 副静触头接通；当手柄置于"倒"位置时，转轴上另一组 3 个动触头分别与右侧 3 副静触头接通。

图 1-31 为倒顺转换开关接线图，图中小黑点表示开关手柄在不同位置上各支路的通断状况。开关手柄置于"停"位置时支路 1～6 均不接通，置于"顺"位置时，支路 1、2、3 接通；置于"倒"位置时，则支路 4、5、6 接通。

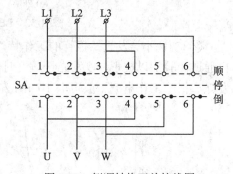

图 1-31　倒顺转换开关接线图

2. 指示灯

1) 指示灯的用途

指示灯也叫信号灯，主要用于各种电气设备及线路中作电源指示、显示设备的工作状态以及操作警示等。其外形有圆形和方形等，常见的颜色有红、黄、蓝、绿、白，不同的颜色表示不同的状态：红色(RD)表示运行，红闪为故障显示；绿色(GN)为电源指示，绿闪为故障显示；黄色(YE)表示过程或故障预警信号。

2) 指示灯的结构

指示灯主要由壳体、发光体、灯罩等组成，按其结构形式分，有直接式、变器降压式、电阻降压式和电容降压式等；按其工作原理分，有白炽灯型、氖泡型和发光二极管型等。

(1) 白炽灯型信号灯。白炽灯型信号灯的发光元件用小型白炽灯，在工作电压较高时，可串联电阻降压或带一小降压变压器使用。灯泡的工作电压从 6.3~220 V 不等，功耗从 1~30 W 不等。

此种灯泡的缺点是体积大、功耗高，而且白炽灯易碎，寿命也不长，在使用过程中由于振动而经常损坏，给维修使用带来很多不便，白炽灯散发出的热量往往致使灯壳过热而影响和缩短寿命；但由于其亮度较大，因此仍有不少场合使用白炽灯型信号灯。

(2) 氖泡型指示灯。由单个或多个氖泡串并联可以组成信号灯的发光元件。氖泡体积小，功耗极低，只有辉光放电电流，但发光强度很小，而且氖灯在长期使用后光效率会明显下降，因此使用寿命指标也不是很高。

(3) 发光二极管型信号灯。发光二极管型信号灯是利用发光二极管(LED)作为光源，将多个串并联制成的新型信号灯，如图 1-32 所示，目前正在广泛使用。该类产品有如下优点：

① 体积小。其结构为由多个(一般 3~6 个)发光二极管串联，加上限流电阻封装在一个小壳内，用环氧树脂浇封。由于二极管体积小，限流电阻因电流小也只需用 0.5 W 以下规格，因此灯体体积也小。

(a) 外形   (b) 图形和文字符号

图 1-32　LED 指示灯的外形图及符号

② 功耗小。发光二极管的工作特性如图 1-33(a)所示。一般可取弯曲部位的工作电流，再通过校验加以校正，以发光量适度时的电流值为宜，如图 1-33(b)所示。图 1-33(b)所示的发光二极管工作电流一般可取 10 mA 左右，使用时应根据二极管的型号规格不同而异。

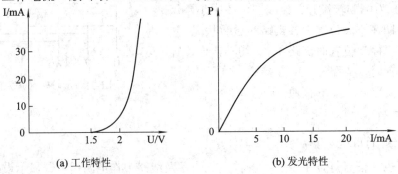

(a) 工作特性   (b) 发光特性

图 1-33　发光二极管工作特性和发光特性

发光二极管型信号灯的总功耗(包括每只二极管和限流电阻)以工作电压比较高的 220 V 为例，工作电流取 10 mA 可得

$$P = UI = 220 \times 0.01 = 2.2 \text{ W}$$

③ 寿命长，工作可靠。由于采用环氧树脂浇封，整体性好，且耐冲击振动，因此发光二极管型信号灯的工作寿命高于白炽灯型信号灯。

3) 指示灯的常用型号

指示灯的常用型号有国产的 AD、XD、ND30、LD 系列。其中 AD、XD 系列为老型号，采用钨丝、氖泡作光源；而新型的 LD 系列多采用半导体 LED 作光源。电气控制系统常用 Φ16 mm、Φ22 mm、Φ30 mm 规格。另外，引进国外和合资生产的产品有西门子、富士、施耐德等。

四、任务实施

本任务用继电器–接触器实现对单台三相异步电动机的可逆旋转控制。

1．控制要求

按下电动机的正转启动按钮，电动机保持连续旋转；按停止按钮，电动机停止转动；再按下反转启动按钮，电动机保持连续旋转，实现正转←→停止←→反转控制过程；或按下电动机的正转启动按钮，电动机保持连续旋转，再按下反转启动按钮，电动机反向运行，按停止按钮，电动机停止转动；实现正转←→反转←→停止控制过程。电路设有短路、过载、欠压和失压保护。

2．训练目的

(1) 熟悉三相异步电动机可逆旋转控制电路的原理。

(2) 掌握倒顺开关、控制按钮、接触器等低压电器的应用。

(3) 掌握可逆旋转控制线路的接线方法。

(4) 掌握可逆旋转控制线路的检查方法。

3．控制要求分析

要实现电动机的正转←→停止←→反转控制，采用电气互锁，需要有正转、反转、停止三个控制按钮，启动按钮并联，停止按钮串联。按下正转启动按钮 SB2 或反转启动按钮 SB3，电动机应全压启动，接触器自锁，保持电机连续旋转；当按下停止按钮 SB1，接触器自锁触头断开，电动机停止转动。要实现电动机的正转←→反转←→停止控制，采用电气互锁和机械互锁。

4．实训设备

空气开关、倒顺开关、熔断器、接触器、热继电器、控制按钮、接线端子和小功率三相异步电动机。

5．设计步骤

1) 电路设计与原理分析

(1) 按钮控制的正转←→停止←→反转控制电路。图 1-34 所示为按钮控制的正反转

控制电路。图中 KM1、KM2 分别为控制电动机正、反转的接触器,对应主触点接线相序分别是,KM1 按 U—V—W 相序接线,KM2 按 W—V—U 相序接线,即将 U、V 两相对调,所以两个接触器分别通电吸合时,电动机的旋转方向不一样,从而实现电动机的可逆运转。

图 1-34 所示控制线路尽管能够完成正反转控制,但在按下正转启动按钮 SB2 时,KM1 线圈通电并且自锁,接通正序电源,电动机启动正转。若出现操作错误,即在按下正转启动按钮 SB2 的同时又按下反转启动按钮 SB3,则 KM2 线圈通电并自锁,这样会在主电路中发生 U、V 两相电源短路事故。

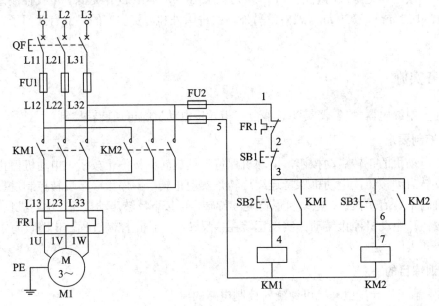

图 1-34　按钮控制的正反转控制电路

为了避免误操作带来的电源短路事故的发生,必须保证控制电动机正反转的两个接触器线圈不能同时通电吸合,即在同一时间里只允许一个接触器通电工作,把这种控制作用称为互锁或联锁。互锁的方法有两种:一种是接触器互锁,即将 KM1、KM2 的辅助常闭触点分别串接在对方线圈电路中形成相互制约的控制;另一种是按钮互锁,即采用复合按钮,将 SB1、SB2 的常闭触点分别串接在对方控制的线圈电路中,形成相互制约的控制;图 1-35 所示为带接触器互锁保护的正、反转控制线路,即正转←→停止←→反转控制电路。

在正转←→停止←→反转控制电路中,当按下正转启动按钮 SB2↓时,正转接触器 KM1 线圈通电,主触点闭合,电动机正转运行。同时,由于 KM1 的常闭辅助触点断开,切断了反转接触器 KM2 的线圈电路,这样,即使按下反转启动按钮 SB3,也不会使反转接触器 KM2 的线圈通电工作。同理,在反转接触器 KM2 动作后,也保证了正转接触器 KM1 的线圈不能通电工作。

工作原理:合上空气开关 QF,按下正向启动按钮 SB2,正转接触器 KM1 线圈通电,KM1 的常闭辅助触点(6-7)断开,实现电气互锁;KM1 主触点闭合,电动机 M 正向启动运行;KM1 的常开辅助触点(3-4)闭合,实现自锁。当反向启动时,按下停止按钮 SB1,接触器 KM1 线圈失电，KM1 的常开辅助触点(3-4)断开，切除自锁，KM1 主触点断开，电动机断电；KM1(6-7)常闭辅助触点恢复闭合。若再按下反转启动按钮 SB3，则接触器 KM2 线圈通电，KM2 的常闭辅助触点(4-5)断开，实现互锁；KM2 主触点闭合，电动机 M 反向启动；KM2 的常开辅助触点(3-6)闭合，实现自锁。

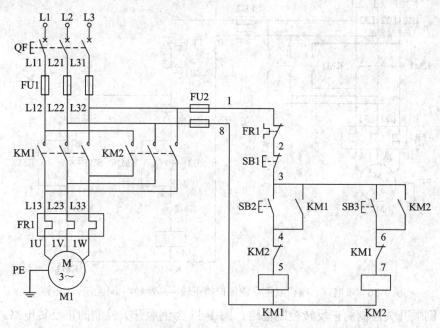

图 1-35　带电气互锁保护的正转←→停止←→反转控制电路

(2) 电气、按钮双重互锁的正转←→反转←→停止控制电路。在图 1-35 所示的电气控制线路中，电动机由正转变反转或由反转变正转的操作中，必须先停电动机，再进行反向或正向启动的控制，这样不便于操作。为克服这一缺点，采用电气、按钮双重互锁的正反转控制电路，如图 1-36 所示，以实现电动机直接由正转变为反转或者由反转直接变为正转。它是在图 1-35 所示控制电路的基础上，采用复合按钮，用启动按钮的常闭触点构成按钮互锁，形成具有电气、按钮双重互锁的正反转控制电路。该电路既可以实现正转→停止→反转和反转→停止→正转的操作，又可以实现正转→反转→停止和反转→正转→停止的操作。

图 1-36 的工作原理与图 1-35 基本相同，只是电动机由正转变为反转时，只需按下反转启动按钮 SB3，即可实现电动机反转运行，不必先按停止按钮 SB1。

注意：在此类控制电路中，复合按钮不能代替电气联锁的作用。这是因为，当接触器 KM1 的主触点发生熔焊或被杂物卡住时，即使接触器的线圈断电，主触头也打不开，由于相同的机械连接，使得该接触器的常闭、常开辅助触点不能复位，即接触器 KM1 的常闭触点处于断开状态，这样可防止操作者在未发觉出现熔焊故障的情况下，按下反转启动按钮 SB3，KM2 接触器线圈通电使主触点闭合而造成电源短路故障，因此，只采用复合按钮保护的电路是不安全的。

在实际工作中，经常采用具有电气、按钮双重互锁的正转←→反转←→停止控制电路，其优点是既能实现电动机直接正、反转控制的要求，又能保证电路安全可靠的工作，因此常用在电力拖动控制系统中。

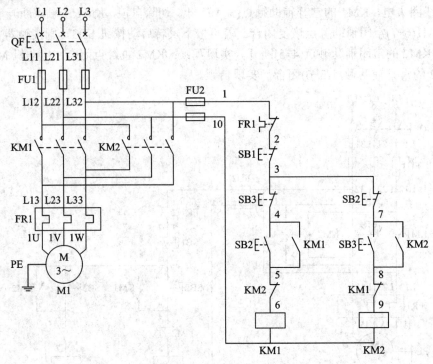

图 1-36　带电气、按钮双重互锁保护的正转←→反转←→停止控制电路

　　(3) 倒顺开关控制的正反转控制电路。图 1-37 为倒顺开关控制的正反转电路。对于容量在 5.5 kW 以下的电动机,可采用倒顺开关直接控制电动机的正反转。对于容量在 5.5 kW 以上的电动机,只能用倒顺开关预选电动机的旋转方向,而由接触器 KM 来控制电动机的启动与停止。

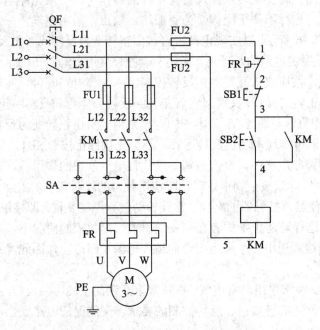

图 1-37　倒顺开关控制的正反转电路

2) 电路接线

(1) 主电路的接线。从空气开关 QF 下方接线端子 L11、L21、L31 开始。接线方法与单向旋转电路基本相同，注意两个接触器主触点间的换相接线，一般是主触点的进线不换相，出线换相。接触器主触点端子之间的连线可直接在主触点所在位置的平面内走线，不必靠近安装底板，以减少导线的弯折。

(2) 控制电路的接线。在对控制电路进行接线时，可先接好三个按钮间的联锁线，然后连接接触器的自锁、互锁电路，每接一条线，在图上标出一个记号，随做随核查，避免漏接、错接和重复接线。

注意：在正转←→停止←→反转控制电路中，按钮盒进出四根导线；在正转←→反转←→停止控制电路中，按钮盒进出五根导线，不能接错。

3) 电路检查

接线完成后，对照原理图逐线核对检查，核对接线盒内的接线和接触器自锁触点的接线，防止错接。另外，用手拨动各接线端子处接线，排除虚接故障。接着断开 QF，摘下接触器灭弧罩，在断电的情况下，用万用表电阻挡(R×1)检查各电路，方法如下：

(1) 主电路的检查。

① 在断电状态下，选择万用表合理的欧姆挡(数字式一般为 200 Ω 挡)进行电阻测量法检查。

② 为消除控制电路对测量结果影响，取下熔断器 FU2 的熔体。

③ 检查各相线间是否断开。将万用表的两支表笔分别接 L11-L21、L21-L31 和 L11-L31端子，应测得断路。

④ 检查 FU1 及接线。

⑤ 检查接触器 KM1、KM2 主触头及接线，如接触器带有灭弧罩，需拆卸灭弧罩。

⑥ 检查热继电器 FR 的热元件及接线。

⑦ 检查电动机及接线，按下 KM1 或 KM2 的触点架，均应测得电动机绕组的直流电阻值。接着检查电源换相通路，两只表笔分别接 U-V、U-W 和 V-W 端子，均应测得相等的电动机绕组的直流电阻值。

(2) 控制电路的检查。

① 选择万用表合理的欧姆挡(数字式一般为 2 kΩ 挡)进行电阻测量法检查。

② 断开熔断器 FU2，在正转←→停止←→反转控制电路中，将万用表表笔接在 1、8接点上，或在正转←→反转←→停止控制电路中，将万用表表笔接在 1、10 接点上，此时万用表读数应为无穷大。

③ 正、反向启动检查：按下按钮 SB2↓(此箭头表示动作持续)或 SB3，应显示 KM1 或KM2 线圈电阻值，再按下 SB1，万用表应显示无穷大(∞)，说明线路由通到断，线路正常。

④ 正、反向自锁电路检查：按下 KM1 或 KM2 主触点↓，应显示 KM1 或 KM2 线圈电阻值，再按下 SB1，万用表应显示无穷大(∞)，说明 KM1 或 KM2 自锁电路正常。

⑤ 电气互锁检查：按下 KM1 主触点(或 KM2)主触点↓，应显示 KM1(或 KM2)线圈电阻值，再按下 KM2(或 KM1)主触点，万用表应显示无穷大(∞)，说明 KM1 与 KM2 互锁电路正常。

⑥ 按钮互锁检查：按下按钮 SB2↓(或 SB3)，应显示 KM1(或 KM2)线圈电阻值，再按下 SB3(或 SB2)，万用表应显示无穷大(∞)，说明 SB2 与 SB3 互锁电路正常。

4) 通电试车操作要求

(1) 通电试车过程中，必须保证学生人身和设备的安全，在教师的指导下规范操作，学生不得私自送电。

(2) 在确认电器元件、接线、负载和电源无误后，清理实训工作台上的杂物，告知周围的学生准备试车，在教师的监督下通电。

(3) 熟悉操作过程。操作电动机的正转←→停止←→反转控制或正转←→反转←→停止控制，观察电机的运行是否正常，接触器有无噪声。

(4) 试车结束后，应先切断电源，再拆除接线及负载。

五、知识拓展

1. 行程开关

行程开关又称限位开关。在电力拖动系统中，有些场合常常需要控制运动部件的行程，以改变电动机的工作状态，如机械运动部件移动到某一位置时，要求自动停止、反向运动或改变移动速度。它是依据生产机械的行程发出命令，从而实现行程控制或限位保护的一种主令电器。行程开关主要应用于各类机床和起重机械控制电路中。

行程开关的种类很多，常用的行程开关有直动式、单轮旋转式和双轮旋转式，如图 1-38 所示，常用的行程开关有 LX19、JLXK1 等系列。

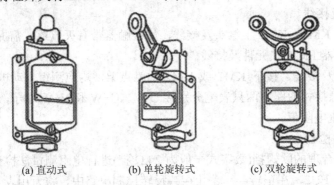

(a) 直动式   (b) 单轮旋转式   (c) 双轮旋转式

图 1-38　JLXK1 系列行程开关

LX19 及 JLXK1 系列行程开关都具有一个常闭触头和常开触头，其触头有自动复位(直动式、单轮式)和不能自动复位(双轮式)两种类型。

各种行程开关的结构基本相同，大都由推杆、触点系统和外壳等部件组成，区别仅在于行程开关的传动装置和动作速度不同。JLXK1 直动式行程开关结构示意图如图 1-39 所示。

1) 行程开关的工作原理

行程开关的工作原理与控制按钮类似。行程开关的作用与控制按钮大致相同，只是其触点的动作不是靠手指的按动，而是利用生产机械上某运动部件上的撞块碰撞或碰压而使触点动作，以此来通断电路，实现控制的要求。如图 1-39 所示，当推杆受到推力 F 的作用时，开始向下运动并压迫弹簧，但触点并不动作；当推杆运动达到一定行程，使 O 点越过 O′ 时，触点在触点弹簧的作用下迅速动作，从一个位置跳到另一个位置，使动断触点断开，动合触点闭合。触点断开与闭合的速度不取决于推杆的行进速度，而由弹簧的刚度和结构所决定。触点的复位由复位弹簧来完成。各种结构的行程开关，只是传感部件的机构和工作方式不同，而触点的动作原理都是类似的。

2) 行程开关的图形符号及文字符号

行程开关的图形符号及文字符号如图 1-40 所示。

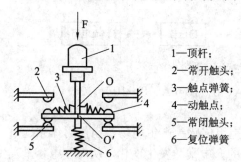

1—顶杆；
2—常开触头；
3—触点弹簧；
4—动触点；
5—常闭触头；
6—复位弹簧

图 1-39 直动式行程开关的结构

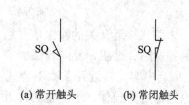

(a) 常开触头   (b) 常闭触头

图 1-40 行程开关的图形符号和文字符号

2. 接近开关

接近开关又称为无触点行程开关，是一种非接触式的位置开关，它由感应头、高频振荡器、放大电路和外壳组成。当某种物体与接近开关的感应头接近到一定距离时，接近开关就输出一个电信号，它不像机械行程开关那样需要施加机械力。它不仅能代替有触点行程开关来完成行程控制和限位控制，还可用于高频计数、测速、液面控制、零件尺寸检测、加工程序的自动衔接等非接触式控制。由于它具有非接触式触发、动作速度快、可在不同的检测距离内动作、发出的信号稳定无脉动、工作可靠、寿命长、重复定位精度高，以及能适应恶劣的工作环境等特点，所以在数控机床、纺织、印刷、塑料等工业生产中应用广泛。图 1-41 为接近开关的外形图。

图 1-41 接近开关的外形图

1) 接近开关的分类

接近开关的种类很多，按其工作原理来分，有电感式、电容式、差动变压器式、霍尔式、超声波式、红外光电式、热释电式等。无论哪种接近开关，都是由信号感测机构(感应头)、检测电路、输出电路和稳压电源组成的。

(1) 电感式接近开关。电感式接近开关主要由感应头、LC 高频振荡电路、输出电路和电源组成。其结构方框图如图 1-42 所示，当工作时接通电源后，振荡器振荡，检测电路输出低电位，输出电路开路，没有信号输出。当金属检测体接近感应头时，金属物体内部产生的涡流将吸取振荡器的能量，致使振荡器停振，此时检测电路输出高电位，输出电路接通，发出相应的信号，即能检测出金属检测体存在。当金属检测体离开感应头后，振荡器即恢复振荡，输出电路恢复为初始状态。

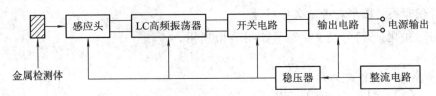

图 1-42　高频振荡电感式接近开关方框图

电感式接近开关的输出信号通常为 4～20 mA、0～10 mA、0～10 V、2～10 V 等，同时具备短路、过载、反向等保护。

(2) 电容式接近开关。电容式接近开关一般是用传感头产生电场，当作用体靠近时，不论它是否为导体，由于它的接近，总要使电容的介电常数发生变化，从而使电容量发生变化，使得和测量头相连的检测电路状态也随之发生变化，由此便可控制输出电路的接通或断开。这种接近开关检测的对象不限于导体，可以是绝缘的液体或粉状物等。

(3) 差动变压器式接近开关。差动变压器式接近开关是两个带铁磁物质的线圈，当作用衔铁不存在时，由于磁路对称，差动线圈中感应电势极性相反而平衡，当作用衔铁靠近某一线圈的开放磁路时，其电路参数改变，导致不平衡，在输出端有信号输出。其工作原理如图 1-43 所示。

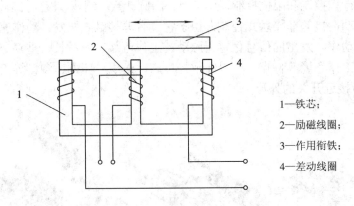

1—铁芯；
2—励磁线圈；
3—作用衔铁；
4—差动线圈

图 1-43　差动变压器型接近开关工作原理图

(4) 霍尔式接近开关。霍尔式接近开关是一种有源磁电转换器件，利用霍尔效应原理，把输入信号磁感应强度 B 转换成数字电压或电流信号的开关。霍尔式接近开关是由霍尔元件做成，霍尔元件是一种磁敏元件。当磁性物件移近霍尔开关时，开关检测面上的霍尔元件因产生霍尔效应而使开关内部电路状态发生变化，由此识别附近有磁性物体存在，进而控制开关的通或断。这种接近开关的检测对象必须是磁性物体。其工作原理如图 1-44 所示。

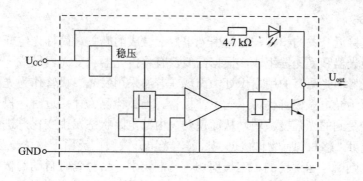

图 1-44　霍尔式接近开关工作原理图

(5) 热释电式接近开关。热释电式接近开关是用能感知温度变化的元件做成的开关。这种开关是将热释电器件安装在开关的检测面上，当有与环境温度不同的物体接近时，热释电器件的输出变化，由此便可检测出有物体接近。

(6) 超声波式的接近开关。超声波式的接近开关是利用多普勒效应做成的开关。当物体与波源的距离发生改变时，接受到的反射波的频率会发生偏移，这种现象称为多普勒效应。声呐和雷达就是利用这个效应的原理制成的。利用多普勒效应可制成超声波接近开关、微波接近开关等。当有物体移近时，接近开关接收到的反射信号会产生多普勒频移，由此可以识别出有无物体接近。

目前很多接近开关都采用集成电路，有利于缩小开关体积、降低开关功耗和提高开关的可靠性。接近开关的发展趋势是：增大检测距离；提高重复精度和减小复位行程；向全封闭型发展，以提高开关的寿命和可靠性。

2) 接近开关的主要参数

接近开关的主要技术参数除了工作电压、输出电流和控制功率以外，还有以下几个参数：

(1) 动作距离。对不同类型的接近开关，动作距离的含义不同。大多数接近开关的动作距离是指开关刚好动作时感应头与检测体之间的距离。以能量束为原理的接近开关的动作距离则是指发送器与接收器之间的距离。接近开关说明书中规定的是动作距离的标准值，在常温和额定电压下，开关的实际动作值不应小于其标准值，也不能大于标准值的 20%。一般动作距离在 5～30 mm 之间，精度在 5 μm～0.5 mm 之间。

(2) 重复精度。在常温和额定电压下连续进行 10 次试验，取其中最大或最小值与 10 次试验的平均值之差作为接近开关的重复精度。

(3) 操作频率。操作频率即每秒最高操作次数。操作频率的大小与接近开关信号发生机构原理及输出元件的种类有关。采用无触点输出形式的接近开关，操作频率主要取决于信号发生机构及电路中的其他储能元件。若为触点输出形式，则主要取决于所用继电器的操作频率。

(4) 复位行程。复位行程指开关从"动作"到"复位"的位移距离。

(5) 接近开关的图形符号及文字符号见如图 1-45 所示。

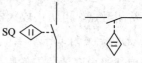

图 1-45　接近开关的图形符号及文字符

3. 光电开关

光电开关是接近开关的一种，是利用光电效应做成的开关，简称光电开关。光电开关的电路一般由投光器和受光器组成，根据需要，有将投光器和受光器做成一体的，也有相互分离的。投光器的光源有的用白炽灯，而现在普遍采用发光二极管作为光源。受光器中的光电元件既可用光电三极管也可用光电二极管。当被检测物体接近时，投光器的光线被遮挡，受光器接受到的光强度减弱，从而使开关内部电路状态发生变化，进而控制开关的通或断，由此便可"感知"有物体接近。目前，光电开关被广泛用于物体检测、液位控制、产品计数、宽度判断、速度检测、定长剪切、孔洞识别、信号延时自动门传感、色标检出以及安全防护等诸多领域。图 1-46 为光电开关的外形图。

图 1-46　光电开关的外形图

1) 光电开关的分类

光电开关按结构可分为放大器分离型、放大器内藏型和电源内藏型三类；按检测方式可分为反射式、对射式和镜面反射式三种类型。

(1) 放大器分离型：将放大器与传感器分离，并采用专用集成电路和混合安装工艺制成。由于传感器具有超小型和多品种的特点，而放大器的功能较多，因此，该类型采用端子台连接方式，可交、直流电源通用；同时具有接通和断开延时功能，可设置亮动、暗动切换开关，能控制六种输出状态，兼有接点和电平两种输出方式。

暗动：即遮光动作。它表示在进入受光器的光束减少到一定程度时或被全遮时，输出晶体管将导通输出。

亮动：也称受光动作。它是指进入受光器的光束增加到一定量时，输出晶体管导通且有输出。

(2) 放大器内藏型：将放大器与传感器一体化，采用专用集成电路和表面安装工艺制成，使用直流电源工作。其响应速度快，能检测狭小和高速运动的物体；改变电源极性可转换亮动、暗动，并可设置自诊断稳定工作区指示灯；兼有电压和电流两种输出方式，能防止放大器与传感器相互干扰，在系统安装中十分方便。

(3) 电源内藏型：将放大器、传感器与电源装置一体化，采用专用集成电路和表面安装工艺制，它一般使用交流电源，适用于在生产现场取代接触式行程开关，可直接用于强电控制电路，也可自行设置自诊断稳定工作区指示灯；输出备有 SSR 固态继电器或继电器常开、常闭触点，可防止放大器、传感器与电源装置相互干扰，并可紧密安装在系统中。

2) 光电开关的工作原理

反射式光电开关的工作原理框图如图 1-47 所示，由振荡回路产生的调制脉冲经反射电路后，由发光管 GL 辐射出光脉冲。当被测物体进入受光器的作用范围时，被反射回来的光脉冲进入光敏三极管 DU，并在接收电路中将光脉冲解调为电脉冲信号，再经放大器放大和同步选通整形，然后用数字积分或 RC 积分方式排除干扰，最后经延时(或不延时)触发驱动器输出光电开关控制信号。

图 1-47 反射式光电开关的工作原理框图

光电开关一般都具有良好的回差特性，因而即使被检测物在小范围内晃动也不会影响驱动器的输出状态，从而可使其保持在稳定工作区。同时，自诊断系统还可以显示受光状态和稳定工作区，以随时监视光电开关的工作。

3) 光电开关的特点

(1) 有自诊断稳定工作区指示功能，可及时告知工作状态是否可靠。

(2) 对射式、反射式、镜面反射式的光电开关都有防止相互干扰的功能，安装方便。

(3) 响应速度快，高速光电开关的响应速度可达到 0.1 ms，每分钟可进行 30 万次检测操作，能检出高速移动的微小物体。

(4) 采用专用集成电路和先进的 SMT 表面安装工艺，具有很高的可靠性。

(5) 体积小、质量轻，安装调试简单，并具有短路保护功能。

4. 自动往返控制电路

自动往返控制电路是机床工作台往返运动控制中常用的电路。图 1-48(a)为机床工作台往返运动的示意图。行程开关 SQ1、SQ2 分别安装在机床的不同位置上，当运动部件到达预定的位置时压下行程开关的触杆，将其常闭触点断开，如图 1-48(b)所示，接触器线圈断电，使电动机断电而停止运行，同时，其常开触点闭合，反向接触器线圈通电，使电动机自动反向运行，从而实现自动往返运动。

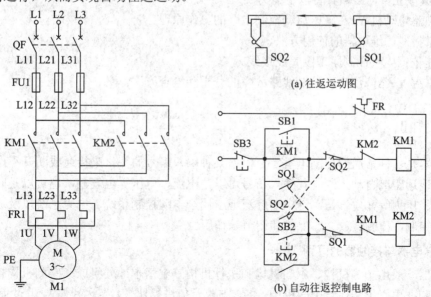

图 1-48 自动往返控制电路

任务 4　实现电动机 Y-△降压启动控制

一、任务引入

电动机的启动方式分为全压启动和降压启动。全压启动又称直接启动，是一种简单、经济的启动方法。但直接启动时，启动电流可达额定电流的 3～7 倍，过大的启动电流会导致电网电压大幅度下降，这不仅会减小电动机自身的启动转矩，而且会影响同一电网上其他设备的正常工作。因此，对于容量较大的电动机，一般采用降压启动的方式来启动。

降压启动的目的是限制启动电流，对于三相笼型异步电动机，容量在 10kW 以上时，常采用降压启动，启动时，加在电动机定子绕组上的电压小于电动机的额定电压，当启动结束时，将电动机定子绕组上的电压升至电动机的额定电压，使电动机在额定电压下运行。降压启动虽然限制了启动电流，但是由于启动转矩和电压的平方成正比，因此，降压启动时，电动机的启动转矩也随之减小。

三相笼型异步电动机降压启动的方法很多，常用的有定子串电阻启动、定子串电抗器启动、定子串自耦变压器启动、星-三角(Y-△)启动和软启动器等。

Y-△启动是指电动机在启动时，电动机定子绕组连接成星形，电动机启动后，切换到三角形运行。这是因为星形运行时其电流是三角形运行时的 1/3，降低了启动电流。

二、任务分析

要完成该任务，必须具备以下能力：
(1) 熟悉电动机 Y-△降压启动控制电路的工作原理。
(2) 掌握时间继电器的使用方法。
(3) 能依据电气控制原理图完成接线。
(4) 掌握 Y-△降压启动控制线路故障的分析和检查方法。

三、相关知识

继电器是一种常用的控制电器，是根据某种输入信号的变化来接通或断开小电流控制电路，实现远距离自动控制。其输入信号可以是电流、电压等电气量，也可以是时间、温度、速度、压力等非电气量。继电器广泛地应用于自动控制系统、电力系统以及通信系统中，起着控制、检测、放大、保护和调节等作用。

1. 继电器与接触器的区别

继电器一般由感测机构、中间机构和执行机构三个基本部分组成。感测机构把感测得的电气量和非电气量传递给中间机构，将它与整定值进行比较，当达到整定值(过量或欠量)

时，中间机构便使执行机构动作，从而接通或断开电路。无论继电器的输入量是电气量或非电气量，继电器工作的最终目的是控制触点的分断或闭合，从而控制电路的通断。从这一点来看继电器与接触器的作用是相同的，但它与接触器又有区别，主要表现在以下两方面：

(1) 所控制的线路不同，继电器主要用于小电流电路，反映控制信号。其触点通常接在控制电路中，触点容量较小(一般在 5 A 以下)，且无灭弧装置，不能用来接通和分断负载电路；而接触器用于控制电动机等大功率、大电流电路及主电路，一般需要加有灭弧装置。

(2) 输入信号不同，继电器的输入信号可以是各种物理量，如电压、电流、时间、速度、压力等；而接触器的输入量只有电压。

2. 继电器的分类

继电器的分类方法很多，常用的分类方法如下：

(1) 按输入量的物理性质可分为电压继电器、电流继电器、功率继电器、时间继电器、速度继电器、温度继电器等。

(2) 按工作原理可分为电磁式继电器、感应式继电器、电动式继电器、电子式继电器等。

(3) 按输出形式可分为有触点继电器、无触点继电器等。

(4) 按用途可分为电力拖动系统用控制继电器和电力系统用保护继电器。

3. 常用继电器

电磁式继电器广泛用于电力拖动系统中，其基本结构和工作原理与接触器相似，如图1-49 所示，由电磁机构和触头系统等组成。因通断电流小，故电磁式继电器只用于控制回路，且无灭弧装置，具有体积小、动作灵敏、触点的种类和数量较多等特点。

图 1-49 电磁式继电器的外形图

电磁式继电器的电磁系统主要有直动式和拍合式两种类型。交流继电器的电磁机构有U 形拍合式和 E 形直动式，直动式的继电器和小容量的接触器结构相似。其结构如图 1-50所示。电磁系统为拍合式，铁芯 7 和铁轭为一整体，减少了非工作气隙；极靴 8 为一圆环套在铁芯端部；衔铁 6 制成板状，绕棱角转动；线圈不通电时，衔铁靠反作用弹簧 2 作用而打开。

电磁式继电器按动作原理分为电压继电器、电流继电器、中间继电器和时间继电器。

(1) 电流继电器。输入量为电流的继电器称为电流继电器。电流继电器的线圈串联在被测电路中，根据通过线圈电流值的大小而动作。为降低负载效应和对被测量电路参数的影响，其线圈的导线粗、匝数少、线圈阻抗小。

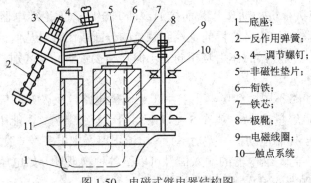

1—底座;
2—反作用弹簧;
3、4—调节螺钉;
5—非磁性垫片;
6—衔铁;
7—铁芯;
8—极靴;
9—电磁线圈;
10—触点系统

图 1-50　电磁式继电器结构图

电流继电器分为过电流继电器和欠电流继电器。当继电器中的电流超过某一整定值，如超过交流过电流继电器的额定电流 1.1~4 倍或超过直流过电流继电器的额定电流 0.7~3.5 倍时，触点动作的为过电流继电器。此类继电器在通过正常工作电流时不动作，主要用于频繁和重载启动场合，作为电动机和主电路的短路和过载保护。

当继电器中的电流低于某整定值，如低于额定电流的 10%~20%时，继电器释放，称为欠电流继电器。此类继电器在通过正常工作电流时，衔铁吸合，触点动作，常用于直流电动机和电磁吸盘的失磁保护。

过电流继电器和欠电流继电器的结构和动作原理相似，过电流继电器在正常工作时电磁吸力不足以克服反作用弹簧的弹力，衔铁处于释放状态；当线圈电流超过某一整定值时，衔铁吸合，触点动作。而欠电流继电器在线圈电流正常时衔铁是吸合的，当电流低于某一整定值时释放，触点复位。

电流继电器的主要技术参数有：

① 动作电流 I_q：使电流继电器开始动作所需的电流值。

② 返回电流 I_f：电流继电器动作后返回原状态时的电流值。

③ 返回系数 K_f：返回值与动作值之比，$K_f = I_f / I_q$。

图 1-51 为电流继电器的图形与文字符号。

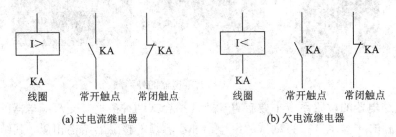

图 1-51　电流继电器的图形与文字符号

(2) 电压继电器。输入量为电压流的继电器称为电压继电器。电压继电器的线圈并联在被测电路中，根据通过线圈电压值的大小而动作。其线圈的匝数多，线径细、阻抗大。电压继电器按线圈中电流的种类可分为交流电压继电器和直流电压继电器，按吸合电压大小不同又分为过电压、欠电压和零电压继电器三种。

过电压继电器在电路电压正常时释放，当电路电压超过额定电压的 1.1~1.5 倍，即发生过电压故障时，过电压继电器吸合动作，实现过电压保护；由于直流电路不会发生波动较大的过电压现象, 所以没有直流过电压继电器产品。欠电压、零电压继电器在电路电压正常时吸合, 而当电路电压低于额定电压的 0.4~0.7 倍时, 发生欠压; 当电路电压低于额定电压的 0.05~0.25 倍时, 发生零压, 继电器释放, 实现欠压和失压保护。

图 1-52 为电压继电器的图形与文字符号。

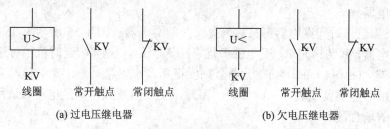

(a) 过电压继电器   (b) 欠电压继电器

图 1-52 电压继电器的图形与文字符号

(3) 中间继电器。中间继电器是用来增加控制电路输入的信号数量或将信号放大的一种继电器, 其实质上为电压继电器, 结构和工作原理与接触器相同。其触点数量较多(一般有 4 副常开触点和 4 副常闭触点, 共 8 对), 没有主辅之分, 触点容量较大(额定电流为 5~10 A), 动作灵敏。其主要用途是: 当其他继电器的触点数量或触点容量不够时, 可借助中间继电器来扩大触点数目或增加触点容量, 起到中间转换作用。图 1-53 为中间继电器的外形和结构图。

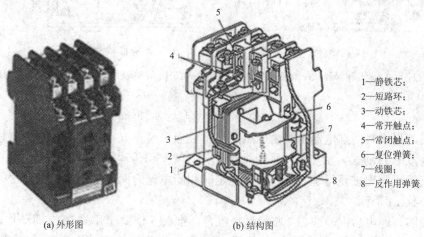

1—静铁芯;
2—短路环;
3—动铁芯;
4—常开触点;
5—常闭触点;
6—复位弹簧;
7—线圈;
8—反作用弹簧

(a) 外形图   (b) 结构图

图 1-53 中间继电器的外形和结构图

常用的中间继电器有 JZ7 和 JZ8 两种系列。JZ7 为交流中间继电器, JZ8 为交直流两用。中间继电器的选用主要由控制电路的电压等级和所需触点数量来决定。图 1-54 为中间继电器的图形与文字符号。

线圈   常开触点   常闭触点

图 1-54 中间继电器的图形与文字符号

(4) 时间继电器。时间继电器是一种按照所需时间延时动作的控制电器，以协调和控制生产机械的各种动作，主要用于时间原则的顺序控制电路中。按工作原理与构造不同，时间继电器可分为空气阻尼式、电磁式、电动式、晶体管式和数字式等；按延时方式可分为通电延时型和断电延时型两种。在控制电路中应用较多的是空气阻尼式、晶体管式和数字式时间继电器。

① 空气阻尼式时间继电器：又称气囊式时间继电器。图 1-55 所示为 JS7 系列空气阻尼式时间继电器，其结构简单，受电磁干扰小，寿命长，价格低，延时范围可达 0.4～180 s，但其延时误差大(±10％～±20％)，无调节刻度指示，难以精确整定延时值，且延时值易受周围介质温度、尘埃及安装方向的影响。因此，空气阻尼式时间继电器只适用于对延时精度要求不高的场合。

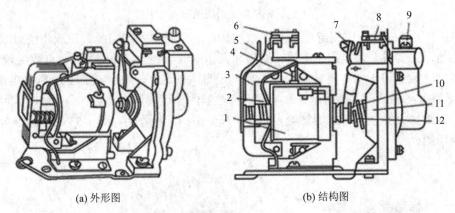

(a) 外形图　　　　　　　　　　　　　　　(b) 结构图

1—线圈；2—反作用弹簧；3—衔铁；4—静铁芯；5—弹簧片；6—瞬时触点；7—杠杆；8—延时触点；
9—调节螺钉；10—推板；11—推杆；12—宝塔弹簧

图 1-55　JS7 系列空气阻尼式时间继电器

空气阻尼式时间继电器主要由电磁系统、触点系统、气室和传动机构四部分组成，电磁机构为双 E 直动式，触点系统采用微动开关，气室和传动机构采用气囊式阻尼器。它是利用空气阻尼原理来获得延时的，分通电延时和断电延时两种类型。通电延时型时间继电器如图 1-56(a)所示。

当线圈 1 通电后，静铁芯 2 将衔铁 3 吸合，推板 5 使微动开关 16 立即动作，活塞杆 6 在宝塔弹簧 8 的作用下，带动活塞 12 及橡皮膜 10 向上移动，由于橡皮膜下方气室空气稀薄，形成负压，因此活塞杆 6 不能迅速上移。当空气由进气孔 14 进入时，活塞杆 6 才逐渐上移。移到最上端时，杠杆 7 才使微动开关 15 动作，使常闭触点断开、常开触点闭合，从线圈通电开始到微动开关完全动作为止的这段时间就是继电器的延时时间。通过调节螺杆 13 可调节进气孔的大小，也就调节了延时时间的长短，延时范围有 0.4～60 s 和 0.4～180 s 两种。

当线圈断电时，电磁力消失，动铁芯在反作用弹簧 4 的作用下释放，将活塞 12 推向最下端。因活塞被往下推时，橡皮膜下方气室内的空气都通过橡皮膜 10、弱弹簧 9 和活塞 12 肩部所形成的单向阀，经上气室缝隙迅速排掉，使微动开关 15、16 迅速复位。

若将通电延时型时间继电器的电磁机构翻转 180° 后安装，可得到如图 1-56(b)所示的断电延时型时间继电器。其工作原理与通电延时型相似，微动开关 15 是在线圈断电后延时动作的。

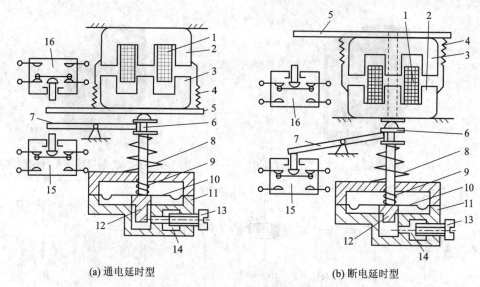

(a) 通电延时型　　　　　　　　　(b) 断电延时型

1—线圈；2—静铁芯；3—衔铁；4—反作用弹簧；5—推板；6—活塞杆；7—杠杆；8—宝塔弹簧；9—弱弹簧；
10—橡皮膜；11—空气室壁；12—活塞；13—调节螺杆；14—进气孔；15、16—微动开关

图 1-56　空气阻尼式时间继电器工作原理图

②　电磁式时间继电器：图 1-57 所示为直流 JT3 系列电磁式时间继电器，其结构简单，价格便宜，延时时间较短，一般为 0.3~5.5 s，但只能用于断电延时，且体积较大。

③　电动式时间继电器：如 JS10、JS11、JS17 系列，结构复杂，价格较贵，寿命短，但精度较高，且延时时间较长，一般为几分钟到数个小时。图 1-58 所示为 JS10 系列电动式时间继电器。

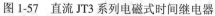

图 1-57　直流 JT3 系列电磁式时间继电器　　　图 1-58　JS10 系列电动式时间继电器

④　晶体管式时间继电器：又称半导体式时间继电器，如图 1-59 所示，为 JS20 系列晶体管式时间继电器，它是利用 RC 电路电容充电时，电容电压不能突变，按指数规律逐渐变化的原理获得延时，具有体积小、精度高、调节方便、延时长和耐振动等特点。其延时范围从 0.1~3600 s，但由于受 RC 延时原理的限制，使抗干扰能力弱。

⑤　数字式时间继电器：如图 1-60 所示，为 JS14C 系列的数字式时间继电器，是由集成电路构成，采用 LED 显示的新一代时间继电器，具有抗干扰能力强、工作稳定、延时精确度高、延时范围广、体积小、功耗低、调整方便、读数直观等优点。延时范围为 0.01 s~99.99 min。

图 1-59　JS20 系列晶体管式时间继电器　　　　图 1-60　JS14C 系列数字式时间继电器

时间继电器的图形和文字符号，如图 1-61 所示。

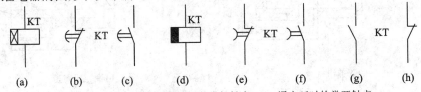

(a)　　　(b)　　(c)　　　(d)　　(e)　　　(f)　　(g)　　(h)

(a) 通电延时线圈；(b) 通电延时的常闭触点；(c) 通电延时的常开触点；

(d) 断电延时线圈；(e) 断电延时的常闭触点；(f) 断电延时的常开触点；

(g) 瞬动常开触点；(h) 瞬动常闭触点

图 1-61　时间继电器的图形和文字符号

四、任务实施

本任务用继电器-接触器实现三相异步电动机的 Y-△降压启动控制。

1．控制要求

按下电动机的启动按钮，电动机进行星形启动，经过 5 s 后，电动机切换到三角形连接，并保持连续旋转。按停止按钮，电动机停止转动。电路设有短路、过载、欠压和失压保护。

2．训练目的

(1) 熟悉三相异步电动机 Y-△降压启动控制的原理。

(2) 掌握时间继电器、接触器等低压电器的使用方法。

(3) 掌握 Y-△降压启动控制线路的接线方法。

(4) 掌握 Y-△降压启动控制线路的检查方法。

3．控制要求分析

要实现电动机的 Y-△降压启动控制，需要正常运行时为三角形连接的电动机、三个交流接触器、一个时间继电器和启动、停止两个控制按钮，启动按钮并联，停止按钮串联。按下启动按钮 SB1，电动机应进入星形连接的降压启动，经过 5 s 后，电动机切换到三角形连接，并保持连续旋转。按停止按钮，电动机停止转动。在星形连接和三角形连接的转换过程中，需要电气互锁保护。

4．实训设备

空气开关、时间继电器、熔断器、接触器、热继电器、控制按钮、接线端子和小功率三相异步电动机。

5．设计步骤

1）电路设计与原理分析

图 1-62 所示为时间继电器控制的 Y-△降压启动电路。图中 KM1 的作用是电源引入，KM2 的作用是将电动机接成三角形连接，KM3 的作用是将电动机接成星形连接，KT 为实现 Y-△转换的时间继电器。

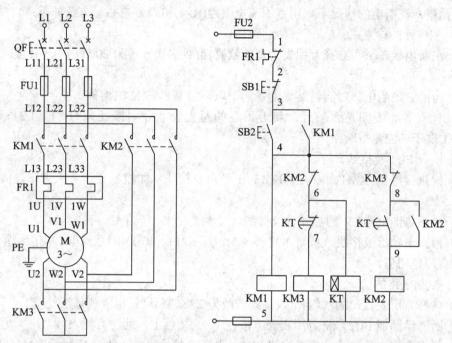

图 1-62　时间继电器控制的 Y-△降压启动电路

电路的工作原理是：合上空气开关 QF，按下启动按钮 SB2，接触器 KM1、KM3 和时间继电器 KT 的线圈同时通电，KM1 的自锁闭合。KM3 的主触点闭合将电动机接成星形连接，使电动机进行降压启动。由于接触器 KM2 和 KM3 分别将电动机接成星形和三角形，故不能同时接通，为此在 KM2 和 KM3 的线圈电路中必须电气互锁。其互锁的常闭触点 KM3(4-8)断开，切断 KM2 线圈回路；而时间继电器 KT 延时时间到后，其常闭触点 KT(6-7)断开，接触器 KM3 线圈断电，主触点断开；同时 KT 常开触点 KT(8-9)闭合，接触器 KM2 线圈通电并自锁，同时 KM2 常闭触点 KM2(4-6)断开，使 KM3、KT 线圈断电，电动机切换成三角形连接并进入正常运行。

2）电路接线

(1) 主电路的接线。从空气开关 QF 下方接线端子 L11、L21、L31 开始。接线方法与单向旋转电路基本相同，注意 KM1 与 KM2 两个接触器主触点间的三角形接线。接触器主触点端子之间的连线可直接在主触点所在位置的平面内走线，不必靠近安装底板，以减少导线的弯折。

(2) 控制电路的接线。在对控制电路进行接线时，可先接好两个按钮间的联锁线，然后连接接触器的自锁、互锁电路，每接一条线，在图上标出一个记号，随做随核查，避免漏接、错接和重复接线。

注意：Y-△降压启动电路的按钮盒进出三根导线，每一接点最多接两根线，时间继电器触点最好接一根线，保证接触可靠。

3) 电路检查

接线完成后，对照原理图逐线核对检查，核对接线盒内的接线和接触器自锁触点的接线，防止错接。另外，用手拨动各接线端子处接线，排除虚接故障。接着断开 QF，摘下接触器灭弧罩，在断电的情况下，用万用表电阻挡(R×1)检查各电路，方法如下：

(1) 主电路的检查。

① 在断电状态下，选择万用表合理的欧姆挡(数字式一般为 200 Ω 挡)进行电阻测量法检查。

② 为消除控制电路对测量结果的影响，取下熔断器 FU2 的熔体。

③ 检查各相线间是否断开。将万用表的两支表笔分别接 L11-L21、L21-L31 和 L11-L31 端子，应测得断路。

④ 检查 FU1 及接线。

⑤ 检查接触器 KM1、KM2、KM3 主触头及接线，如接触器带有灭弧罩，需拆卸灭弧罩。

⑥ 检查热继电器 FR 的热元件及接线。

⑦ 检查电动机及接线，按下 KM1、KM2 或 KM1、KM3 的触点架，均应测得电动机绕组的直流电阻值。

(2) 控制电路的检查。

① 选择万用表合理的欧姆挡(数字式一般为 2 kΩ 挡)进行电阻测量法检查。

② 断开熔断器 FU2，将万用表表笔接在 1、5 接点上，此时万用表读数应为无穷大。

③ 星形连接启动检查：按下按钮 SB2↓(此箭头表示动作持续)，应显示 KM1、KM3 和 KT 线圈三个的并联电阻值，再按下 SB1，万用表应显示无穷大(∞)，说明线路由通到断，线路正常。

④ 星形连接自锁电路检查：按下 KM1 主触点↓，应显示 KM1、KM3 和 KT 线圈三个的并联电阻值，再按下 SB1，万用表应显示无穷大(∞)，说明 KM1 自锁电路正常。

⑤ 三角形连接自锁检查：按下 KM1 主触点(或 SB2)↓，应显示 KM1、KM3 和 KT 线圈三个的并联电阻值，再按下 KM2 主触点，应显示 KM1 和 KM2 线圈两个并联电阻值，最后再按下 SB1，万用表应显示无穷大(∞)，说明三角形连接自锁电路正常。

⑥ Y-△互锁检查：按下按钮 SB2↓(或 KM1 主触点)，应显示 KM1、KM3 和 KT 线圈三个的并联电阻值，再按下 KM2 主触点，应显示 KM1 和 KM2 线圈两个并联电阻值，最后按下 KM3 主触点，万用表应显示 KM1 线圈电阻值，说明 KM2 与 KM3 互锁电路正常。

4) 通电试车操作要求

(1) 通电试车过程中，必须保证学生人身和设备的安全，在教师的指导下规范操作，学生不得私自送电。

(2) 在确认电器元件、接线、负载和电源无误后，清理实训工作台上的杂物，告知周围的学生准备试车，在教师的监督下通电。

(3) 熟悉操作过程。

按下电动机的启动←→停止按钮，观察电机的 Y-△降压启动运行是否正常，接触器有无噪声。

(4) 试车结束后，应先切断电源，再拆除接线及负载。

五、知识拓展

1. 固态继电器

固态继电器(Solid State Relays，SSR)是采用固体半导体元件组装而成的一种无触点开关，它是利用电子元件如大功率开关三极管、单向可控硅、双向可控硅、功率场效应管等半导体器件的开关特性，实现无触点、无火花的接通和断开电路。所以它比电磁式继电器具有开关速度快、动作可靠、使用寿命长、噪声低、抗干扰能力强和使用方便等一系列优点。因此，它不仅在许多自动控制系统中取代了传统电磁式继电器，而且广泛用于数字程控装置、数据处理系统、计算机终端接口和可编程控制器的输入/输出接口电路中，尤其适用于动作频繁、防爆耐振、耐潮、耐腐蚀等特殊工作环境中。

1) 固态继电器的分类

固态继电器按切换负载性质的不同分类，有直流固态继电器(DC-SSR)和交流固态继电器(AC-SSR)，如图 1-63 所示；按控制触发信号方式分类，有有源触发型和无源触发型；按输入与输出之间的隔离形式分类，有光电隔离型、变压器隔离型和混合型，以光电隔离型为最多。

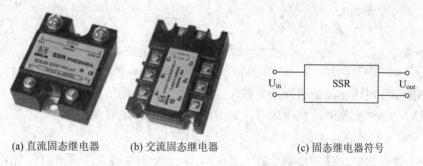

(a) 直流固态继电器   (b) 交流固态继电器   (c) 固态继电器符号

图 1-63 固态继电器的外形与符号

2) 固态继电器的工作原理

固态继电器由输入电路、隔离(耦合)电路和输出电路三部分组成，交流固态继电器的工作原理框图如图 1-64 所示。一般固态继电器为四端有源器件，其中 A、B 两端为输入控制端，C、D 两端为输出受控端。工作时只要在 A、B 上加上一定的控制信号，就可以控制 C、D 两端之间的"通"和"断"，实现"开关"的功能。为实现输入与输出之间的电气隔离，采用了高耐压的专业光电耦合器，按输入电压的不同类别，输入电路可分为直流输入电路、交流输入电路和交直流输入电路三种。输出电路也可分为直流输出电路、交流输出电路和交直流输出电路等形式。交流输出时，通常使用两个可控硅或一个双向可控硅，直流输出时可使用双极性器件或功率场效应管。

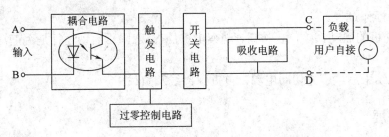

图 1-64　交流固态继电器的工作原理框图

图 1-64 中触发电路的功能是产生合乎要求的触发信号，驱动开关电路工作，但由于开关电路在不加特殊控制电路时，将产生射频干扰并以高次谐波或尖峰等污染电网，为此特设过零控制电路。所谓"过零"，是指当加入控制信号，交流电压过零时，SSR 即为通态；而当断开控制信号后，SSR 要等待至交流电的正半周与负半周的交界点(零电位)，SSR 才为断态。这种设计能防止高次谐波的干扰和对电网的污染。吸收电路是为防止从电源中传来的尖峰、浪涌电压对开关器件双向可控硅管的冲击和干扰，甚至误动作而设计的，交流负载一般用 R-C 串联吸收电路或非线性电阻(压敏电阻器)。

直流型 SSR 与交流型 SSR 相比，无过零控制电路，也不必设置吸收电路，开关器件一般用大功率开关三极管，其他工作原理相同。直流型 SSR 在使用时应注意如下几点：

(1) 负载为感性负载时，如直流电磁阀或电磁铁，应在负载两端并联一只二极管，极性如图 1-65 所示，二极管的电流应等于工作电流，电压应大于工作电压的 4 倍。

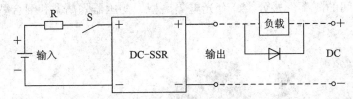

图 1-65　直流固态继电器串接感性负载

(2) SSR 工作时应尽量把它靠近负载，其输出引线应满足负荷电流的需要。

(3) 使用电源经交流降压整流所得，其滤波电解电容应足够大。

3) 固态继电器的使用要求

(1) 固态继电器的选择应根据负载的类型(阻性、感性)来确定，输出端要采用 RC 浪涌吸收回路或非线性压敏电阻吸收过压。

(2) 过电流保护应采用专门保护半导体器件的熔断器或用动作时间小于 10 ms 的自动开关。

(3)由于固态继电器对温度的敏感性很强，安装时必须采用散热器，要求接触良好且对地绝缘。

(4) 切忌负载侧两端短路，以免固态继电器损坏。

2．速度继电器

速度继电器是一种把转速的变化转换为电路通断信号的开关，主要用于电动机反接制动，防止电动机制动后转速降为零不会反转，因此又称反接制动继电器。

速度继电器主要由定子、转子和触点三部分组成。转子是一个圆柱形永久磁铁，其轴与被控电动机的轴直接相连，随电动机的轴一起转动。定子是一个笼型空心圆环，由硅钢片叠成，并装有笼型绕组。图 1-66 所示为速度继电器的结构原理和符号图。

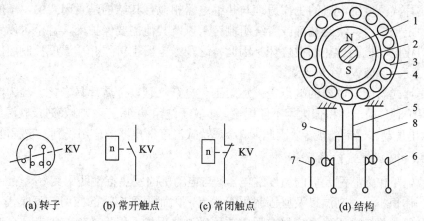

(a) 转子　　(b) 常开触点　　(c) 常闭触点　　(d) 结构

1—转轴；2—转子；3—定子；4—绕组；5—摆锤；6、7—静触点；8、9—动触点

图 1-66　速度继电器的结构原理和符号图

速度继电器的工作原理是：当电动机转动时，带动速度继电器的转子转动，在空间产生一个旋转磁场，并在定子绕组中产生感应电流，该电流与旋转的转子磁场作用产生转矩，使定子随转子转动方向而偏转，其偏转角度与电动机的转速成正比。当偏转到一定角度时，带动与定子相连的摆锤推动动触点动作，使常闭触点断开，随着电动机转速进一步升高，摆锤继续偏摆，推动常开触点闭合。当电动机转速下降时，摆锤偏转角度随之下降，动触点在簧片作用下复位，即常开触点断开，常闭触点闭合。

一般速度继电器的动作转速为 120 r/min，复位转速为 100 r/min。常用的速度继电器有 JY1 型和 JFZ0 型。

3. 温度继电器

温度继电器是一种微型过热保护元件。它利用温度敏感元件，如热敏电阻，其阻值随被测温度变化而改变的原理，经电子线路比较放大，驱动小型继电器动作，从而迅速、准确地反映某点的温度。温度继电器主要用于电气设备在非正常工作情况下的过热保护以及介质温度控制，如用于电动机的过载或堵转故障的过热保护，将其埋设在电动机定子槽内或绕组端部等，当电机绕组温度或介质温度超过某一允许温度值时，温度继电器快速动作切断控制电路，起到保护作用，而当电机绕组温度或介质温度冷却到继电器的复位温度时，温度继电器又能自动复位重新接通控制电路。图 1-67 所示为温度继电器的外形图，它在电子电路图中的符号是"FC"。

图 1-67　温度继电器的外形图

温度继电器可分为两种类型：双金属片式和热敏电阻式温度继电器。

1) 双金属片式温度继电器

双金属片式温度继电器的工作原理与热继电器相似。其结构是封闭式的，一般被埋设在电动机的定子槽内、绕组端部或者绕组侧旁，以及其他需要保护处，甚至可以置于介质当中，以防止电动机因过热而被烧坏。因此，这种继电器也可作介质温度控制用。常用的产品有 JW2 系列和 JW6 系列。

双金属片式温度继电器的缺点是：加工工艺复杂，且双金属片易老化。当为电动机的堵转提供保护时，由于体积偏大，不便埋设，多置于绕组端部，就很难及时反映温度上升的情况，以致出现动作滞后的现象，因此，双金属片式温度继电器的应用受到一定程度的限制。

2) 热敏电阻式温度继电器

以热敏电阻作为感测元件的温度继电器，与电动机的发热特性匹配良好、热滞后性小、灵敏度高、体积小、耐高温以及坚固耐用等优点，因而得到广泛的应用，可取代双金属片式温度继电器。热敏电阻式温度继电器主要用于过热保护、温度控制与调节、延时以及温度补偿等。

热敏电阻是有两根引出线的 N 型半导体，其外部以环氧树脂密封。当温度在 65℃ 以下时，热敏电阻的阻值基本保持恒定值，一般在 60～85 Ω 之间，这个电阻值称为冷态电阻。随着温度的升高，热敏电阻的阻值开始增大，起初是非线性地缓慢变化，直至温度上升到材料的居里点以后，电阻值几乎是线性剧增，电阻温度系数可以高达 20%～30%以上。图 1-68 所示为热敏电阻的 R-T 特性曲线，图中 T_t 为居里点温度，T_d 为动作温度。温度继电器就是利用了热敏电阻在温度超过居里点以后电阻值急剧增大的这一特性。

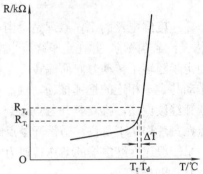

图 1-68 热敏电阻的 R-T 特性曲线

常用的热敏电阻式温度继电器有 JW4、JUC-3F(超小型)、JUC-6F(超小型中功率)、WSJ-100 系列数显等温度继电器。

4. 压力继电器

压力继电器是一种将压力的变化转换成电信号的液压器件，又称压力开关。通常用于机床液压控制系统中，它是根据油路中液体压力的变化情况决定触点的断开与闭合。当油路中液体压力达到压力继电器的设定值时，发出电信号，使电磁铁、控制电机、时间继电器、电磁离合器等电气元件动作，使油路卸压、换向。执行元件实现顺序动作或关闭电动机，使系统停止工作，从而实现对机床的保护或控制。图 1-69 为压力继电器的外形图。

图 1-69 压力继电器的外形图

压力继电器由缓冲器、橡皮薄膜、顶杆、压缩弹簧、调节螺母和微动开关等组成。图 1-70 所示为压力继电器的结构示意图。微动开关和顶杆的距离一般大于 0.2 mm。压力继电器装在油路(或气路、水路)的分支管路中。当管路压力超过整定值时，通过缓冲器和橡皮薄膜顶起顶杆，使微动开关动作，使常闭触点 1、2 端断开，常开触点 3、4 端闭合。当管路中压力低于整定值时，顶杆脱离微动开关而使触点复位。

使用压力继电器时，应注意压力继电器必须安装在压力有明显变化的地方才能输出电信号，如果将压力继电器安装在回油路上，由于回油路直接接回油箱，压力没有变化，所以压力继电器不会工作。调节压力继电器时，只需放松或拧紧调节螺母即可改变控制压力。

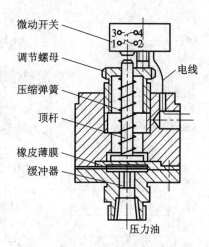

图 1-70　压力继电器的结构示意图

常用的压力继电器有 YJ 系列，威格 DP-63A、DP-10、DP-25、DP-40 管式系列，HED-10 型、HED-40 柱塞式压力继电器等。其中 YJ 系列压力继电器的额定工作电压为交流 380 V，YJ-0 型控制的最大压力为 0.6 MPa、最小压力为 0.2 MPa，YJ-1 型控制的最大压力为 0.2 MPa、最小压力为 0.1 MPa。

5. 可逆运行反接制动控制线路

在生产过程中，当电动机断电后由于惯性作用，停车时间较长，影响生产效率，不能准确停车，造成工作不安全。为了缩短停车时间，提高生产效率和实现准确停车，必须对电动机采取制动措施。

反接制动是利用改变电动机电源相序，使定子绕组产生相反方向的旋转磁场，因而产生制动转矩的制动方法。但在制动过程中，定子绕组电流较大，为保护绕组和减小制动冲击，对于 10 kW 以上的电动机制动，应在定子绕组中串接电阻，以限制制动电流。同时，应用速度继电器在电动机转速接近零时，切断反相序电源，以防止反向再启动。

图 1-71 为可逆运行的反接制动控制电路。图中电阻 R 是反接制动电阻，电路的工作原理如下：合上电源开关 QF，按下正转启动按钮 SB2，KA3 通电并自锁，其常闭触点断开，防止 KA4 线圈带电，KA3 常开触点闭合，使 KM1 线圈通电，KM1 的主触头闭合，电动机串入电阻接入正序电源开始降压启动。当电动机转速上升到一定值(120 r/min)时，速度继电器 KV 的正转常开触点 KV-1 闭合，KA1 通电并自锁，接触器 KM3 线圈通电，于是电阻 R 被短接，电动机在全压下进入正常运行。需停车时，按下停止按钮 SB1，则 KA3、KM1、KM3 三只线圈相继断电。由于此时电动机转子的惯性转速仍然很高，KV-1 仍闭合，KA1 仍通电，KM1 常闭触点复位后，KM2 线圈随之通电，其常开主触点闭合，电动机串接电阻接上反序电源进行反接制动。转子速度迅速下降，当其转速小于 100 r/min 时，KS-1 复位，KA1 线圈断电，接触器 KM2 释放，反接制动结束。

电动机反向启动和停车反接制动过程与正转相似，读者可自行分析。

异步电动机在反接制动过程中，电网供给的电磁功率和拖动系统的机械功率全部转变为电动机转子热损耗，所以电动机在工作中应适当限制每小时反接制动次数。

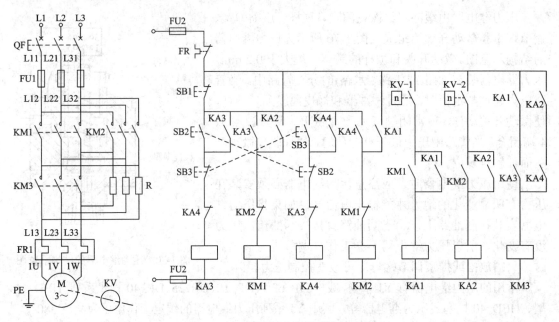

图 1-71　可逆运行反接制动控制线路

电动机反接制动效果与速度继电器动触点反力弹簧调整的松紧程度有关。若反力弹簧调得过紧，则电动机转速仍较高时动触点即在反力弹簧作用下断开，切断制动控制电路，使反接制动效果明显减弱；若反力弹簧调得过松，则动触点返回过于迟缓，使电动机制动停止后将出现短时反转现象。

项目 1 练习题

一、判断题(将答案写在题后的括号内，正确的打"√"，错误的打"×")

1. 电动机启动时，要求启动电流尽可能小些，启动转矩尽可能大些。(　　)

2. 三相异步电动机启、停控制电路，启动后，不能停止，其原因是停止按钮接触不良而开路。(　　)

3. 三相异步电动机启、停控制电路，启动后，不能停止，其原因是自锁触点与停止按钮并联。(　　)

4. 三相鼠笼式异步电动机正反转控制线路，采用按钮和接触器双重联锁较为可靠。(　　)

5. 在电磁机构的组成中，线圈和静铁芯是不动的，只有衔铁是可动的。(　　)

6. 要使三相绕线式异步电动机启动转矩为最大转矩，可以通过在转子回路中串入合适电阻的方法达到。(　　)

7. 行程开关、限位开关终、空气开关属于同一性质的开关。(　　)

8. 万能转换开关本身带有各种保护。(　　)

9. 异步电动机的启动转矩与电源电压的平方成正比。(　　)

10. 三相异步电动机转子绕组中的电流是由电磁感应产生的。（　　）

11. 熔断器的保护特性是反时限的。（　　）

12. 熔断器在电动机电路中既能实现短路保护，又能实现过载保护。（　　）

13. 单相绕组通入正弦交流电不能产生旋转磁场。（　　）

14. 电动机的额定功率实际上是电动机长期运行时允许输出的机械功率。（　　）

15. 交流接触器铁芯端面嵌有短路铜环的目的是保证动、静铁芯吸合严密，不发生振动与噪声。（　　）

16. 热继电器的额定电流就是其触点的额定电流。（　　）

17. 低压断路器只有失压保护的功能。（　　）

18. 硅钢片磁导率高、铁损耗小，适用于交流电磁系统。（　　）

19. 交流接触器通电后如果铁芯吸合受阻，将导致线圈烧毁。（　　）

20. 电动机在运行时，由于导线存在一定电阻，电流通过绕组时，要消耗一部分能量，这部分损耗叫做铁损。（　　）

二、选择题(只有一个正确答案，将正确答案填在括号内)

1. 三相电源绕组的尾端接在一起的连接方式叫做（　　）。

　　A. 三角形连接　　　B. 星形连接　　　C. 短接　　　D. 对称型连接

2. 三相不对称负载星形连接在三相四线制电路中，则（　　）。

　　A. 各负载电流相等　　　　　　　B. 各负载上电压相等

　　C. 各负载电压、电流均对称　　　D. 各负载阻抗相等

3. 三相负载的连接方式有（　　）种。

　　A. 4　　　　　　B. 3　　　　　　C. 2　　　　　　D. 1

4. 由于电弧的存在，将导致（　　）。

　　A. 电路的分断时间加长　　　　　B. 电路的分断时间缩短

　　C. 电路的分断时间不变　　　　　D. 分断能力提高

5. 三相异步电动机的正反转控制关键是改变（　　）。

　　A. 电源电压　　　B. 电源相序　　　C. 电源电流　　　D. 负载大小

6. CJ10-40 型交流接触器在 380 V 时的额定电流为（　　）。

　　A. 40 A　　　　　B. 10 A　　　　　C. 30 A　　　　　D. 50 A

7. 交流接触器在不同的额定电压下，额定电流（　　）。

　　A. 相同　　　　　B. 不相同　　　　C. 与电压无关　　D. 与电压成正比

8. 熔断器的额定电流与熔体的额定电流（　　）。

　　A. 相同　　　　　　B. 不相同

9. 电压继电器的线圈与电流继电器的线圈相比，具有的特点是（　　）。

　　A. 电压继电器的线圈与被测电路串联

　　B. 电压继电器的线圈匝数多、导线细、电阻大

　　C. 电压继电器的线圈匝数少、导线粗、电阻小

　　D. 电压继电器的线圈匝数少、导线粗、电阻大

10. 在延时精度要求不高、电源电压波动较大的场合，应选用（　　）。

　　A. 空气阻尼式时间继电器　　　　B. 晶体管式时间继电器

   C. 电动式时间继电器　　　　　　D. 上述三种都不合适

11. 通电延时型时间继电器的动作情况是(　　)。

   A. 线圈通电时触点延时动作，断电时触点瞬时动作

   B. 线圈通电时触点瞬时动作，断电时触点延时动作

   C. 线圈通电时触点不动作，断电时触点瞬时动作

   D. 线圈通电时触点不动作，断电时触点延时动作

12. 三角形接法的三相异步电动机在运行中，如果绕组断开一相，则其余两相绕组的电流较原来将会(　　)。

   A. 减小　　　　　B. 增大　　　　　C. 不变

13. 下列电器中不能实现短路保护的是(　　)。

   A. 熔断器　　　B. 热继电器　　　C. 过电流继电器　　　D. 低压断路器

14. 用来表明电动机、电器的实际位置的是(　　)。

   A. 电气控制原理图　　　　　　　B. 电器元件布置图

   C. 电气系统图　　　　　　　　　D. 电气安装接线图

15. 用交流电压表测得交流电压的数值是(　　)。

   A. 平均值　　　B. 有效值　　　C. 最大值　　　D. 瞬时值

三、问答题

1. 开关设备通断时，触头间的电弧是怎样产生的？常用哪些灭弧措施？

2. 电器及低压电器的概念各是什么？低压电器分为哪几类？

3. 接触器的结构及工作原理各是什么？

4. 电磁式继电器的结构及工作原理各是什么？

5. 空气阻尼式时间继电器的结构及工作原理各是什么？

6. 低压断路器的结构及工作原理各是什么？

7. 空气开关有哪些脱扣装置？各起什么作用？

8. 接触器和继电器的区别是什么？

9. 什么是主令电器？常用的主令电器有哪些？

10. 交流接触器静铁芯上的短路环起什么作用？若短路环断裂或脱落，会出现什么现象？为什么？

四、设计题

1. 某一控制系统，有两台电动机 M1 和 M2，要求电动机 M1 启动 10 s 后，才能启动电动机 M2，但 M1 和 M2 同时停车。

2. 某一控制系统，有两台电动机 M1 和 M2，要求电动机 M1 启动后，才能启动电动机 M2，M1 和 M2 可以单独停车。

3. 某一控制系统，有两台电动机 M1 和 M2，要求 M1 启动后，M2 才能启动，M2 停止后，M1 才能停止。

4. 设计一个控制电路，要求第一台电动机启动 10 后，第二台电动机自行启动，运行 10 s 后，第三台电动机自行启动，再运行 10 s 后，电动机全部停止。

5. 某机床主轴和液压泵各由一台电动机带动。要求主轴必须在液压泵开动后才能开动、主轴能正反转并能单独停车，有短路、零压及过载保护等，试绘制电气控制原理图。

项目 2

PLC 概　述

任务 1　PLC 的系统组成、工作原理

一、任务引入

PLC 的中文名称为可编程序控制器,英文名称为 Programmable Logic Controller(早期),后改为 Programmable Controller(PC)。为了与个人计算机(Personal Computer,PC)相区分,在行业中仍称之为 PLC。它是以微处理器为基础,综合了计算机技术、自动控制技术和通信技术而发展起来的一种新型工业自动控制装置。近年来 PLC 技术已广泛应用于自动化控制的各个领域,是当代工业生产自动化的重要支柱。

二、任务分析

要完成该任务,应掌握以下知识:
(1) 了解 PLC 产生的原因。
(2) 熟悉 PLC 的硬件组成。
(3) 了解 PLC 面板上各部分的功能。

三、相关知识

1. PLC 的产生

20 世纪 60 年代以前,自动控制装置主要由继电器控制系统构成。随着自动控制技术的发展,继电器控制系统开始无法满足工业控制的需求。继电器控制系统体积大、耗电多、可靠性低、接线复杂且不易更改、查找和排除故障困难,对生产工艺变化的适应性差,不利于产品的更新换代。

1968 年,美国通用汽车公司为适应汽车型号不断翻新(小批量、多品种、多规格、低成本和高质量),提出要用一种新型的控制装置取代继电器控制系统,并提出了以下 10 项招标指标。

(1) 编程方便，现场可修改程序；

(2) 维修方便，采用模块化结构；

(3) 可靠性高于继电器控制系统；

(4) 体积小于继电器控制系统；

(5) 数据可直接送入管理计算机；

(6) 成本可与继电器控制系统竞争；

(7) 输入量是交流 115 V(美国电网电压为 110 V)；

(8) 输出量为交流 115 V、2 A 以上，能直接驱动电磁阀、接触器等；

(9) 在扩展时，原系统只要很小变更；

(10) 用户程序存储器容量至少能扩展到 4 KB。

美国数字设备公司(DEC)的子公司 AB 公司根据 GM 公司招标的技术要求，于 1969 年研制出世界上第一台 PLC，并在 GM 公司汽车自动装配线上试用，获得成功。这种新型的工业控制装置以其简单易懂、操作方便、可靠性高、通用灵活、体积小、使用寿命长等一系列优点，很快地在美国其他工业领域推广应用。随后，日本、德国等相继引入这项新技术，PLC 由此而迅速发展起来。

2．PLC 的定义

国际电工委员会(IEC)于 1987 年通过了对 PLC 定义："可编程控制器(PLC)是一种数字运算操作的电子系统，专为在工业环境下应用而设计。它采用可编程序的存储器，用来在其内部存储执行逻辑运算、顺序控制、定时、计数和算术运算等操作的指令，并通过数字式和模拟式的输入和输出，控制各种类型的机械或生产过程。可编程控制器及其有关外围设备，都应按易于与工业系统联成一个整体，易于扩充其功能的原则设计。"

3．PLC 的分类

目前，PLC 的种类很多，型号和规格也不统一，为了更好地学习 PLC，我们可以从以下几个方面来对其进行分类。

1) 按 I/O 点数及内存容量分类

PLC 对外部信号的采集、外部设备的控制以及 PLC 运算结果的输出都要通过 PLC 输入/输出端子来进行接线。PLC 的输入/输出端子的数目之和称为输入/输出点数，简称 I/O 点数。根据 PLC 的 I/O 点数数量、存储器容量和功能强弱，可将 PLC 分为以下几种类型：

(1) 超小型 PLC：I/O 点数为 64 点以内，内存容量为 256～1000 B。该类型 PLC 的特点是尺寸小、重量轻、功耗低。

(2) 小型 PLC：I/O 点数一般在 256 点以下，内存容量为 1～3.6 KB。其特点是体积小、成本低、结构紧凑，整个硬件融为一体，除了开关量 I/O 以外，还可以连接模拟量 I/O 以及其他各种特殊功能模块。它能执行逻辑运算、计时、计数、算术运算、数据处理和传送、通信联网以及各种应用指令，适用于小型设备的控制。

(3) 中型 PLC：采用模块化结构，其 I/O 点数一般在 256～1024 点之间，内存容量为 3.6～13 KB。其 I/O 处理方式除了采用一般 PLC 通用的扫描处理方式外，还能采用直接处理方式，即在扫描用户程序的过程中，直接输入，刷新输出。它能连接各种特殊功能模块，通信联网功能更强，指令系统更丰富，内存容量更大，扫描速度更快，适用于较复杂系统的逻辑控制和闭环控制过程。

(4) 大型 PLC：I/O 点数一般在 1024 点以上，内存容量为 13 KB 以上。其软、硬件功能极强，具有极强的自诊断功能；通信联网功能强，有各种通信联网的模块，可以构成三级通信网，实现工厂生产管理自动化。

2) 按结构形式分类

按组成和结构形式，PLC 可分为整体式结构和模块式结构两种类型。

(1) 整体式结构：又叫做单元式或箱体式，一般的小型及超小型 PLC 多为整体式结构，这种 PLC 是把 CPU、存储器、I/O 模块及电源、指示灯等基本功能电路都装配在一个整体装置内。整体式 PLC 还配备有许多专用的特殊功能模块，使 PLC 的功能得到扩展。

(2) 模块式结构：大、中型 PLC 如西门子的 S7-400 系列一般采用模块式结构，它由机架和模块组成，用搭积木的方式组成系统。这种结构形式的特点是把 PLC 的每个工作单元都制成独立的模块，如 CPU 模块、输入模块、输出模块、电源模块、通信模块等。用户可以选用不同档次的 CPU 模块、品种繁多的 I/O 模块和特殊功能模块，对硬件配置的选择余地较大，维修时更换模块也很方便。

3) 按生产厂家分类

PLC 的生产厂家比较多，常见的 PLC 产品有日本立石(OMRON)公司的 C 系列 PLC，日本三菱公司的 F、F1、F2、FX_{2N}、FX_{3U} 系列 PLC，日本松下电气公司的 FP1 系列 PLC，美国通用电气公司的 GE 系列 PLC，德国西门子公司的 S5、S7 系列 PLC 等。

4．PLC 的特点

在工业控制领域中，PLC 的特点十分显著，主要特点如下：

1) 可靠性高，抗干扰能力强

PLC 在设计、制作、元器件选用上采取了一系列措施，以延长元器件的工作寿命，提高系统的可靠性。在硬件方面，采用微电子技术开关，动作由无触点的半导体电路及大规模集成电路完成。CPU 与输入/输出之间采用光电隔离措施，使工业现场的外电路与 PLC 内部电路之间在电气上完全隔离。在软件方面，PLC 有自身的监控程序和良好的自诊断功能，对外界环境和自身运行情况定期检查，一旦发生异常情况，CPU 立即采用有效措施，输出报警信息并使系统停止执行，以防止故障扩大。

2) 控制功能强

PLC 针对不同的工业现场信号，有相应的 I/O 模块与设备，具备强大的控制功能。PLC 的主要控制功能有逻辑控制、定时控制、计数控制、顺序控制、PID 调节、数据处理、通信和联网控制等。

3) 模块化结构使系统组合灵活方便

为了适应各种工业控制需要，除了单元式的小型 PLC 以外，绝大多数 PLC 均采用模块化结构。PLC 的各个部件，包括 CPU、电源、I/O 等均采用模块化设计，由机架及电缆将各模块连接起来，系统的规模和功能可根据用户的需要自行组合，缩短了系统开发和工艺更新的时间。一旦某模块发生故障，用户可以通过更换模块的方法，使系统迅速恢复运行。

4) 编程简单易学

PLC 提供了多种面向用户的语言，如梯形图、指令语句表、控制系统流程图等，其中应用最广泛的是梯形图。梯形图采用类似于继电器控制线路的形式，直观易懂、简单易学，对使用者来说，不需要具备太多计算机的专门知识就可以掌握，为 PLC 的推广应用创造了有利条件。

5) 安装简单，维修方便

PLC 不需要专门的机房，可以在各种工业环境下直接运行。使用时只需将现场的各种设备与 PLC 相应的 I/O 端相连接，即可投入运行。各种模块上均有运行和故障指示装置，便于用户了解运行情况和查找故障。

5. PLC 的硬件构成

PLC 是一种工业控制用的专用计算机，它的实际组成与一般微型计算机系统基本相同，也由硬件系统和软件系统两大部分组成，但 PLC 具有更强的与工业过程相连接的接口。PLC 的硬件系统主要由 CPU 模块、存储器、输入模块、输出模块和编程器组成，如图 2-1 所示。

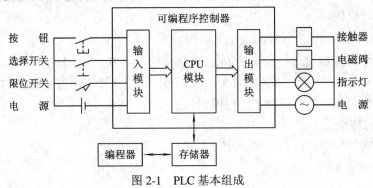

图 2-1　PLC 基本组成

1) CPU 模块

CPU 模块又叫中央处理单元或控制器。CPU 是 PLC 的控制中枢。它按照 PLC 系统程序赋予的功能接收并存储从编程器键入的用户程序和数据。当 PLC 进入运行状态后，CPU 根据用户程序存放的顺序读取、解释和执行程序，完成用户程序中规定的各种操作，并将程序执行的结果送至输出端口，以驱动可编程控制器的外部负载。

2) 存储器

PLC 的内部存储器有两类：一类是系统程序存储器，主要存放系统管理、监控程序及对用户程序作编译处理的程序，系统程序已由厂家固定，用户不能更改；另一类是用户程序及数据存储器，主要存放用户编写的应用程序及各种暂存数据和中间结果。

3) I/O 模块

I/O 模块是系统的眼、耳、手、脚，是联系外部现场和 CPU 模块的桥梁，分为输入模块和输出模块。

(1) 输入模块：用来接收和采集输入信号，并转换成 PLC 内部处理的标准信号。输入信号有两类：一类是从按钮、开关、继电器等设备传送来的开关量输入信号；另一类是由电位器、热电偶、变送器等设备提供的连续变化的模拟量输入信号。模拟量信号输入后一般经运算放大器放大后进行 A/D 转换，再经光电耦合后转换为 PLC 能识别的数字量信号。

输入电路通常以光电隔离和阻容耦合的方式提高抗干扰的能力，根据输入信号类型的不同，输入电路接口单元可分为以下两种形式：

① 直流输入模块：电路原理图如图 2-2 所示。R_1 为限流电阻。R_2 和 C 构成滤波电路，滤除输入信号的高频抖动。发光二极管用于指示工作状态。光电耦合器用于隔离输入电路和 PLC 内部电路的电气连接，使外部信号变成内部电路能接收的标准信号。

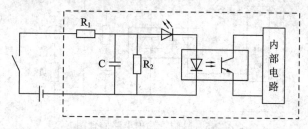

图 2-2　直流输入电路原理图

② 交流输入模块：电路原理图如图 2-3 所示。当开关闭合后，交流电源经 C、R_2、双向光电耦合器、发光二极管构成通路。光电耦合器将外部输入开关的状态输入至 PLC 内部电路，供 CPU 处理；为防止输入信号过高，R_1 电阻用于限幅；发光二极管用于指示输入状态；R_2 和 C 串联构成高频去耦电路。

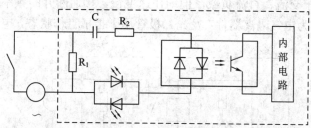

图 2-3　交流输入电路原理图

(2) 输出模块：用于将 PLC 内部的标准信号转换成现场执行机构所需的开关量信号、模拟量信号等形式输出，驱动外部负载，如接触器、电磁阀等执行器或指示灯、报警装置等负载。输出模块按照输出信号类型可分为直流输出模块、交流输出模块和继电器输出模块三种。

① 直流输出模块：其输出电路采用晶体管或场效应管驱动，电路原理图如图 2-4 所示。PLC 通过内部电路把输出信号送出，经光电耦合器使晶体管导通，相应的负载在外部直流电源的激励下通电工作。图中光电耦合器用于隔离 PLC 内部电路和外部负载，晶体管为输出驱动器件，发光二极管用于指示工作状态，稳压管对输出晶体管起过压保护作用。

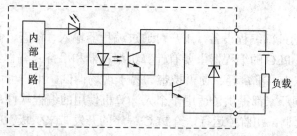

图 2-4　晶体管输出电路原理图

② 交流输出模块：交流输出模块的输出电路采用光控双向晶闸管驱动，电路原理图如图 2-5 所示。当 PLC 有信号输出时，输出电路使发光二极管导通，通过光电耦合器使双向晶闸管导通，交流负载在外部交流电源的激励下得电工作。发光二极管用于指示输出状态，双向晶闸管用于光电耦合和功率放大，电阻和电容构成高频滤波电路。

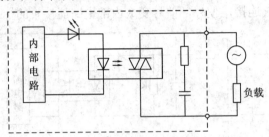

图 2-5 晶闸管输出电路原理图

晶体管输出和晶闸管输出均为无触点开关系统，开关动作速度快、频率高，但过载能力差。

③ 继电器输出模块：其输出端采用电磁隔离形式，由 PLC 控制内设继电器线圈通电，带动触点闭合，再通过闭合的触点由外部电源驱动交、直流负载。这种输出方式的特点是过载能力强，可用于交流、直流负载，但动作速度慢，接通断开的频率低。电路原理图见图 2-6。图中继电器为电气隔离器件，发光二极管用于指示工作状态，电阻和电容构成高频滤波电路。

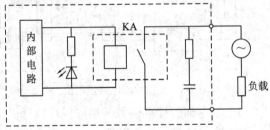

图 2-6 继电器输出电路原理图

4) 电源

PLC 一般使用 220V 交流电源。PLC 内部的直流稳压电源为各模块内的元件提供 5V、24 V 等直流电压。PLC 的电源在整个系统中起着十分重要的作用，如果没有一个良好的、可靠的电源，系统是无法正常工作的，因此 PLC 制造商对电源的设计和制造也十分重视。一般交流电压波动在 ±15% 范围内，可以不采取其他措施而将 PLC 直接连接到交流电网上。

5) 编程器

编程器是 PLC 的外部编程设备，用户可通过编程器输入、检查、修改、调试程序或监控 PLC 的工作情况。PLC 的编程器主要有计算机编程器和手持式编程器两种形式。手持式编程器的特点是体积小、重量轻、便于携带、易于现场调试。用户也可以用个人计算机对 PLC 进行编程，不同厂家都提供了适用于个人计算机使用的编程软件，并且可通过软件对程序进行动态的仿真调试和监控运行，给 PLC 程序的开发带来了极大的便捷性。目前大多数 PLC 编程都采用个人计算机进行。

6) 接口电路

PLC 的接口电路分为 I/O 扩展接口和外部设备接口两种类型。I/O 扩展接口用于扩充外部输入/输出端子数量，将扩展单元与基本单元(即主机)连接在一起。外部设备接口将编程器、打印机、条码扫描仪、变频器等外部设备与主机相连，以完成相应的操作。

6. PLC 的软件系统

PLC 的软件系统由系统程序和用户程序两大部分组成。

1) 系统程序

系统程序由 PLC 的制造企业编制，固化在 PROM 或 EPROM 中，安装在 PLC 上，随产品提供给用户。系统程序包括系统管理程序、用户指令解释程序和供系统调用的标准程序模块等，用户不能直接存取，它和硬件一起决定了该 PLC 的性能。

2) 用户程序

用户程序是根据生产过程控制的要求由用户自行编制的应用程序。用户程序包括开关量逻辑控制程序、模拟量运算程序、闭环控制程序和操作站系统应用程序等。

7. 编程语言和程序结构

PLC 与一般的计算机相类似，一般的用户只能通过编程软件来编制用户程序。编程软件是由 PLC 生产厂家提供的编程工具，至今为止还没有一种能适合各种 PLC 的通用编程语言，但是各个 PLC 编程工具都大体差不多，一般有如下五种形式。

1) 梯形图(LAD)

梯形图是一种以图形符号及其相互关系表示控制关系的编程语言，它是从继电器控制电路图演变过来的，如图 2-7 所示。梯形图将继电器控制电路图进行简化，同时加进了许多功能强大、使用灵活的指令，将微机的特点结合进去，使编程更加容易。梯形图所实现的功能大大超过了传统继电器控制电路图，是目前最普遍的编程语言。

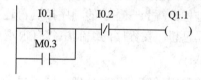

图 2-7 梯形图程序示例

PLC 梯形图中的某些编程元件沿用了继电器这一名称，如输入继电器、输出继电器、内部辅助继电器等，但是它们不是真实的物理继电器，而是在软件中使用的编程元件。每一编程元件与 PLC 存储器中元件映像寄存器的一个存储单元相对应。

梯形图两侧的垂直公共线称为公共母线(Bus Bar)。在分析梯形图的逻辑关系时，可以想象左右两侧母线之间有一个左正右负的直流电源电压，当图中的触点接通时，有一个假想的"概念电流"或"能流"从左到右流动，这一方向与执行用户程序时的逻辑运算的顺序是一致的。

梯形图必须按照从左到右、从上到下的顺序书写，PLC 也是按照这个顺序执行程序的。梯形图中的线圈和其他输出指令应放在最右边。各编程元件的常开触点和常闭触点均可以无限多次地使用。

2) 语句表(STL)

梯形图编程语言的优点是直观、简便，但要求图形编程器才能输入图形符号。小型的编程器一般无法满足，而是采用经济便携的编程器(指令编程器)将程序输入到 PLC 中，这种编程方法使用指令语句(助记符语言)，它类似于微机中的汇编语言。

语句是指令语句表编程语言的基本单元，每个控制功能由一个或多个语句组成的程序来执行。每条语句由操作码和操作数组成，规定 PLC 中 CPU 如何动作。

操作码表示要执行的功能，操作数(参数)表明操作的地址或一个预先设定的值。语句表程序实例如下：

```
LD        I0.1
O         M0.3
AN        I0.2
=         Q1.1
```

3) 功能块图(FBD)

功能块图编程语言是用逻辑功能符号组成的功能块来表达命令的图形语言，如图 2-8 所示。与数字电路中的逻辑图一样，它极易表现条件与结果之间的逻辑功能。这种编程方法是根据信息流将各种功能块加以组合，是一种逐步发展起来的新式的编程语言，已受到各种 PLC 厂家的重视。

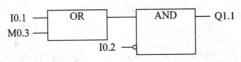

图 2-8　功能块图程序示例

4) 顺序功能图

顺序功能图常用来编制顺序控制类程序，它包含步、动作、转换三个要素。顺序功能编程法可将一个复杂的控制过程分解为一些小的顺序控制再连接组合成整体的控制程序。顺序功能图法体现了一种编程思想，在程序的编制中具有很重要的意义。

5) 结构文本(Structure Text)

为了增强可编程控制器的数字运算、数据处理、图表显示、报表打印等功能，方便用户的使用，许多大中型 PLC 都配备了高级编程语言。这种编程方式叫做结构文本。与梯形图相比，结构文本有两个优点：一是能实现复杂的数学运算，二是非常简洁和紧凑。用结构文本编制极其复杂的数学运算程序篇幅很少，编制逻辑运算程序也很容易。

以上编程语言的五种表达式是由国际电工委员会(IEC)1994 年 5 月在 PLC 标准中推荐的。对于一款具体的 PLC，生产厂家可提供这五种中的几种编程语言供用户选择。

8. PLC 的工作原理

PLC 的工作原理与计算机的工作原理基本上是一致的，可以简单地表述为在系统程序的管理下，通过运行应用程序完成用户任务。

PLC 有两种基本的工作状态，即运行(RUN)状态与停止(STOP)状态。在运行状态下，PLC 通过执行用户程序来实现控制功能。为了使 PLC 的输出及时地响应随时可能变化的输

入信号,用户程序不是只执行一次,而是反复不断地循环执行,直至PLC停机或切换到STOP
工作状态。

在每次循环过程中, PLC 还要完成内部处理、通信处理等
工作。一次循环可分为以下 5 个阶段(如图 2-9 所示)。

(1) 内部处理阶段:PLC 检查基本单元的 CPU、各种模块
内部的硬件是否正常,将监控定时器复位,以及完成一些其他
的内部工作。

(2) 通信服务阶段:PLC 与其他智能装置通信,响应编程
器键入的命令,更新编程器的显示内容。

图 2-9　PLC 的工作过程

(3) 输入处理阶段:PLC 把所有外部输入电路的接通/断开
(ON/OFF)状态读入内部数据存储器中, 即用于存放输入点状
态的区域,我们称之为输入映像寄存器。

(4) 程序执行阶段:CPU 执行用户程序,并将程序运行结果存放在内部数据存储器的
特定区域,即输出映像寄存器。在这一阶段即使外部输入信号的状态发生了变化,输入映
像寄存器的状态也不会随之而变,输入信号变化了的状态只能在下一个扫描周期的输入处
理阶段被读入。

(5) 输出处理阶段:CPU 将输出映像寄存器的通/断状态传送到输出锁存器,更新输出
状态。

四、知识拓展

PLC 的主要性能指标如下:

1) 输入/输出(I/O)点数

PLC 的 I/O 点数指外部输入、输出端子数量之和、它是描述 PLC 大小的一个重要指标。

2) 扫描周期

PLC 一次完整循环所需的时间称为扫描周期。扫描速度与扫描周期成反比。扫描周期
与 CPU 时钟频率、指令类型、程序长短有关。一般小型 PLC 的扫描周期为十几毫秒到几
十毫秒。

3) 存储器容量

PLC 的存储器由系统程序存储器、用户程序存储器和数据存储器三部分组成。存储器
容量一般指用户程序存储器和数据存储器的容量,反映系统提供给用户的可用资源多少。

4) 指令功能

PLC 的指令种类越多,其软件的功能就越强,使用这些指令完成一定的控制目标就越
容易,但掌握和应用也越复杂。用户应根据实际控制要求选择合适指令功能的 PLC。

5) 通信功能

通信包括 PLC 之间的通信,也包括 PLC 和其他设备的通信。通信主要涉及通信模块、
通信接口、通信协议和通信指令等内容。PLC 的组网和通信能力也成为衡量 PLC 性能优良
的重要指标之一。

此外，PLC 的可扩展性、使用条件、可靠性、易操作性及经济性等性能指标也是用户在选择 PLC 时须注意的指标。

任务 2　西门子 S7-200 系列 PLC 的系统组成

一、任务引入

世界上 PLC 的生产厂家很多，不同型号的 PLC，其性能、结构和操作虽然不同，但工作原理和组成基本相同。本任务主要学习西门子 S7 系列可编程控制器。S7 系列又分 S7-400、S7-300、S7-200 三个系列，分别为 S7 系列的大、中、小型可编程控制器系统。随着科技的发展，西门子公司又推出了 S7-1500、S7-1200 PLC 用以取代 S7-400、S7-300、S7-200 PLC，还在 S7-200 PLC 的基础上推出了 S7-200 SMART PLC。

二、任务分析

S7-200 虽然是小型机，但它不仅可用于代替继电器的简单控制场合，也可用于复杂的自动化控制系统。ST-200 有极强的通信功能，在大型网络控制系统中能充分发挥其作用。S7-200 系列可编程控制器有 CPU21X 系列和 CPU22X 系列两代产品。CPU22X 系列主要有 CPU221、CPU222、CPU224 和 CPU226 四种基本型号。

三、相关知识

1. 主要特点

S7-200 系列 PLC 的主要特点如下：

(1) 采用主机加扩展模块的结构。主机将 CPU、电源、输入/输出点安装于一体，结构紧凑、可靠性高。扩展模块包括通信功能扩展模块、数字量扩展模块、模拟量扩展模块、热电偶及热电阻扩展模块等，其安装简单，应用灵活。

(2) 采用梯形图、语句表和功能块图 3 种语言来编程。它的指令丰富，指令功能强，易于掌握，操作方便。

(3) 运行速度快，基本控制指令速度达 0.22 μs/条，可以实现高速控制。

(4) 内置有高速计数器、高速输出、PID 控制器，可以实现高速脉冲输入和输出，输入/输出频率可达 20～100 kHz。

(5) 自带有 RS-485 通信/编程接口，可用于跟计算机或编程器通信，以及与 S7-200 CPU 之间通信。通过自由通信接口协议，可与其他设备进行串行通信。

2. 主要性能指标

1) 电源规格

CPU22X 系列 PLC 具有交流和直流两种不同的供电电源；输出电路分为晶体管 DC 输

出和继电器输出两大类。在 CPU22X 系列 PLC 的四种型号中，根据 PLC 供电电源和 PLC 主机的输出电路的差异，每种型号分为两种类型，即 AC 供电电源/继电器输出类型，以及 DC 供电电源/晶体管输出类型。这样 CPU22X 系列 PLC 共有 8 种不同规格的产品可以供用户选择，其类型和参数见表 2-1。

表 2-1 CPU22X 系列 PLC 电源规格

基本单元型号	类型	电源电压	输入电压	输出电压	输出电流
CUP221 CPU222	DC 供电电源 DC 输出	24 V(DC)	24 V(DC)	24 V(DC)	0.75 A 晶体管
CUP224 CPU226	AC 供电电源 继电器输出	85～264 V(AC)	24 V(DC)	24 V(DC) 24～230 V(AC)	2 A 继电器

2) 主要性能指标

PLC 的 I/O 点数和可扩展模块数量等内容是选用 PLC 的重要依据，CPU22X 系列 PLC 的主要性能指标见表 2-2。

表 2-2 CPU22X 系列 PLC 的主要性能指标

特 性	CPU221	CPU222	CPU224	CPU226
外形尺寸/(mm × mm × mm)	90 × 80 × 62	90 × 80 × 62	120.5 × 80 × 62	190 × 80 × 62
用户程序存储区/KB	4	4	8	8
用户数据存储区/KB	2	2	5	5
用户存储器类型	EEPROM	EEPROM	EEPROM	EEPROM
掉电保持时间/h	50	50	190	190
本机 I/O	6 入/4 出	8 入/6 出	14 入/10 出	24 入/16 出
扩展模块数量	0	2	7	7
模拟电器	1	1	2	2
实时时钟	配时钟卡	配时钟卡	内置	内置
浮点数运算	有	有	有	有
单相 30 kHz 高速计数器	4 路	4 路	6 路	6 路
双相 20 kHz 高速脉冲输出	2 路	2 路	2 路	2 路
PID 控制器	无	有	有	有
RS-485 通信/编程接口数量	1 个	1 个	1 个	2 个
PPI 点对点协议	有	有	有	有
MPI 多点协议	有	有	有	有
自由方式通信	有	有	有	有
其他	适用于小型数字量控制	是具有扩展能力、适应性更广泛的小型 PLC	是具有较强控制能力的小型 PLC	适用于有较高要求的中小型控制系统
I/O 映像区	256(128 入/128 出)			

四、任务实施

1. S7-200 系列 PLC 的结构

CPU224 型 PLC 主机主要由接线端子排、工作方式选择开关、模拟电位器、I/O 扩展接口、工作状态指示、通信口和用户程序存储卡等部分组成,如图 2-10 所示。

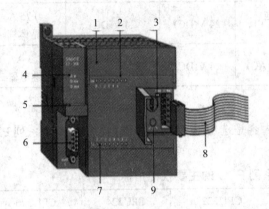

1—接线端子排;
2—输出LED指示;
3—前盖: 工作方式选择开关(RUN/STOP),
　　　模拟电位器,扩展端口;
4—工作状态指示: 系统错误/诊断(SF/DIAG),
　　　RUN(运行),STOP(停止);
5—可选卡插槽: 存储卡,时钟卡,电池卡;
6—通信口;
7—输入LED指示;
8—扩展电缆;
9—电位器

图 2-10　S7-200 系列 PLC 面板结构图

1) 接线端子排

S7-200 系列 PLC 的接线端子分为固定式和可拆卸式两种结构。可拆卸式端子排能在不改变外部电路连线的情况下方便地拆装,为 PLC 的安装与维护提供了便利。

CPU224 型 PLC AC/DC/RLY 采用交流电源供电、DC 输入、继电器输出的结构形式,主机集成有 I0.0~I1.5 共 14 个输入点和 Q0.0~Q1.1 共 10 个输出点。输入电路采用双向光电耦合器,24 V(DC)极性可任意选择,系统设置 1M、2M 为输入端子的公共端。输出电路采用继电器输出形式,并将数字量分为两组,每组有一个独立公共端,共 1L、2L 两个公共端,根据负载需要,可通入直流或交流电源。

CPU224 型 PLC 接线端子如图 2-11 所示。CPU 模块的外部电源输入端在模块右上角。标记 L1、N、⏚为外部 AC 电源输入和接地保护端。

输入传感器的 DC 24 V 电源可由 PLC 提供,DC 24 V 电源的连接端在 CPU 模块的右下角,标记为 L+、M。最大输出电流受 PLC 型号限制,CPU221、CPU222 最大供电电流为 DC 24 V/180 mA;CPU224、CPU226 最大供电电流为 DC 24 V/280 mA

2) 工作方式选择开关

S7-200 系列 PLC 有两种工作方式:STOP(停止)和 RUN(运行)。CPU 工作于停止方式时,不执行程序,此时可向 CPU 装载程序或进行系统设置;CPU 工作于运行状态时,执行用户程序。

当把工作方式选择开关拨到 STOP 位时,可以停止程序执行;当把工作方式选择开关拨到 RUN 位时,可以启动程序执行;当把工作方式选择开关拨到 TREM 位或者 RUN 位时,允许用 STEP7-Micro/WIN32 软件设置 CPU 的工作状态。

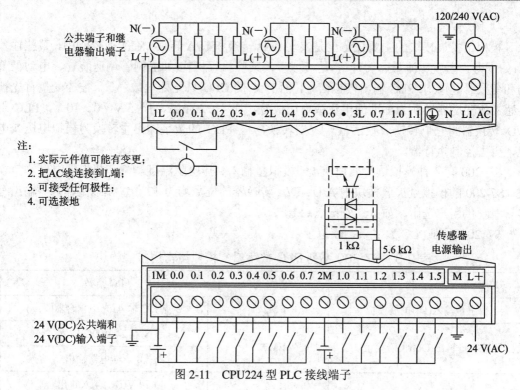

图 2-11　CPU224 型 PLC 接线端子

3) 通信口

S7-200 系列 PLC 主机外部设有 RS-485 通信接口，用以连接编程器(手持式或 PC)、文本/图形显示器、PLC 网络等外部设备，实现编程、监控、联网等功能。

4) 模拟电位器

CPU224 有 2 个模拟电位器。模拟电位器用来改变特殊标志寄存器中的数值，以改变程序运行时的参数，如定时器、计数器的预置值，过程量的控制参数等。

5) 存储卡

该卡位可以选择安装扩展卡。扩展卡有 EEPROM 存储卡、电池和时钟卡等模块。存储卡用于用户程序的拷贝复制。电池模块用于长时间保存数据。使用 PLC 内部的存储电容存储数据大约能保持 7 天，选用电池模块能延长存储时间到 200 天。

2. 扩展模块

当主机单元模板上的 I/O 点数不够时，或者涉及模拟量控制时，除了 CPU221 以外，都可以通过增加扩展单元模板的方法对 I/O 点数进行扩展。S7-200 系列 PLC 主机扩展模块的规格有几十种，除了增加 I/O 点数的需要外，还增加了许多控制功能。常见的扩展功能模块如下：

1) 数字量扩展模块

用户选用具有不同 I/O 点数的数字量扩展模块，可以满足不同的控制需要，节约投资费用。系统规模扩大后，增加 I/O 点数也很方便。用户可选用 8 点、16 点或 32 点的数字量输入/输出模块。

2) 模拟量扩展模块

模拟量扩展模块的主要任务就是实现 A/D 转换和 D/A 转换。在工业控制中，某些输入量(如压力、温度、流量、转速等)是模拟量，某些执行机构(如晶闸管调速装置、电动调节阀和变频器等)要求 PLC 输出模拟信号，而 PLC 的 CPU 只能处理数字量。被控变量首先被传感器或变送器转换为标准的电流或电压信号，如 4~20 mA、1~5 V、0~10 V，PLC 用 A/D 转换器将它们转换成数字量。D/A 转换器将 PLC 的数字输出量转换为模拟电压或电流，再去控制执行器。

S7-200 有 3 种模拟量扩展模块，即模拟量输入、热电阻温度测量和热电偶温度测量模块。S7-200 的模拟量扩展模块中 A/D、D/A 转换器的位数均为 12 位。模拟量输入、输出有多种量程供用户选用，如 0~20 mA、±10 V 等。

S7-200 系列 PLC 数字量、模拟量常用扩展模块见表 2-3。

表 2-3　S7-200 系列 PLC 数字量、模拟量常用扩展模块

名　称	型　号	I/O 点数
数字量输入(DI)扩展模板	EM221	8 点 DC 输入(光电耦合器隔离)
数字量输出(DO)扩展模板	EM222	8 点 24 V(DC)输入
		8 点继电器输出
数字量混合输入/输出(DI/DO)扩展模板	EM223	24 V(DC) 4 入/4 出
		24 V(DC) 8 入/8 出
		24 V(DC) 16 入/16 出
模拟量输入(AI)扩展模板	EM231	4 路 12 位模拟量输入
模拟量输出(AO)扩展模板	EM232	2 路 12 位模拟量输出
模拟量混合输入/输出(AI/AO)扩展模板	EM235	4 路模拟量输入/1 路模拟量输出

3) 通信模块

CPU 除了通过 RS-485 接口与外部设备通信外，还可以扩展通信模块来增加网络通信功能。常见通信模块有以下几种。

EM277：通信扩展从站模块，用于将 S7-200 连接至 PROFIBUS-DP 网络，也称从站接口模块。

EM241：调制解调器模块，用于将 S7-200 PLC 连接至模拟电话线。

EM243-1：以太网模块，可以使 S7-200 PLC 与工业以太网络链接。

CP243-2：远程 I/O 链接模块，用于控制 S7-200 PLC 远程 I/O 或构成分布式系统。

3. S7-200 系列 PLC 的内部资源

1) 存储系统

S7-200 系列 PLC CPU 存储系统由 RAM 和 EEPROM 两种存储器组成，用于存放用户程序、CPU 组态和程序数据，并保证数据不会丢失，如图 2-12 所示。

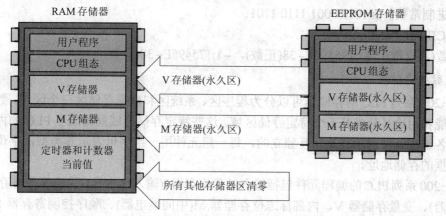

图 2-12　S7-200 系列 PLC CPU 存储系统

当执行程序下载操作时，用户程序、CPU 组态和程序数据由编程器送入 RAM 存储器，并自动拷贝到 EEPROM 存储器，永久保存。当执行上载操作时，用户程序、CPU 配置从 RAM 中上传到个人计算机中，同时 RAM 和 EEPROM 存储器中的数据块合并上传到个人计算机。

当系统断电时，CPU 自动将 RAM 中 M 存储区的内容保存到 EEPROM 存储器，防止数据丢失。当系统上电时，用户程序和 CPU 配置自动从 EEPROM 永久保存区加载到 RAM 中，若 RAM 中的 V 和 M 存储区数据丢失，EEPROM 永久保存区的数据会复制到 RAM 中。

2) 数据类型

在计算机中使用的都是二进制数，其最基本的存储单位是位(bit)，8 位二进制数组成 1 个字节(Byte)，其中的第 0 位为最低位(LSB)，第 7 位为最高位(MSB)。两个字节(16 位)组成 1 个字(Word)，两个字(32 位)组成 1 个双字(Double Word)。位、字节、字和双字占用的连续位数称为长度。

S7-200 系列 PLC 将数据存放于存储单元中。PLC 存储单元存放的基本数据类型有四种：字符串、布尔型(Bool)、整数型(Int)、实数型(Real)。不同的数据类型具有不同的数据长度和数值范围。表 2-4 给出了不同的数据长度对应的数值范围。

表 2-4　S7-200 系列 PLC 数据类型

数据大小	无符号整数		带符号整数	
	十进制	十六进制	十进制	十六进制
B(字节)8 位	0～255	0～FF	−128～127	80～7F
W(字)16 位	0～65536	0～FFFF	−32768～32767	8000～7FFF
DW(双字)32 位	0～4292967295	0～FFFFFFFF	−2147483648～2147483647	80000000～7FFFFFFF

PLC 指令可以使用常数。常数值可以是字节、字或双字，CPU 以二进制方式存储常数。常数也可以用十进制、十六进制、ASCII 码或浮点数形式来表示。例如：

十进制常数：1234；

十六进制常数：16#2F37；

二进制常数：2#1010 0001 1110 1101；

ASCII 码："Hello"；

实数(浮点数)：+1.175495E−38(正数)，−1.175495E−38(负数)。

3) 数据存储区

S7-200 系列 PLC 的存储器可以分为程序区、系统区和数据存储区三个区域。数据存储区按功能和用途又分成若干个特定存储区域，这些特定存储区域就构成了 PLC 的内部编程元件。各编程元件的功能是相互独立的，每一组元件用一组字母表示其类型，字母加数字表示数据的存储地址。

S7-200 系列 PLC 的编程元件包括输入映像寄存器 I(输入继电器)、输出映像寄存器 Q(输出继电器)、变量存储器 V、内部标志位存储器 M(中间继电器)、顺序控制寄存器 S、特殊标志位存储器 SM、局部变量存储器 L、定时器 T、计数器 C、高速计数器 HC、累加器 AC、顺序控制继电器 S(状态元件)、模拟量输入寄存器 AI、模拟量输出映像寄存器 AQ。

4) 数据存储区寻址方式

数据存储区由很多存储单元组成，每个存储单元有唯一的地址。存储单元按字节编址，可以按位、字节、字、双字进行操作，依据地址来存取数据。指令中提供操作数或操作数地址的方法称为寻址方式。S7-200 系列 PLC 寻址方式有三种：立即寻址、直接寻址、间接寻址。

(1) 立即寻址：指令中直接给出操作数的方法。立即寻址主要用于提供常数，设置初始值等。

(2) 直接寻址：指令中直接使用存储器或寄存器的元件名称和地址编号，直接到指定的区域读取或写入数据的方式。直接寻址有位、字节、字、双字地址格式。

位地址的格式为 Ax.y，其中，A 为指定存储区域标识符，x 为字节地址，y 为位号。例如 I3.4，I 是输入映像寄存器区标识符，3 是字节地址，4 是位号。

字节、字、双字地址的格式为 ATX，其中，A 为指定区域标识符，T 为数据长度，x 为字节、字或双字的起始字节地址。如图 2-13 所示，用 VB100、VW100、VD100 分别表示字节、字和双字地址。VW100 由 VB100、VB101 两个字节组成，其中 VB100 为高字节、VB101 为低字节，VD100 由 VB100～VB103 四个字节组成。

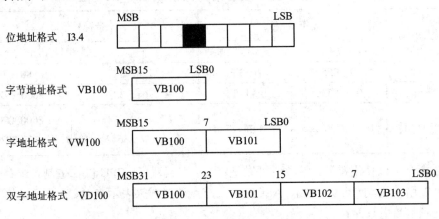

图 2-13　直接寻址地址格式

其他地址的格式为 Ay。对于定时器 T、计数器 C、高速计数器 HC、累加器 AC 等电气元件，它们的地址格式由区域标识符 A 和元件号 y 组成。例如，T24 表示某定时器地址，T 为定时器标识码，24 是定时器号，同时 T24 又可以表示此定时器的当前值。

(3) 间接寻址：操作数并不提供直接数据位置，而是通过使用地址指针来存取存储器中的数据。在 S7-200 中允许使用指针对 I、Q、M、V、S、T、C(仅当前值)存储区进行间接寻址。

使用间接寻址前，要先创建一个指向该位置的指针。指针为双字长度 32 位，存放要访问的存储单元的 32 位地址，可以使用 V、L、AC 作为地址指针。采用双字节传送指令 MOVD 将某个存储单元地址转入指针当中，生成地址指针。操作数必须用 "&" 符号表示某一位置的地址。如：

    MOVD   &VB200，AC1   //将 VB200 在存储器中 32 位物理地址送到 AC1

指针建立好后，利用指针存取数据，使用时地址指针前应该加 "*"。例如：

    MOVW   *AC1，AC0   //将 AC1 作为内存地址指针，把 AC1 指向的 16 位数据，即
                                     //VB200、VB201 存储单元中的数据送到累加器 AC0 中

5) S7-200 编程元件及功能

(1) 输入映像寄存器 I。PLC 的输入端子是从外部接收输入信号的窗口，每一个输入端子与一个输入映像寄存器的相应位对应。在每个扫描周期的开始，CPU 对输入点进行采样，并将采样值存于输入映像寄存器中，作为程序处理输入点状态的依据。输入映像寄存器的状态只能由外部信号驱动，不能由程序指令改变。输入映像寄存器可以按位、字节、字、双字寻址，又称输入继电器。

S7-200 系列 PLC 输入映像寄存器有 IB0～IB15 共 16 个字节存储单元，能存储 128 点信息。

(2) 输出映像寄存器 Q。PLC 每一个输出模块的端子与输出映像寄存器的相应位对应。CPU 将输出判断结果存放在输出映像寄存器，在扫描周期的末尾，CPU 将输出映像寄存器的数据传送给输出模块，再由后者驱动外部负载。输出映像寄存器。可以按位、字节、字、双字寻址，又称输出继电器。

S7-200 系列 PLC 输出映像寄存器有 Q0～Q15 共 16 个字节存储单元，能存储 128 点信息。

CPU 224 主机有 I0.0～I0.7、I1.0～I1.5 共 14 个数字量输入端点，Q0.0～Q0.7、Q1.0～Q1.1 共 10 个数字量输出端点，其余输入/输出映像寄存器可以用于扩展或其他。

(3) 变量存储器 V。变量存储器 V 主要用于存储运算的中间结果，也可以存储其他数据。

变量存储器可以按位、字节、字或双字来存取数据。CPU 224 有 VB0～VB5119 的 5KB 的存储容量。

(4) 内部标志位存储器 M。内部标志位存储器也称中间继电器，用来存储中间操作状态或其他控制信息。S7-200 PLC 的编址范围为 M0.0~M31.7，共 256 个，可以按位、字节、字或双字来存取数据。

(5) 顺序控制继电器存储器 S。顺序控制继电器存储器又称状态元件，用于实现顺序控

制和步进控制。

顺序控制继电器存储器的编址范围为 S0.0～S31.7，可以按位、字节、字或双字来存取数据。

(6) 特殊标志位存储器 SM。特殊标志位存储器即特殊内部线圈，它是用户程序和系统程序之间的界面，为用户提供一些特殊的控制功能及系统信息，用户对操作的一些特殊要求也通过特殊标志位存储器通知系统。特殊标志位存储器分为只读区域(SM0.0~SM29.7)和读写区域。在只读区域，用户只能使用其触点。

CPU 224 特殊标志位存储器的编址范围为 SM0.0～SM179.7，共 180 个字节，可以按位、字节、字或双字来存取数据。

(7) 局部存储器 L。局部存储器用于存放局部变量，局部有效。局部有效是指某一局部存储器只能在某一程序分区(主程序或子程序或中断程序)中使用。

S7-200 有 64 个字节的局部存储器，编址范围为 LB0.0～LB63.7，其中 60 个字节可以用作暂时存储器或者给子程序传递参数，最后 4 个字节为系统保留字节。局部存储器可以按位、字节、字或双字来存取数据。

(8) 定时器存储器 T。定时器存储器模拟继电-接触器控制系统中的时间继电器，S7-200 系列 PLC 中的定时器是对内部时钟累计时间增量的设备，用于时间控制。S7-200 有三种时基增量分别为 1 ms、10 ms 和 100 ms 的定时器。通常定时器的设定值由程序赋予，需要时也可以在外部设定。

S7-200 系列 PLC 定时器的有效地址为 T0～T255，地址格式只能用 T(定时器号)形式，如 T24。

(9) 计数器存储器 C。计数器存储器主要用来计数输入脉冲个数。CPU 提供加计数器、减计数器和加减计数器三种类型。计数器有 16 位预置值和当前值寄存器各一个，以及 1 位状态位。预置值由程序赋予，需要时也可以在外部设定；当前值寄存器用以累计脉冲个数，计数器当前值大于或等于预置值时，状态位置 1。

S7-200 系列 PLC 计数器的有效地址为 C0～C255，共 256 个，地址格式只能用 C(计数器号)形式，如 C39。

(10) 模拟量输入映像寄存器 AI。PLC 将现实世界连续变化的模拟量(如温度、压力、电流、电压等)用 A/D 转换器转换为 1 个字长(16 位)的数字量，存放在模拟量输入映像寄存器中，供 CPU 运算处理。

模拟量输入映像寄存器可以用 AIW 和字节的起始地址寻址，起始地址必须为偶数字节地址，编址范围为 AIW0、AIW2、…、AIW62，共有 32 个模拟量输入点。

(11) 模拟量输出映像寄存器 AQ。PLC 将模拟量输出映像寄存器中 1 个字长的数字量用 D/A 转换器转换为模拟量输出，以驱动外部模拟量控制的设备。

模拟量输出映像寄存器用 AQW 和字节的起始地址来寻址，起始地址必须为偶数字节地址，编址范围为 AQW0、AQW2、…、AQW62，共 32 个模拟量输出点。

(12) 累加器 AC。累加器是用来暂存数据的寄存器，也可以用它向子程序传递参数，或从子程序返回参数。S7-200 系列 PLC 提供了 4 个 32 位累加器 AC0～AC3。累加器支持以字节(B)、字(W)和双字(D)的存取，由具体指令决定存取数据的长度。按字节或字为单位存取时，累加器只使用低 8 位或低 16 位。

(13) 高速计数器 HC。高速计数器用来累计比 CPU 的扫描速率更快的事件。高速计数器的当前值为双字长的符号整数(32 位)，且当前值为只读数据。

CPU 22X 提供了 6 个高速计数器，编址为 HC0、HC1、…、HC5，每个计数器的最高频率为 30 kHz。

项目 2 练习题

1. 简述 PLC 的定义。
2. PLC 的基本组成有哪些？
3. 输入接口电路有哪几种形式？输出接口电路有哪几种形式？各有何特点？
4. PLC 的工作原理是什么？工作过程分哪几个阶段？
5. PLC 的工作方式有几种？如何改变 PLC 的工作方式？
6. PLC 有哪些主要特点？
7. S7-200 系列 PLC 有哪些编址方式？
8. S7-200 系列 CPU224 PLC 有哪些寻址方式？
9. CPU224 PLC 有哪些元件？它们的作用是什么？
10. 常见的扩展模块有几类？扩展模块的具体作用是什么？

项目 3

梯形图与指令的转换

任务 1　梯形图与指令的转换

一、任务引入

学习 PLC 编程之前，一项重要的技能就是能将梯形图编译成指令。即使使用编程软件编程，程序在下传中，也是要将梯形图编译成指令的，只不过这项工作由编程软件完成。梯形图在编译成指令的过程中，能使学生更好地了解各元件之间的逻辑关系，以及梯形图的编程规则。

如图 3-1 所示的梯形图，分析各元件之间的逻辑关系，将梯形图编译成指令。

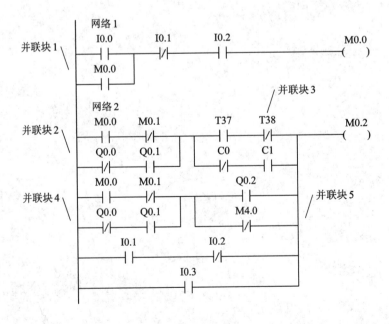

图 3-1　梯形图

二、任务分析

要将图 3-1 所示梯形图编译成指令，必须使学生掌握以下知识：

(1) 基本逻辑指令 LD、LDN、A、AN、O、ON、ALD、OLD、LPS、LRD、LPP、"="的使用方法。

(2) 梯形图与指令相互转换的方法。

三、相关知识

1. 基本逻辑指令(一)

1) LD 指令

LD 指令的逻辑关系为取信号，表示元件的常开触点。

使用 LD 指令的条件：

(1) 与母线相连的常开触点可以使用 LD 指令。在图 3-1 中，元件 I0.0、M0.0、I0.1、I0.3 的常开触点都与母线相连，所以都可以使用 LD 指令。但有一个原则：用最少的指令将元件之间的逻辑关系表达清楚。如在并联块 1 中，元件 I0.0、M0.0 如果都用 LD 指令，只表示它们与母线相连，并没有交代它们之间的并联关系，故还要使用第三条指令 OLD 来说明它们之间的并联关系，这不是最好的结果。

(2) 不与母线相连的并联块电路中，每条分支的第一个元件是常开触点的要使用 LD 指令。如并联块 3 中元件 T37 的常开触点、并联块 5 中元件 Q0.2 的常开触点。

2) LDN 指令

逻辑关系为将此处信号断开，表示的是元件的常闭触点。

使用 LDN 指令的条件：

(1) 与母线相连的常闭触点可以使用 LDN 指令。如并联块 2、并联块 4 中元件 Q0.0 的常闭触点。

(2) 不与母线相连的并联块电路中，每条分支的第一个元件是常闭触点的可以使用 LDN 指令。如并联块 3 中元件 C0 的常闭触点，并联块 5 中元件 M4.0 的常闭触点。

3) A 指令

A 指令的逻辑关系为"与"。

使用 A 指令的条件：单个(指该元件不与其他元件组成并联电路)常开触点与前面的电路组成串联关系的要使用 A 指令。图 3-1 中能使用 A 指令的元件如网络 1 中元件 I0.2 的常开触点、网络 2 中并联块 2 的元件 Q0.1 的常开触点、并联块 3 中元件 C1 的常开触点、并联块 4 中元件 Q0.1 的常开触点。

4) AN 指令

AN 指令的逻辑关系为"与非"。

使用 AN 指令的条件：单个(指该元件不与其他元件组成并联电路)常闭触点与前面的电路组成串联关系的可以使用 AN 指令。图 3-1 中能使用 AN 指令的元件如网络 1 中元件 I0.1 的常闭触点、网络 2 中并联块 2 的元件 M0.1 的常闭触点、并联块 3 中元件 T38 的常闭触点、并联块 4 中元件 M0.1 的常闭触点。

5) O 指令

O 提令的逻辑关系为"或"。

使用 O 指令的条件：单个(指该条支路中只有一个元件)常开触点与上面的电路组成并联关系的可以使用 O 指令。图 3-1 中能使用 O 指令的元件如网络 1 中并联块 1 的元件 M0.0 的常开触点、网络 2 中元件 I0.3 的常开触点。

6) ON 指令

ON 指令的逻辑关系为"或非"。

使用 ON 指令的条件：单个(指该条支路中只有一个元件)常闭触点与上面的电路组成并联关系的可以使用 ON 指令。图 3-1 中能使用 ON 指令的元件如网络 2 中并联块 5 的元件 M4.0 的常闭触点。

以上六条指令的操作数可为：I、Q、M、SM、T、C、V、S、L。

7) OLD 指令

OLD 指令的逻辑关系指串联电路块的并联。

图 3-1 中并联块 2、并联块 3、并联块 4 都是由两条串联块组成的并联块电路。故串联块电路指令写完后要加 OLD 指令，表示两条串联块电路组成了并联块电路。

8) ALD 指令

ALD 指令的逻辑关系指并联电路块的串联。

图 3-1 中并联块 2 和并联块 3 组成串联块，并联块 4 和并联块 5 组成串联块。故表示它们的逻辑关系要使用块串联的指令 ALD，而不能使用元件串联的指令 A。

OLD、ALD 指令只是对块电路的逻辑关系进行说明，指令后不带元件。

9) "=" 指令

"=" 指令是指线圈驱动指令。只有有线圈的元件才能使用 "=" 指令。

"=" 指令的操作数可为：Q、M、SM、V、S、L。

2. 将梯形图编译成指令的步骤

(1) 从梯形图最上边、最左边的元件开始写。

(2) 一定要按元件执行的顺序写。

(3) 是块电路的，一定要将块电路写完后才能写别的指令。

(4) 块电路之间的逻辑关系一定要交代清楚，否则 PLC 执行时将不清楚它们之间的逻辑关系，执行出错。

四、任务实施

将图 3-1 中的梯形图转换成如下指令：

```
网络1
LD    I0.0          LD    M0.0
O     M0.0          AN    M0.1     ┐
AN    I0.1          LDN   Q0.0     ├ 并联块4
A     I0.2          A     Q0.1     ┘
=     M0.0          OLD
```

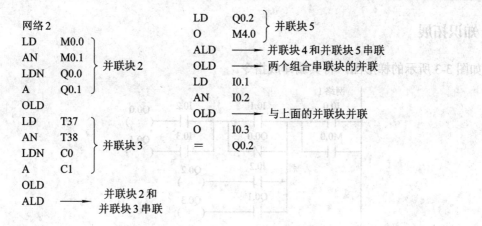

网络2
LD　　M0.0 ⎫
AN　　M0.1 ⎪
LDN　 Q0.0 ⎬ 并联块2
A　　　Q0.1 ⎭
OLD
LD　　T37 ⎫
AN　　T38 ⎪
LDN　 C0 ⎬ 并联块3
A　　　C1 ⎭
OLD
ALD　──→ 并联块2和
　　　　　并联块3串联

LD　　Q0.2 ⎫并联块5
O　　　M4.0 ⎭
ALD　──→ 并联块4和并联块5串联
OLD　──→ 两个组合串联块的并联
LD　　I0.1
AN　　I0.2
OLD　──→ 与上面的并联块并联
O　　　I0.3
=　　　Q0.2

五、巩固训练

1. 读下面的指令，画出对应的梯形图。

网络1　　　　网络2
LD　 I0.0　　LD　 M0.0　　LD　 M0.1
A　　I0.1　　AN　 Q0.0　　O　　M0.2
O　　M0.0　　AN　 T37　　 ALD
LD　 I0.2　　LDN　C0　　　=　　 Q0.1
O　　Q0.0　　A　　T38
=　　M0.0　　OLD

2. 读懂图 3-2 所示梯形图各元件之间的逻辑关系，写出指令。

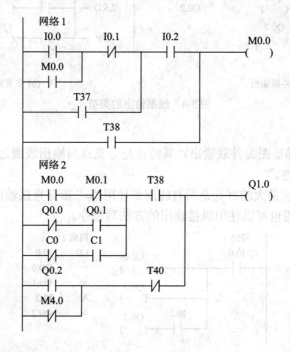

图 3-2　梯形图

六、知识拓展

如图 3-3 所示的梯形图,将其编译成指令。

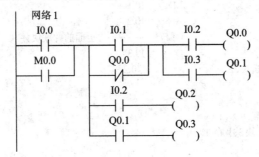

图 3-3　梯形图

图 3-3 所示梯形图如只用上面所讲述的指令,是不能正确将其编译成指令的。必须掌握下面新的指令。

1. 基本逻辑指令

如图 3-4 所示的梯形图,分析图(a)、(b)中元件线圈的输出有什么不同。

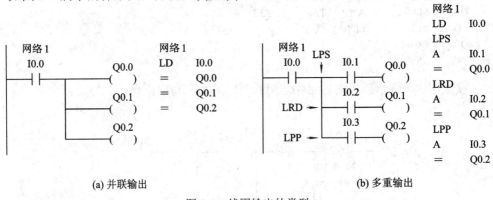

图 3-4　线圈输出的类型

1) 并联输出

图 3-4(a)所示的梯形图为并联输出。其特点是分支点与输出线圈之间没有元件的触点或由触点组成的块电路。

并联输出指令写法最大的好处是所有线圈都使用"="指令直接输出,如图 3-4(a)所示。

图 3-5 中的梯形图也可以使用纵接输出的方法写指令。

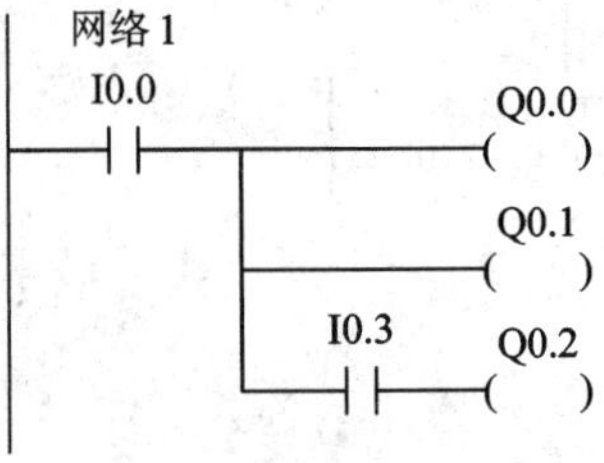

图 3-5　并联输出梯形图及指令

2) 多重输出

(1) 典型多重输出。如图 3-4(b)所示的梯形图为典型多重输出。其特点是分支点与输出线圈之间有元件的触点或由触点组成的块电路。

多重输出指令写法最大的特点是所有线圈支路都要使用多重输出指令。

典型多重输出有三条指令，分别如下：

LPS：进栈，对第一个输出进行说明。

LRD：读栈，对中间的输出进行说明。

LPP：出栈，对最后的输出进行说明。

这三条指令都不带操作元件，只是对输出进行说明。

图 3-6 所示是不同形式的多重输出梯形图。

```
网络 1
LD    I0.0
LPS
A     I0.1
=     Q0.0
LRD
=     Q0.1
LPP
=     Q0.2
```

```
网络 1
LD    I0.0
LPS
=     Q0.0
LRD
A     I0.2
=     Q0.1
LPP
=     Q0.2
```

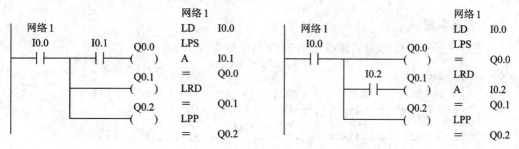

图 3-6　典型多重输出梯形图及指令

(2) 二层栈多重输出。二层栈梯形图及指令如图 3-7 所示。

```
网络 1
LD    I0.0
LPS
A     I0.1
LPS
A     I0.2
=     Q0.0
LPP
A     I0.3
=     Q0.1
LRD
A     I0.4
=     Q0.3
LPP
A     I0.5
=     Q0.4
```

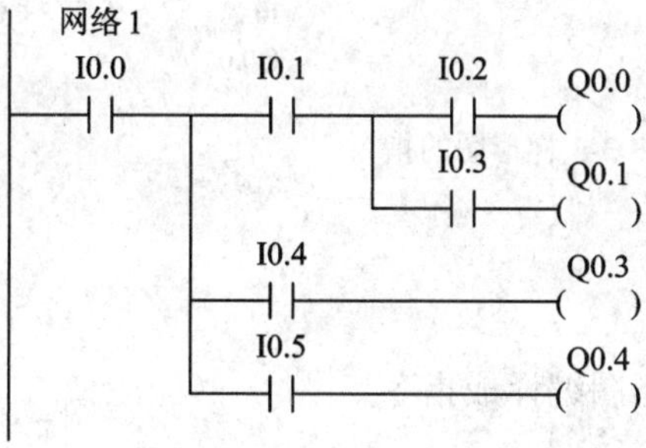

图 3-7　二层栈梯形图及指令

在多重输出中 LPS、LPP 必须配对出现。当只有两条输出时，中间就没有读栈指令 LRD 了；当有四条输出时，中间两条输出都必须使用读栈指令 LRD，如图 3-8 所示。

```
网络 1
LD    I0.0
LPS
A     I0.1
=     Q0.0
LRD
A     I0.2
=     Q0.1
LRD
A     I0.3
=     Q0.2
LPP
A     I0.4
=     Q0.3
```

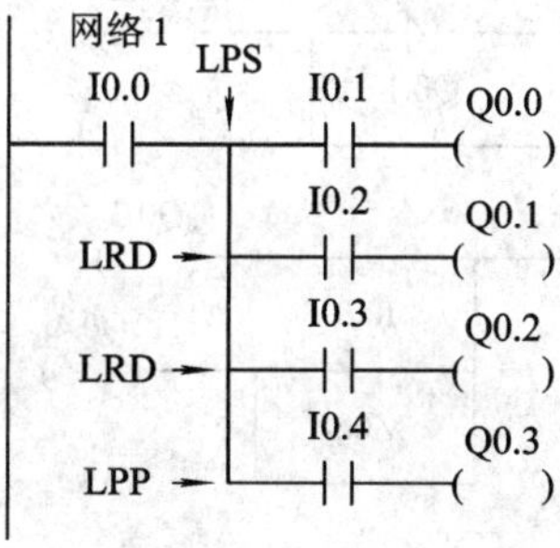

图 3-8　多重输出梯形图及指令

(3) 使用 ALD、OLD 指令的多重输出。在多重输出中，当出现块电路时，根据电路的逻辑关系，要恰当地使用 ALD、OLD 指令。如图 3-9 所示为在多重输出中使用 ALD、OLD 指令的情况。

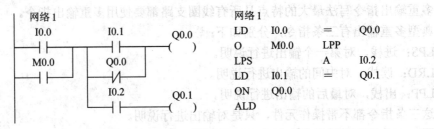

图 3-9　使用 ALD、OLD 指令的多重输出

2．任务实施

将图 3-3 所示的梯形图编译成如图 3-10 所示的指令。

网络 1

LD	I0.0		LPP		
O	M0.0		A	I0.3	
LPS			=		Q0.1
LD	I0.1		LRD		
ON	Q0.0		A	I0.2	
ALD			=		Q0.2
LPS			LPP		
A	I0.2		A	I0.1	
=	Q0.0		=		Q0.3

图 3-10　图 3-3 梯形图的指令

七、巩固提高

用上面所学知识将图 3-11 所示的梯形图编译成指令。

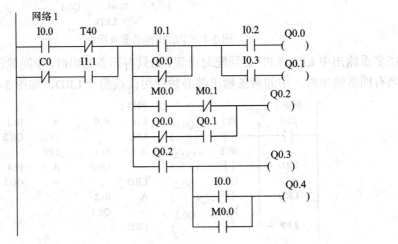

图 3-11　梯形图

任务 2　V4.0 STEP7-Micro/WIN SP3 编程软件的使用方法

一、任务引入

　　V4.0 STEP7-Micro/WIN SP9 编程软件是基于 Windows 的应用软件，由西门子公司专为 S7-200 系列 PLC 设计开发，它功能强大，主要为用户开发控制程序使用，同时也可以实时监控用户程序的执行状态。该软件是西门子 S7-200 用户不可缺少的开发工具，现在加上中文程序后，可在全中文的界面下进行操作，使用户使用起来更加方便。

二、任务分析

　　要学会使用 V4.0 STEP7-Micro/WIN SP9 编程软件，必须掌握下面的能力：
　　(1) 编程软件的安装。
　　(2) 编程软件的使用。
　　(3) 用编程软件对程序进行调试和运行监控。
　　(4) 在仿真软件上运行、调试程序。

三、相关知识

1．计算机系统要求

操作系统：Windows 2000 或 Windows XP。

计算机配置：现在市面上的计算机都能满足其要求。

通信电缆：使用 PC/PPI 电缆将计算机与 PLC 连接。

2．软件安装

不论 V4.0 STEP7-Micro/WIN SP9 编程软件是在一张光盘上还是保存在 U 盘中，其安装步骤相同。

　　(1) 将光盘插入光盘驱动器，系统自动进入安装向导。

　　(2) 或在光盘目录里双击 setup，则进入安装向导。

　　(3) 按照安装向导完成软件的安装。软件程序安装路径可以使用默认子目录，也可以在用"浏览"按钮弹出的对话框中任意选择或新建一个子目录。

　　(4) 在安装结束后，会出现下面英文选项：

　　"是，我现在要重新启动计算机(默认选项)"；

　　"否，我以后再启动计算机"。

建议用户选择默认项，单击"完成"按钮，完成安装。

3．将英文版编程软件转换成中文版

双击桌面上 V4.0 STEP7-Micro/WIN SP9 编程软件图标，打开编程软件，如图 3-12 所示。

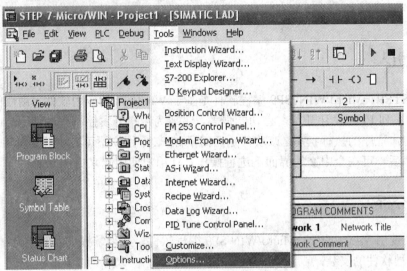

图 3-12　英文版编程软件

打开"Tools"(工具)的下拉菜单，选中"Options"(选项)项，单击打开，如图 3-13 所示。

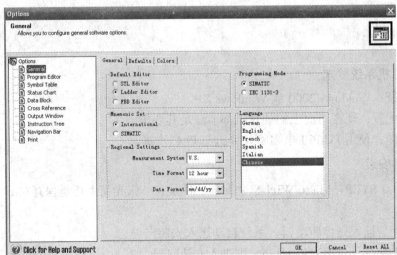

图 3-13　语言转换画面

在"Options"中选中"General"(常规)，然后在"Language"(语言)框中选中"Chinese" (中文)，点击"OK"按钮，按提示画面一直点击"确定"或"是"即可。

此时再次双击桌面上 V4.0 STEP7-Micro/WIN SP9 编程软件图标，打开编程软件，即中文版的编程软件。

4．中文界面简介

打开 V4.0 STEP7-Micro/WIN SP9 编程软件，其主界面外观如图 3-14 所示。

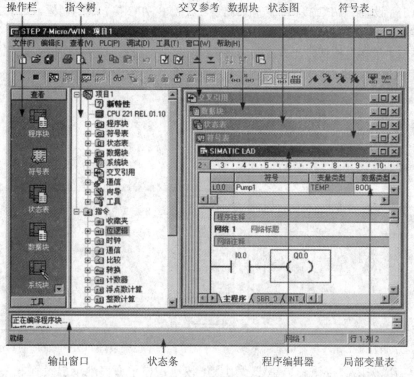

图 3-14　编程软件界面

5. 通信参数设置

首次连接计算机和 PLC 时，要设置通信参数。设置目的是为了增加使用 PC/PPI cable 电缆项。

(1) 在编程软件的操作栏中单击"通信"图标，则出现"通信"对话框，通信地址未设置时出现一个问号，如图 3-15 所示。

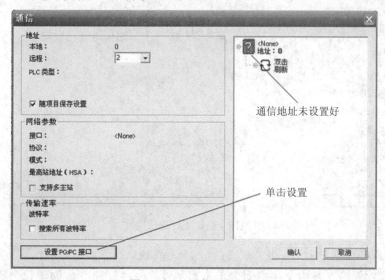

图 3-15　"通信"对话框

(2) 单击"设置 PG/PC 接口"按钮，出现"设置 PG/PC 接口"对话框，如图 3-16 所示。拖动滑块查看，默认的通信器件栏中没有 PC/PPI cable 电缆项。

(3) 单击"选择"按钮，出现"安装/删除接口"对话框，选中 PC/PPI cable，单击"安装"按钮，PC/PPI cable 将出现在右侧"已安装"框内，如图 3-17 所示。

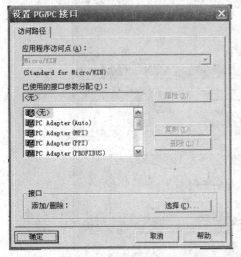

图 3-16   "设置通信器件"对话框   图 3-17   已安装好 PC/PPI cable 的对话框

(4) 单击"关闭"按钮，再单击"确认"按钮，显示通信地址已设置好，如图 3-18 所示。

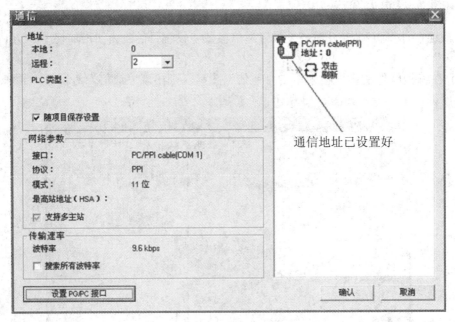

图 3-18   已设置好通信地址

6. 建立和保存项目

运行编程软件后，在中文主界面中单击"文件"→"新建"，创建一个新项目。新建的项目包含程序块、符号表、状态表、数据块、系统块、交叉引用和通信等相关的块。其中，程序块中默认有一个主程序 OB1、一个子程序 SBR0 和一个中断程序 INT0，如图 3-19 所示。

单击"文件"→"保存"，指定文件名和保存路径后，单击"保存"按钮，文件以项目形式保存。

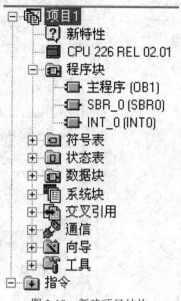

图 3-19　新建项目结构

7. 选择 PLC 类型和 CPU 版本

在中文主界面中单击"PLC"→"类型"，在"PLC 类型"对话框中选择"PLC 类型"和"CPU 版本"，如图 3-20 所示。如果已成功建立通信连接，也可以通过单击"读取 PLC"按钮的方法来读取 PLC 的型号和 CPU 版本号。

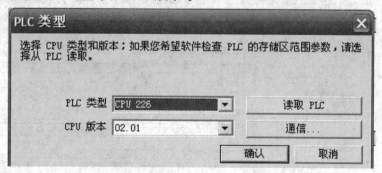

图 3-20　选择 PLC 型号和 CPU 版本号

8. 输入指令的方法

在梯形图编辑器中有 4 种输入程序指令的方法：双击指令图标、拖曳指令图标、指令工具栏编程按钮和特殊功能键(F4、F6、F9)。

(1) 选中程序网络 1，单击指令树中"位逻辑"指令图标，双击或拖曳位指令到相应位置，在"？？.?"框中输入元件号，按"Enter"键，光标自动跳到下一列，如图 3-21 所示。

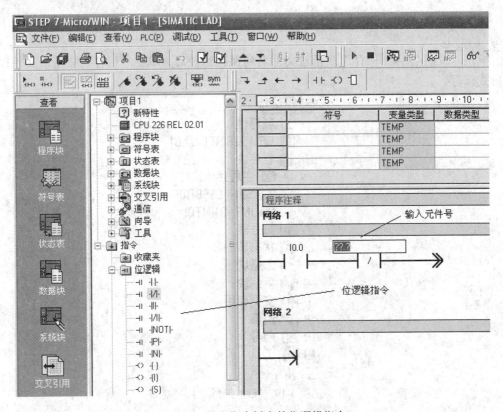

图 3-21 打开指令树中的位逻辑指令

(2) 选中程序网络 1，在选中的光标处，按特殊功能键 F4 或 F6 或 F9，从下拉指令框中选中需要输入的指令，如图 3-22 所示。

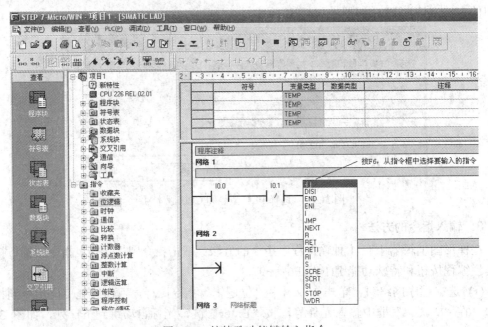

图 3-22 按特殊功能键输入指令

9．查看指令表

输入的梯形图如果要编译成指令，可单击菜单栏中"查看"→"STL"，则从梯形图编辑界面自动转换为指令表编辑界面，如图 3-23 所示。

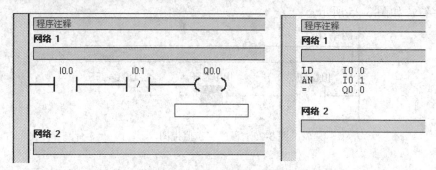

图 3-23　梯形图转换成指令表

10．程序下载

计算机与 PLC 建立了通信连接后，先对所编辑的梯形图进行编译，以检查所编辑的梯形图在逻辑上是否有错误，如果有错误，程序是不能下载到 PLC 中的。

程序编译，可单击菜单栏中"PLC"→"编译"，或单击工具栏菜单上的 ☑ 按钮，开始编译指令。编译结束后，在输出窗口中将显示结果信息。

程序编译正确后，先将 PLC 的状态开关调换到"STOP"，可单击工具栏菜单上的 ■ 按钮。再点击单击工具栏菜单中的下载按钮 ▼ ；或选择"文件"→"下载"，在下载对话框中单击"下载"按钮，开始下载程序。下载画面如图 3-24 所示。

下载是计算机中将程序装入 PLC；上传则相反，是将 PLC 中存储的程序上传到计算机。

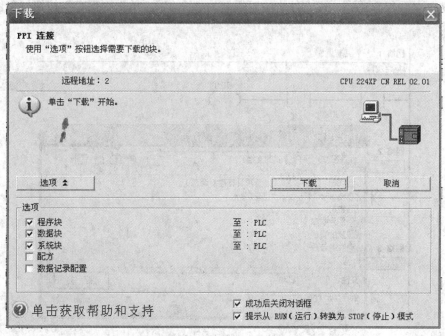

图 3-24　"下载"对话框

11. 程序运行监控

单击程序菜单栏中"调试"→"开始程序状态监控",或单击工具栏菜单上的 按钮。未接通的触点和线圈以灰白色显示,接通的触点和得电的线圈以蓝色块显示,并且出现"ON"字符,如图 3-25 所示。

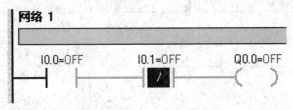

图 3-25   程序状态监控图

四、知识拓展

1. S7-200 仿真软件介绍

学习 PLC 最有效的手段是联机编程和调试。S7-200 仿真软件 V2.0 版是一款优秀的汉化仿真软件,它不仅能仿真 S7-200 主机,而且还能仿真数字量、模拟量扩展模块和 TD200 文本显示器。在互联网上可以找到该软件。

仿真软件不能直接使用 S7-200 的用户程序,必须用"导出"功能将用户程序转换成 ASCII 码文本文件,然后再装载到仿真软件中运行。

2. 导出文本文件

将程序编写完后,单击程序菜单栏中"文件"→"导出",在"导出程序块"对话框中填入文件名和保存路径,该文件名的后缀名为".awl",单击"保存"按钮,如图 3-26 所示。

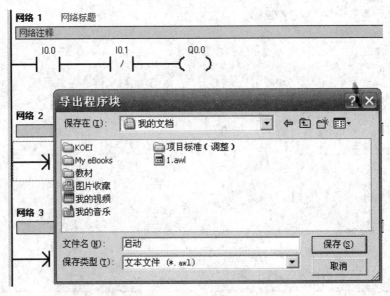

图 3-26   导出文本文件

3. 启动仿真程序

仿真程序不需要安装，启动时执行其中的 S7-200 汉化版.EXE 文件。启动结束后，输入密码"6596"即可，如图 3-27 所示。从图 3-27 中可以知道：CPU 模块下面是 14 个双掷开关，与 PLC 的输入端相对应，可单击它们输入控制信号。开关的下面是两个直线电位器，这两个电位器都是 8 位模拟量输入电位器，对应的特殊存储字节分别是 SMB28 和 SMB29，可以用鼠标移动电位器的滑块来设置它们的值(0～255)。

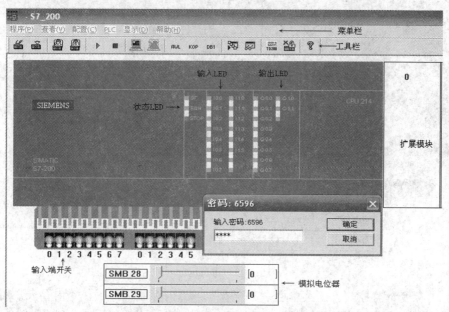

图 3-27　仿真软件画面介绍

双击扩展模块的空框，可在对话框中选择扩展模块的类型，添加或删除扩展模块单元。

4. 程序仿真运行

(1) 装载程序。单击仿真软件中菜单栏"程序"→"装载程序"，或点击工具栏中"装载"图标，在"装载程序"对话框中仅选中"逻辑块"，单击"确定"按钮，进入"打开"对话框。

在"打开"对话框中选中导出的"启动"文件，点击"打开"按钮，即进入仿真画面，如图 3-28 所示。

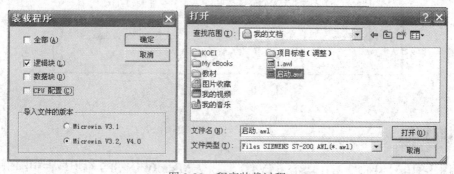

图 3-28　程序装载过程

(2) 程序仿真运行。点击工具栏上的运行▷按钮，或单击菜单栏中"PLC"→"运行"，将仿真器切换到运行状态。单击监控图标 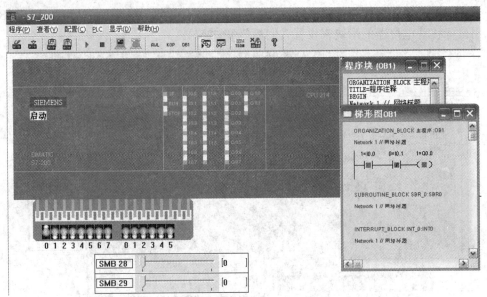，程序进入监控状态。单击程序中对应的输入信号 I0.0 的开关图标，接通 I0.0，输入 LED 灯 I0.0 和输出 LED 灯 Q0.0 点亮；断开 I0.0，输入 LED 灯 I0.0 和输出 LED 灯 Q0.0 灭。仿真结果符合设计要求，如图 3-29 所示。

图 3-29　仿真运行

(3) 内存变量监控。单击菜单栏中"查看"→"内存监视"，在"内存表"对话框中填入变量地址，单击"开始"、"停止"按钮，用来启动和停止监控。当接通 I0.0 时，I0.0 和 Q0.0 的值为"2#1"，否则为"2#0"，如图 3-30 所示。仿真过程结束。

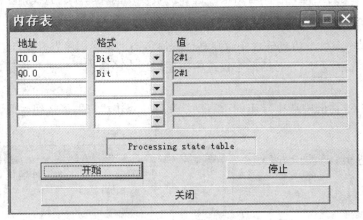

图 3-30　监控内存变量

五、巩固训练

将图 3-31(a)、(b)所示的梯形图在 V4.0 STEP7-Micro/WIN SP9 编程软件中编辑完，然后在仿真器中仿真运行，并监视程序的运行。

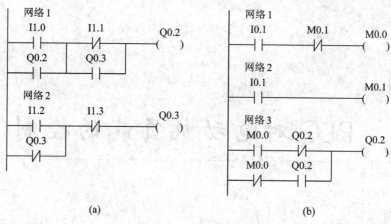

图 3-31 训练用梯形图

项目 3 练习题

1．如何建立编程文件？
2．如何下载程序？
3．如何监控程序？
4．如何仿真程序？

5．将图 3-32 所示的梯形图编译成指令，并在 V4.0 STEP7-Micro/WIN SP9 编程软件中编辑完成该梯形图。

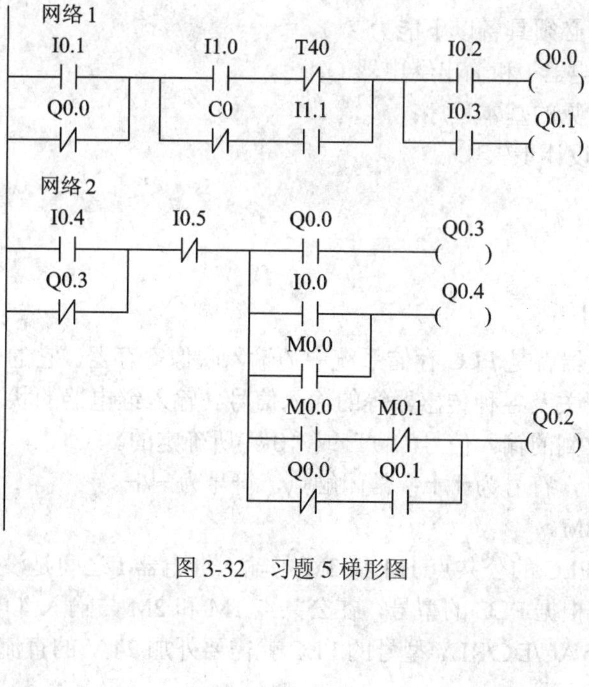

图 3-32 习题 5 梯形图

项目 4

PLC 对电动机负载的控制

任务 1　实现对电动机正反转的控制

一、任务引入

在常见的生产过程中，往往需要生产机械的部件具有两个不同方向的运动，而运动部件常由电动机带动其运动，要想改变其运动方向最简单的办法之一就是改变电动机的转向。由电动机的原理可知，改变三相异步电动机的旋转方向，可以通过改变三相异步电动机定子绕组任意两项相序来实现。

二、任务分析

要完成该任务，必须具备以下能力：
(1) 掌握输入继电器 I 和输出继电器 Q；
(2) 掌握 PLC 常见的基本程序；
(3) 掌握程序的设计步骤。

三、相关知识

1. 输入继电器 I

作用：输入继电器就是 PLC 存储系统中的输入映像寄存器。它的作用是接收来自现场的控制按钮、行程开关及各种传感器等的输入信号。输入继电器的状态是由每个扫描周期的输入采样阶段接收到的输入信号("1"或"0")所确定的。

结构：常开触点，符号为 ⊣⊢；常闭触点，符号为 ⊣/⊢。

公共点：1M，2M。

西门子 S7-200 PLC 的公共点 1M 和 2M 与输入继电器 I 之间是没有电源的。要使输入继电器 I 动作，必须根据 PLC 的型号，在公共点 1M 和 2M 与输入继电器 I 之间外加电源。如 CPU224、CPU226 AC/DC/RLY 型号的 PLC 就需要外加 24 V 的直流电源。该电源可以使用 PLC 自身提供的 24 V 直流电源，也可以由外部提供。

信号的采集方式：PLC 的输入端子是从外部开关接收信号的窗口，它只能接收开关量信号和数据信号。当图 4-1(a)中的按钮 SB1 按下时，输入继电器 I0.0 与公共点 1M 之间实现短接，则 PLC 面板上输入继电器 I0.0 对应的 LED 绿灯亮，表示图 4-1(b)所示梯形图中输入继电器 I0.0 的常开触点闭合，常闭触点断开，程序中输出继电器 Q0.3 的线圈得电。

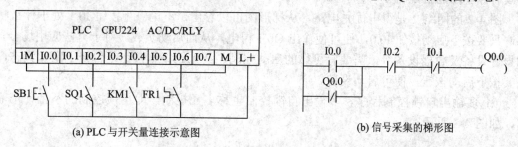

(a) PLC 与开关量连接示意图   (b) 信号采集的梯形图

图 4-1 PLC 采集开关量的接线图

输入继电器的常开触点和常闭触点的使用次数不限，这些触点在 PLC 内可以自由使用。

由于 S7-200 系列的 PLC 输入映像寄存器是以字节为单位的寄存器，CPU 一般按"字节.位"的编址方式来读取一个继电器的状态，也可以按字节 IB(8 位)或者按字 IW(2 个字节、16 位)来读取相邻一组继电器的状态。

2. 输出继电器 Q

作用：专门用来驱动外部负载的元件。

结构：线圈，符号为-( )；常开触点，符号⊣⊢；常闭触点，符号为 ⊣/⊢ 或 ⊣/⊢。

公共点：1L，即 Q0.0、Q0.1、Q0.2、Q0.3。

　　　　2L，即 Q0.4、Q0.5、Q0.6、Q0.7。

　　　　3L，即 Q1.0～Q1.7。

PLC 的输出端使用多个公共点的好处是：每个公共点与输出继电器组成一个独立单元，每个单元可驱动不同的负载；但当驱动的负载相同时，可将多个公共点并联，每个公共点可实现分流，避免过大的电流流过同一个公共点，烧毁该公共点。

输出端的外加电压：交流电压小于 250 V，直流电压小于 30 V。

输出继电器的驱动负载能力：灯负载≤100 W/点；电阻性负载≤2 A/点；电感性负载≤80 VA/点。

输出继电器的常开和常闭触点使用次数不限，其闭合、断开由线圈驱动。

输出继电器的线圈得电有两层含义：一是使其常开触点和常闭触点动作，常开触点闭合，常闭触点断开；二是使其输出信号端口与对应的公共点接通。

输出继电器也是按"字节.位"的编址方式来读取一个继电器的状态，同时也可以按字节 QB(8 位)或者按字 QW(2 个字节、16 位)来读取相邻一组继电器的状态。

3. PLC 常见的基本程序

1) 自锁程序

自锁程序是自动化控制系统中最常见的控制程序，有单输出自锁和多输出自锁两种形式。

(1) 单输出自锁控制程序。在单输出自锁程序中只对一个负载进行控制，所以这种控制方式称为单输出控制，如图 4-2 所示。

图 4-2 中的网络 1 是失电优先电路。无论启动按钮 I0.0 是否闭合，只要按下停止按钮 I0.1，输出 Q0.0 必失电，所以称这种电路为失电优先的自锁电路。这种控制方式常用于需要及时停车的场合。

图 4-2 的网络 2 是得电优先电路。从梯形图可以看出，不论停止按钮 I0.1 处于什么状态，只要按下启动按钮 I0.0，便可使输出 Q0.1 得电，从而启动负载。对于有些应用场合，如报警设备及救援设备等，需要有可靠的启动控制，其无论停车按钮是否处于闭和状态，只要按下启动按钮，便可启动设备。

(2) 多输出自锁控制程序。多输出自锁控制也称多元控制，即自锁控制的不止一个输出，如图 4-3 所示。

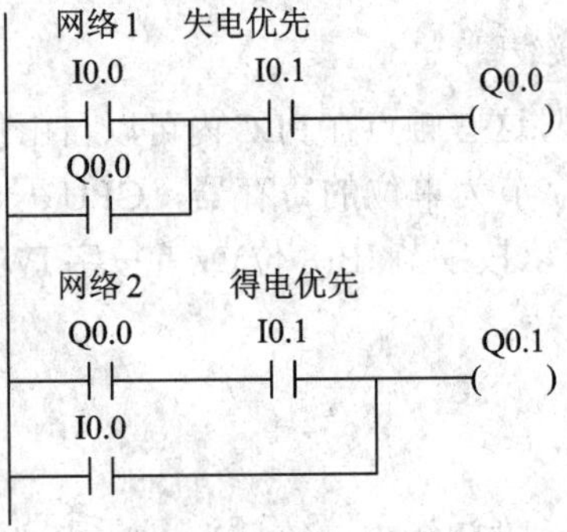

图 4-2 失电优先和得电优先梯形图

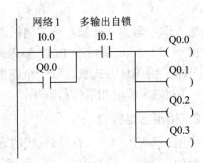

图 4-3 多输出自锁程序

(3) 多地控制。在不同的地点对于同一个控制对象(例如一台电机)实施控制的方式称为多地控制。其方法可用并联多个启动按钮和串联多个停车按钮来实现，如图 4-4 所示。图中的 I0.0 和 I0.2 组成一对启、停控制按钮，I0.1 和 I0.3 组成另一对控制按钮，安装在另一处，这样就可以在不同的地点对同一负载 Q0.0 进行控制了。

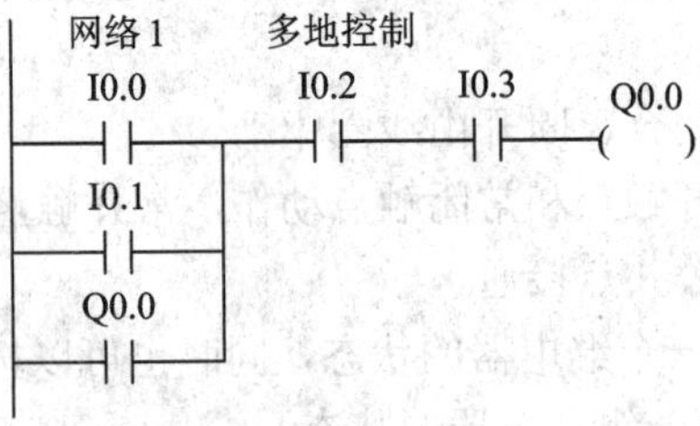

图 4-4 多地控制程序

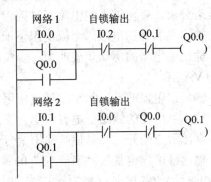

图 4-5 优先控制程序

2) 优先程序

在互锁控制程序中，几组控制元件的优先权是平等的，它们可以互相控制对方，先动作的具有优先权。其优先控制电路如图 4-5 所示。

两个输入信号 I0.0 和 I0.1 分别控制两个输出信号 Q0.0 和 Q0.1。当 I0.0 或 I0.1 中的某一个先按下时，这一路控制信号就取得优先权，另外一个即使按下，这路信号也不会动作。

4. 程序设计的步骤

在设计 PLC 的控制程序时，不能仅认为是设计梯形图，梯形图只是其中最核心的部分。我们要分析题目的控制要求，知道要用到哪些输入信号、哪些输出信号；要考虑到梯形图设计时可能出现的情况，判断程序能否对外部发生的情况做出反应，以及分析 PLC 与外部设备是如何连接的。程序设计的步骤如下。

1) 分配 I/O

列表将所要使用的输入继电器及其作用、地址、连接设备写出来。

2) 设计梯形图

设计梯形图时，要考虑控制设备可能发生的情况，这样无论控制设备发生何种故障，PLC 都能作出报警、停机等反应。

设计梯形图时，要仔细分析各元件之间的逻辑关系，不要在元件的触点上并联很多支路，使得逻辑关系很复杂。梯形图设计必须简洁明了、条理清楚。

设计 PLC 程序时要注意以下问题：

(1) 以输出线圈为核心设计梯形图，并画出该线圈的得电条件、失电条件和自锁条件。

(2) 画出各个输出线圈之间的互锁条件。互锁条件可以避免同时发生互相冲突的动作，保证系统工作的可靠性。

(3) 如果不能直接使用输入条件的逻辑组合控制输出线圈，则需要使用辅助继电器来建立输出线圈的得电和失电条件。

(4) 初步设计好的梯形图不一定就是正确的，要在 PLC 上调试，反复修改，直到最后合适。

3) 转化指令表

将设计好的梯形图转化成指令。

4) 完成外部接线图

外部接线图就是 PLC 是如何控制设备的原理图。PLC 的外部接线图一般比较简单，因为很多控制都已在梯形图中完成。初学者往往认为 PLC 的外部接线图较难设计，只需多加练习就能掌握。

四、任务实施

本任务是用 PLC 实现对三相异步电动机的正反转控制。

1) 控制要求

用 PLC 控制电动机的运行，实现正转、反转的可逆运行。

2) 训练目的

(1) 掌握元件的自锁、互锁的设计方法。

(2) 掌握过载保护的实现方法。

(3) 掌握外部接线图的设计方法,学会实际接线。

3) 控制要求分析

具有双重互锁的电动机正反转控制,在电气控制中,使用交流接触器接线实现,如图 4-6 所示。

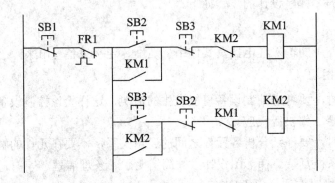

图 4-6　具有双重互锁的电动机正反转控制原理图

使用 PLC 控制时,各元件之间的逻辑关系不再通过接线实现,而是通过画梯形图来表现,再通过 PLC 指令去实现。

梯形图设计不是将电气控制原理图翻译成梯形图。即使不懂电气控制原理图,也必须清楚电气元件的控制过程和控制要求,然后根据这些再去设计梯形图。

4) 实训设备

S7-200(AC/DC/RLY)一台、电路控制板(由空气开关、交流接触器、热继电器、熔断器组成)一块、0.5 kW 4 极三相异步电动机一台。

5) 设计步骤

(1) I/O 信号分配。输入/输出信号分配见表 4-1 所示。

表 4-1　输入/输出信号分配表

输　入(I)			输　出(O)		
元　件	功　能	信号地址	元件	功能	信号地址
按钮 SB1	电动机正转信号	I0.0	KM1	控制电动机正转	Q0.0
按钮 SB2	电动机反转信号	I0.1	KM2	控制电动机反转	Q0.1
按钮 SB3	电动机停止信号	I0.3			
FR1	过载保护信号	I0.2			

(2) 程序设计的梯形图、指令表如图 4-7 所示。

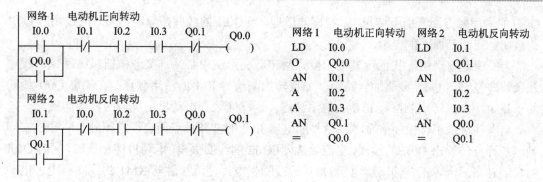

图 4-7   三相异步电动机正反转运行的梯形图、指令表

(3) 可编程控制器的外部接线图如图 4-8 所示。

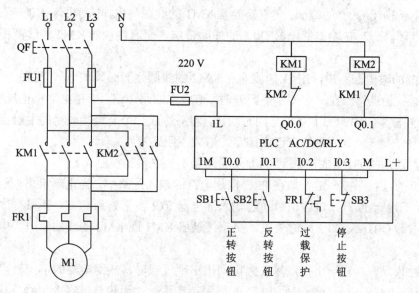

图 4-8   电动机正反转的 PLC 外部接线图

6) 程序说明

(1) 停止信号、过载保护信号为什么使用常闭触点控制？

停止按钮 SB3、过载保护 FR1 使用常闭触点，则使输入继电器 I0.3、I0.2 与公共点 1M 接通，梯形图中的 I0.3、I0.2 的常开触点将闭合。当给正转或反转启动信号时，输出继电器 Q0.0 或 Q0.1 能正常输出。

在工业控制中，具有"停止"和"过载保护"等关系到安全保障功能的信号一般都应使用常闭触点，防止因不能及时发现断线故障而失去作用。

(2) 交流接触器的线圈为什么要加电气互锁？

电动机正反转的主电路中，交流接触器 KM1 和 KM2 的主触点不能同时闭合，并且必须保证一个接触器的主触点断开以后，另一个接触器的主触点才能闭合。

为了做到上面一点，梯形图中输出继电器 Q0.0、Q0.1 的线圈就不能同时得电，这样在梯形图中就要加程序互锁。即在输出 Q0.0 线圈的一路中，加元件 Q0.1 的常闭触点；在输出 Q0.1 线圈的一路中，加元件 Q0.0 的常闭触点。当 Q0.0 的线圈带电时，Q0.1 的线圈因

Q0.0 的常闭触点断开而不能得电；同样的道理，当 Q0.1 的线圈带电时，Q0.0 的线圈因 Q0.1 的常闭触点断开而不能得电。

为了保证电动机能从正转直接切换到反转，梯形图中必须加类似按钮机械互锁的程序互锁。即在输出 Q0.0 线圈的一路中，加反转控制信号 I0.1 的常闭触点；在输出 Q0.1 线圈的一路中，加正转控制信号 I0.0 的常闭触点。这样能做到电动机正反转的直接切换。

当电动机加正转控制信号时，输入继电器 I0.0 的常开触点闭合，常闭触点断开。常闭触点断开反转输出 Q0.1 的线圈，交流接触器 KM2 的线圈失电，电动机停止反转，同时 Q0.1 的常闭触点闭合，正转输出继电器 Q0.0 的线圈带电，交流接触器 KM1 的线圈得电，电动机正转。

当电动机加反转控制信号时，输入继电器 I0.1 的常开触点闭合，常闭触点断开。常闭触点断开正转输出 Q0.0 的线圈，交流接触器 KM1 的线圈失电，电动机停止正转，同时 Q0.0 的常闭触点闭合，反转输出继电器 Q0.1 的线圈带电，交流接触器 KM2 的线圈得电，电动机反转。

在 PLC 的输出回路中，KM1 的线圈和 KM2 的线圈之间必须加电气互锁。一是避免当交流接触器主触点熔焊在一起而不能断开时，造成主回路短路；二是电动机正反转切换时，PLC 输出继电器 Q0.0、Q0.1 几乎是同时动作，容易造成一个交流接触器的主触点还没有断开，另一个交流接触器的主触点已经闭合，造成主回路短路。

(3) 过载保护为什么放在 PLC 的输入端，而不放在输出控制端？

电动机的过载保护一定要加在 PLC 控制电路的输入回路中，当电动机出现过载时，热继电器的常闭触点断开，过载信号通过输入继电器 I0.2 被采集到 PLC，断开程序的运行，使输出继电器 Q0.0 或 Q0.1 同时失电，交流接触器 KM1 或 KM2 的线圈断电，电动机停止运行。

如果过载保护放在输出控制端，当电动机出现过载时，热继电器的常闭触点断开，只是把 PLC 输出端的电源切断，而 PLC 的程序还在运行，当热继电器冷却后，其常闭触点闭合，电动机又会重新在过载下运行，造成电动机的间歇运行。

7) 运行调试

(1) 将指令程序输入 PLC 主机，运行调试并验证程序的正确性。

(2) 按图 4-8 完成 PLC 外部硬件接线，并检查主回路接线是否正确，控制回路是否加电气互锁，正反向转按钮是否连接正确，Q0.0 是否控制 KM1 线圈，Q0.1 是否控制 KM2 线圈。

(3) 确认控制系统及程序正确无误后，通电试车，如有故障出现，应紧急停车。

(4) 在老师的指导下，分析可能出现故障的原因。

五、知识拓展

根据梯形图画元件动作的波形图，用于分频器程序波形分析。

分频器程序梯形图如图 4-9 所示。试根据 I0.0 的信号画出输出继电器 Q0.0、Q0.1 的波形。

波形图是根据元件的线圈、触点的动作过程所画的波形，其中高电平表示元件线圈得电和触点闭合；低电平表示元件线圈失电和触点断开。

在图 4-9 所示的梯形图中，当输入继电器 I0.0 输入如图 4-10 所示的信号时，输出继电器 Q0.0、Q0.1 的输出是错开的二分频信号。

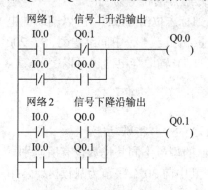

图 4-9 分频器程序梯形图

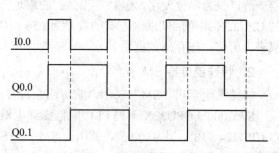

图 4-10 分频器程序波形图

任务 2 实现对电动机点动长动的控制

一、任务引入

三相异步电动机的典型控制系统包括电动机的直接启动控制、电动机的长动控制、点动控制、正反转控制等。掌握这些程序的设计方法，在生产实际中会有广泛的用途。

二、任务分析

要完成该任务，必须具备以下能力：

(1) 了解辅助继电器 M 的结构和作用。

(2) 熟悉电动机点动和长动的工作原理。

(3) PLC 编程时应注意的事项。

三、相关知识

1. 辅助继电器 M

1) 辅助继电器的作用

在逻辑运算中经常需要使用一些辅助继电器，用来存放中间状态或数据等。该元件不直接对外输入、输出，它的数量常比输入继电器 I、输出继电器 Q 多，可以大量使用。

辅助继电器的线圈与输出继电器一样，由程序驱动。辅助继电器的常开和常闭触点使用次数不限，在 PLC 内可以自由使用。但是，这些触点不能直接驱动外部负载，外部负载必须由输出继电器驱动。

2) 辅助继电器的结构

线圈的符号为 -( )；常开触点的符号为 ⊣⊢；常闭触点的符号为 ⊣/⊢ 。

在 S7-200 中，有时也称辅助继电器为位存储区的内部标志位(Marker)，所以辅助继电器一般以位为单位使用，采用"字节.位"的编址方式，每 1 位相当于 1 个中间继电器。S7-200 的 CPU22X 系列的辅助继电器的数量为 256 位(M0.0～M31.7)。辅助继电器也可以字节、字、双字为单位，作存储数据用。

2. 特殊继电器 SM

特殊继电器用"SM"表示，它可用来选择或控制 PLC 的一些特殊功能。

S7-200 的 CPU22X 系列 PLC 的特殊继电器，因 CPU 的型号不同其位数也有所区别。以 CPU224 为例，共 4400 位，范围为 SM0.0～SM549.7，其中前 30 个字节为只读区。常用的特殊继电器及其功能如下：

1) SMB0 字节(系统状态位)

SM0.0：RUN 监控，PLC 在运行状态时，SM0.0 总为 ON。

SM0.1：初始脉冲，PLC 由 STOP 转为 RUN 时，SM0.1 为 ON，保持 1 个扫描周期。

SM0.2：当 RAM 中保存的数据丢失时，SM0.2 为 ON，保持 1 个扫描周期。

SM0.3：当 PLC 上电进入到 RUN 状态时，SM0.3 为 ON，保持 1 个扫描周期。

SM0.4：分时钟脉冲，占空比为 50%，周期为 1 min 的脉冲串。

SM0.5：秒时钟脉冲，占空比为 50%，周期为 1 s 的脉冲串。

SM0.6：扫描时钟，一个扫描周期为 ON，下一个扫描脉冲为 OFF，交替循环。

SM0.7：指示 CPU 上 MODE 开关的位置，0=TERM，1=RUN。

2) SM1 字节(系统状态位)

SM1.0：当执行某些命令时，其结果为 0 时，其值为 1。

SM1.1：当执行某些命令时，其结果溢出或出现非法数值，该位置 1。

SM1.2：当执行数学运算时，其结果为负数，该位置 1。

SM1.6：当把一个非 BCD 数转换为二进制数时，该位置 1。

SM1.7：当 ASCII 码不能转换成有效的十六进制数时，该位置 1。

3) 其他常用的特殊继电器

SMB5，用于表示 I/O 系统发生的错误状态。

SMB34 和 SMB35：用于存储定时中断间隔时间。

SMB36～SMB65：用于监视和控制高速计数器 HSC0、HSC1、HSC2 的操作。

SMB66～SMB85：用于监视和控制脉冲输出(PTO)和脉冲宽度调制(PWM)功能。

SMB131～SMB165：用于监视和控制高速计数器 HSC3、HSC4、HSC5 的操作。

SMB166～SMB194：用于显示包络表的数量、包络表的地址和变量存储器在表中的首地址。

SMB200～SMB299：用于表示智能模板的状态信息。

3. PLC 编程时应注意事项

(1) 合理安排元件的顺序，则梯形图转换成指令表时，可以减少一些不必要的指令，如图 4-11 所示。

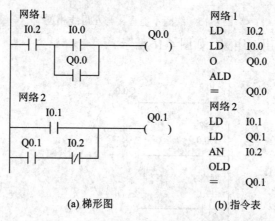

(a) 梯形图

```
网络 1
LD    I0.2
LD    I0.0
O     Q0.0
ALD
=     Q0.0
网络 2
LD    I0.1
LD    Q0.1
AN    I0.2
OLD
=     Q0.1
```

(b) 指令表

图 4-11　元件安排不合理的梯形图、指令表

当图 4-11 改变成图 4-12 的形式后，就可以减少 ALD 和 OLD 指令，整个梯形图看上去也美观、合理。

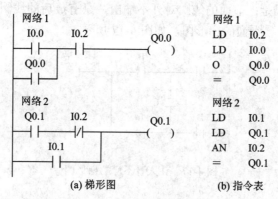

(a) 梯形图

```
网络 1
LD    I0.2
LD    I0.0
O     Q0.0
=     Q0.0
网络 2
LD    I0.1
LD    Q0.1
AN    I0.2
=     Q0.1
```

(b) 指令表

图 4-12　改变后的梯形图

结论：梯形图中，并联块电路尽量往前画，单个元件尽量往后画；并联块电路中，元件数多的分支尽量放到并联块电路的上面，元件数少的分支尽量放到并联块电路的下面。

(2) 元件的线圈不能串联，如图 4-13 所示。

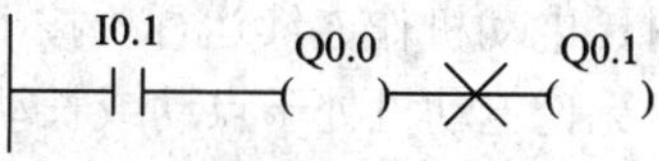

图 4-13　线圈不能串联

(3) 线圈后面不能再接其他元件的触点，如图 4-14 所示。

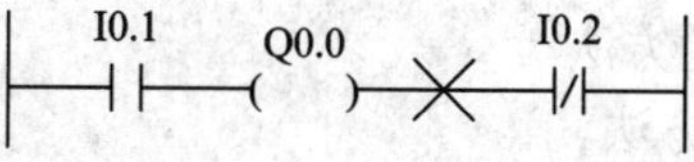

图 4-14　线圈后不能再接其他元件的触点

(4) 线圈不能不经过任何触点而直接与左母线相连，如图 4-15 所示。

图 4-15　线圈不能直接与左母线相连

(5) 程序中不能使用双线圈，如图 4-16 所示。

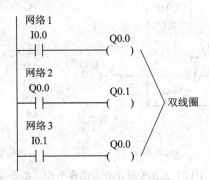

图 4-16　不能使用双线圈

双线圈：一个元件的线圈被使用两次或两次以上的现象。

使用双线圈的结果是：前面的线圈对外不输出，只有最后的线圈才对外输出。

(6) 不要编写让人看不懂的梯形图，如图 4-17 所示。

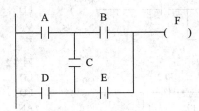

图 4-17　让人看不懂的梯形图

四、任务实施

本任务用 PLC 实现对电动机点动长动的控制。

1) 控制要求

按下电动机连续运行按钮时，电动机作连续运行。按下电动机点动控制按钮时，电动机作点动运行。按下停止按钮，无论电动机处于点动或长动状态，电动机都将停止运行。

2) 训练目的

(1) 熟悉电动机点动长动控制电路。

(2) 学会运用输入/输出继电器、辅助继电器编制基本的逻辑控制程序。

(3) 熟练掌握梯形图编程的方法。

(4) 掌握 PLC 外部接线的方法。

3) 控制要求分析

按下电动机长动运行启动按钮，电动机通过 PLC 内部自锁程序，使电动机处于连续运行状态。在电动机长动运行过程中，按下点动按钮，电动机将通过 PLC 程序，使继电器线圈处于点动控制状态，电动机进入点动运行状态；按下停止按钮，通过程序使继电器线圈失电，电动机停止运行。

4) 实训设备

S7-200(CPU224-AC/DC/RLY)一台、电路控制板(元件同前)一块、0.5 kW 4 极三相异步电动机一台。

5) 设计步骤

(1) I/O 信号分配。输入/输出信号分配见表 4-2 所示。

表 4-2　输入/输出信号分配表

输　入(I)			输　出(O)		
元件	功　能	信号地址	元件	功　能	信号地址
按钮 SB1	电动机停止信号	I0.0	KM1	控制电动机点动、长动运行	Q0.0
按钮 SB2	电动机连续运行信号	I0.1			
按钮 SB3	电动机点动运行信号	I0.2			
FR1	过载保护信号	I0.3			

(2) 程序设计的梯形图、指令表如图 4-18 所示。

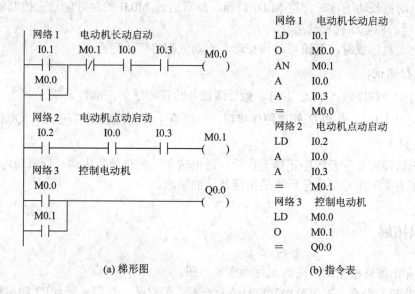

(a) 梯形图　　　　　　　　(b) 指令表

图 4-18　三相电动机点动长动控制的梯形图、指令表

(3) 可编程控制器的外部接线图如图 4-19 所示。

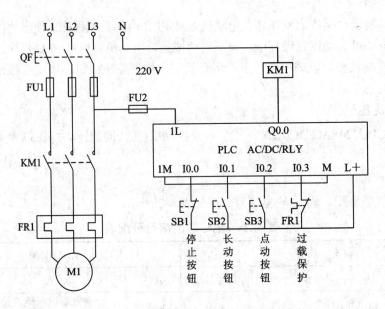

图 4-19　电动机点动、长动的外部接线图

6) 程序说明

(1) 电动机的点动和长动都使用同一个输出继电器 Q0.0 控制。程序设计时不要使用两个输出继电器去控制电动机点动和长动，这样虽然可行，但浪费资源。

(2) 程序设计时不要将输出继电器 Q0.0 输出两次。即点动输出一次，长动输出一次，这样形成双线圈输出。

(3) 电动机长动运行时，将 M0.0 自锁，然后通过 M0.0 的常开触点去控制输出继电器 Q0.0 的运行，使电动机长动运行。

(4) 电动机过载时，无论点动和长动，电动机都将停止运行。

7) 运行调试

(1) 将指令程序输入 PLC 主机，运行调试并验证程序的正确性。

(2) 按图 4-19 完成 PLC 外部硬件接线，并检查主回路接线是否正确，Q0.0 是否控制 KM1 的线圈。

(3) 确认控制系统及程序正确无误后，通电试车，如有故障出现，应紧急停车。

(4) 在老师的指导下，分析可能出现故障的原因。

五、知识拓展

下面介绍如何根据梯形图画元件动作波形图。

在某些控制场合，需要对控制信号进行分频，即将某一频率 f 分为 $f/2$ 频率信号，称为二分频。利用 PLC 的编程指令可以实现分频。

控制要求：试设计程序实现图 4-20 所示的程序。

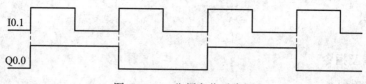

图 4-20　二分频变化时序图

(1) 程序如图 4-21 所示。

(2) 程序分析。这一程序通常称为二分频电路，可由多种方法实现，图 4-21 为其中一种。在控制过程中，当按钮为点动按钮(非自锁按钮)时，可由该程序控制实现第一次按下启动、第二次按下停止。

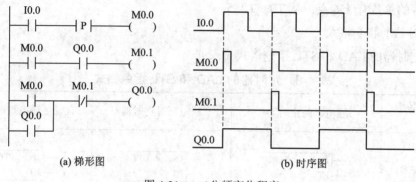

图 4-21　二分频变化程序

任务 3　实现对电动机 Y-△降压启动运行的控制

一、任务引入

三相异步电动机作全压启动时，其启动电流很大，达到电动机额定电流的 3～7 倍。如果电动机的功率大，其启动电流将相当大，可能对电网造成很大的冲击。为了降低电动机的启动电流，最常用的办法就是采用星形(Y)启动。电动机星形运行时其电流只是三角形(△)运行时电流的 1/3，故可降低启动电流。但电动机星形启动力矩也只有全电压启动时力矩的 1/3，故电动机启动后，要马上切换到三角形运行，此过程的时间大概在 4～6 s。

二、任务分析

要完成该任务，必须具备以下能力：

(1) 掌握定时器 T 的结构和工作原理。

(2) 能画出定时器的波形。

(3) 熟悉电动机 Y-△降压启动运行的工作原理。

三、相关知识

1. 定时器及指令

1) 定时器的种类

S7-200 的定时器类型有三种：通电延时定时器 TON、有记忆通电延时定时器 TONR、断电延时定时器 TOF。

2) 定时器的编号

定时器的编号用定时器的名称 T 加它的常数编号来表示，即 T×××，如 T40。

定时器的总数有 256 点，从 T0～T255。

3) 定时器的指令格式

三种定时器的 LAD 和 STL 指令格式见表 4-3。

表 4-3　定时器的 LAD 和 STL 指令格式

名称 格式	通电延时定时器	断电延时定时器	有记忆通电延时定时器
梯形图(LAD)	─┤ IN　　TON ─┤ PT　　ms	─┤ IN　　TOF ─┤ PT　　ms	─┤ IN　　TONR ─┤ PT　　ms
指令表(STL)	TON　T×××，PT	TOF　T×××，PT	TONR　T×××，PT

4) 定时器动作原理

每个定时器有以下三个相关信息：

(1) 定时器的当前值，存储定时器当前所累计的时间，它用 16 位符号整数来表示，最大值为 32767。

(2) 定时器的设定值，存储定时器要延时的时间。其操作数可为常数、VW、IW、QW、MW、SW、SMW、LW、AIW、T、C、AC 等，其中常数最为常用。

(3) 定时器的位，当定时器的当前值达到设定值 PT 时，定时器的位为 ON 或置"1"。

5) 定时器定时时间计算

单位时间的时间增量称为定时器的分辨率，即精度。S7-200 PLC 定时器有 3 个精度等级：1 ms、10 ms、100 ms。

定时器定时时间 T 的计算：

$$T = PT \times S$$

式中，T——实际定时时间；

　　　PT——设定值；

　　　S——定时器的分辨率。

6) 定时器的分辨率和编号

定时器的分辨率和编号见表 4-4 所示。

表 4-4　定时器的分辨率和编号

定时器类型	分辨率/ms	计时范围	定时器编号
TONR	1	1～32.767	T0，T64
	10	1～327.67	T1～T4，T65～T68
	100	1～3276.7	T5～T31，T69～T95
TON TOF	1	1～32.767	T32，T96
	10	1～327.67	T33～T36，T97～T100
	100	1～3276.7	T37～T63，T101～T255

定时器的分辨率由定时器编号决定。

TON、TOF 的定时器编号相同，但在一个程序中，一个定时器编号不能同时用作 TON 和 TOF。例如，不能既有 TON T37，又有 TOF T37。

2. 通电延时定时器 TON

1) 通电延时定时器 TON 的工作原理

通电延时定时器 TON 用于单一时间间隔的定时。当通电延时定时器 TON 的输入端(IN)接通时，TON 定时器开始计时，当前值从 0 开始增加，当当前值等于或大于设定值(PT)时，定时器的常开触点闭合，闭触点断开，当前值继续计数到 32767。

当通电延时定时器 TON 的输入端(IN)断开时，当前值清零，常开/常闭触点复位。

2) 通电延时定时器 TON 的应用

图 4-22 所示为通电延时定时器 TON 的应用程序，图 4-23 所示为各元件的动作时序图。

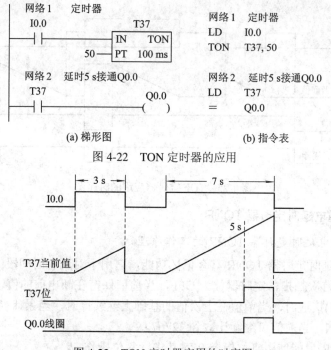

图 4-22　TON 定时器的应用

图 4-23　TON 定时器应用的时序图

3. 断电延时定时器 TOF

1) 断电延时定时器 TOF 的工作原理

断电延时定时器 TOF 用于断电后单一时间间隔的定时。

上电周期或首次扫描，定时器位为 OFF，当前值为 0。

输入端(IN)接通时，定时器位为 ON，当前值为 0。

当输入端(IN)由接通到断开时，定时器开始计时，当达到设定值时，定时器位为 OFF，停止计时。

输入端(IN)再次由 OFF→ON 时，断电延时定时器 TOF 的当前值清零。

2) 断电延时定时器 TOF 的应用

图 4-24 所示为断电延时定时器 TOF 的应用程序，图 4-25 所示为各元件的动作时序图。

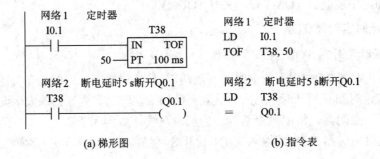

图 4-24　TOF 定时器的应用

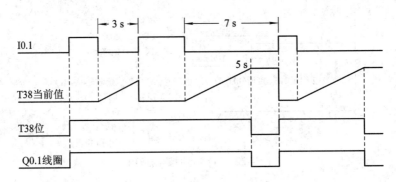

图 4-25　TOF 定时器应用的时序图

4. 有记忆通电延时定时器 TONR

1) 有记忆通电延时定时器 TONR 的工作原理

有记忆通电延时定时器 TONR 具有记忆功能，它用于对所有时间段的值累积定时。

上电周期或首次扫描，定时器位为 OFF，当前值保持在断电前的值。

当输入端(IN)接通时，当前值在上次值的基础上继续计时，当累计当前值=设定值时，定时器的位为 ON，当前值可继续计数到 32767。

定时器 TONR 只能使用复位指令 R 对其进行复位操作。

2) 有记忆通电延时定时器 TONR 的应用

图 4-26 所示为有记忆通电延时定时器 TONR 的应用程序，图 4-27 所示为各元件的动作时序图。

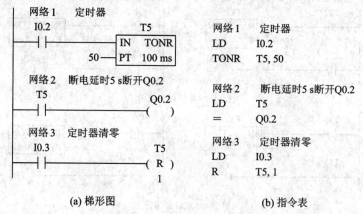

(a) 梯形图　　　　　　　　　(b) 指令表

图 4-26　TONR 定时器的应用

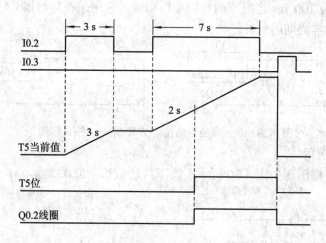

图 4-27　TONR 定时器应用的时序图

5．定时器的刷新方式和正确使用

1) 定时器的刷新方式

1 ms 定时器：1 ms 定时器由系统每隔 1 ms 刷新一次，与扫描周期及程序处理无关。它采用的是中断刷新方式。因此当扫描周期大于 1 ms 时，在一个周期中可能多次被刷新。其当前值在一个扫描周期内不一定保持一致。

10 ms 定时器：10 ms 定时器由系统在每个扫描周期开始时自动刷新，由于是每个扫描周期只刷新一次，故在一个扫描周期内定时器位和定时器当前值保持不变。

100 ms 定时器：100 ms 定时器在定时器指令执行时被刷新，因此，100 ms 定时器被激活后，如果不是每个扫描周期都执行定时器指令或在一个扫描周期内多次执行定时器指令，都会造成计时失准。100 ms 定时器仅用在定时器指令每一个扫描周期执行一次的程序当中。

2) 定时器的正确使用

图 4-28 所示为 1 ms 定时器、10 ms 定时器的使用举例，左图错误，右图正确。它们用来在定时器计时时间到来时产生一个宽度为一个扫描周期的脉冲。

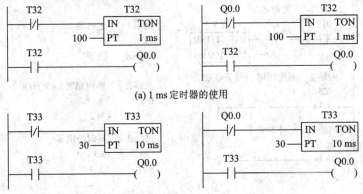

(a) 1 ms 定时器的使用

(b) 10 ms 定时器的使用

图 4-28　定时器和正确使用(左图错误，右图正确)

图 4-29 所示为 100 ms 定时器的正确使用举例。它用来在定时器计时时间到来时产生一个宽度为一个扫描周期的脉冲。

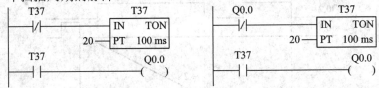

图 4-29　定时器的正确使用(左图错误，右图正确)

6. 定时器的应用

延时通断程序梯形图如图 4-30 所示。按下启动按钮，I0.0 接通，M4.0 通电后，其常

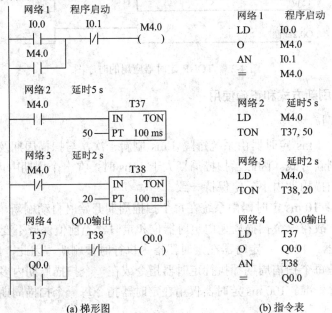

(a) 梯形图　　　　　　　　　　　(b) 指令表

图 4-30　延时通断程序梯形图和指令表

开触点闭合，定时器 T37 开始计时，5 s 后 T37 的常开触点闭合，使 Q0.0 接通。M4.0 的常闭触点断开，使定时器 T38 复位。

按下停止按钮，I0.1 常闭触点断开，使定时器 T37 复位，同时也使定时器 T38 开始计时，2 s 后，断开 Q0.0。从而实现了按下启动按钮 5 s 后，接通 Q0.0；按下停止按钮 2 s 后，断开 Q0.0。

四、任务实施

本任务用 PLC 实现对三相异步电动机 Y-△降压启动、运行的控制。

1) 控制要求

按下电动机的启动按钮，电动机 M 先作星形启动，6 s 后，控制回路自动切换到三角形连接，电动机 M 作三角形运行。

2) 训练目的

(1) 熟悉三相异步电动机 Y-△降压启动的原理。

(2) 学会定时器的简单应用。

(3) 掌握外部接线图的设计方法，学会实际接线。

3) 控制要求分析

电动机启动时，应先接成星形，然后再送电，使电动机在星形连接下启动；转换成三角形运行时，应将电动机断电，待电动机重新接成三角形后，再给电动机送电，让电动机在三角形连接下运行。

4) 实训设备

S7-200 PLC (AC/DC/RLY)一台、电路控制板(元件同前)一块、0.5 kW 4 极三相异步电动机一台。

5) 设计步骤。

(1) I/O 信号分配。输入/输出信号分配如表 4-5 所示。

表 4-5 输入/输出信号分配表

输 入(I)			输 出(O)		
元件	功能	信号地址	元件	功能	信号地址
按钮 SB1	电机启动	I0.0	KM1	控制电机电源	Q0.0
按钮 SB2	电机停止	I0.1	KM2	控制电机三角形运行	Q0.1
FR1	过载保护	I0.2	KM3	控制电机星形启动	Q0.2

(2) 三相电动机 Y-△降压启动的梯形图、指令表如图 4-31 所示。

(3) 电动机 Y-△降压启动的 PLC 外部接线图如图 4-32 所示。

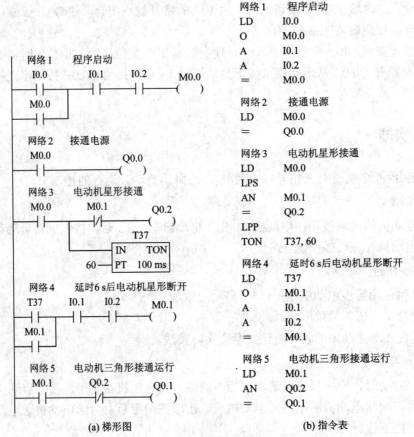

网络1　程序启动
LD　　I0.0
O　　 M0.0
A　　 I0.1
A　　 I0.2
=　　 M0.0

网络2　接通电源
LD　　M0.0
=　　 Q0.0

网络3　电动机星形接通
LD　　M0.0
LPS
AN　　M0.1
=　　 Q0.2
LPP
TON　T37, 60

网络4　延时6 s后电动机星形断开
LD　　T37
O　　 M0.1
A　　 I0.1
A　　 I0.2
=　　 M0.1

网络5　电动机三角形接通运行
LD　　M0.1
AN　　Q0.2
=　　 Q0.1

(a) 梯形图　　　　　　　　　　　　　(b) 指令表

图 4-31　三相电动机 Y-△降压启动的梯形图、指令表

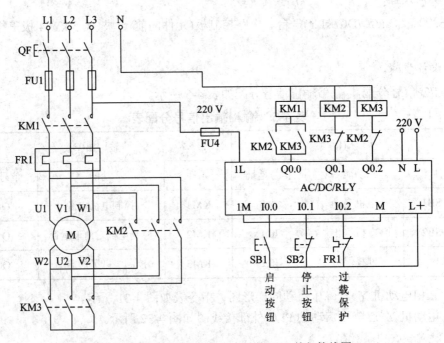

图 4-32　电动机 Y-△降压启动的 PLC 外部接线图

6) 程序说明

对于正常运行为三角形接法的电动机，在启动时，定子绕组先接成星形，当电动机转速上升到接近额定转速时，将定子绕组接线方式由星形改接成三角形，使电动机进入全压正常运行。一般功率在 4 kW 以上的三相异步电动机均为三角形接法，因此均可采用 Y-△降压启动的方法来限制启动电流。

程序运行中，KM2、KM3 不允许同时带电运行。为保证安全、可靠，设计梯形图时，使用程序互锁，限制 Q0.2、Q0.1 的线圈不能同时得电。接线图中，KM2、KM3 的线圈回路中加上电气互锁。通过双重互锁，保证 KM2、KM3 的线圈不能同时带电，避免短路事故的发生。

Y-△降压启动中，电动机应该是先接成星形，然后再通电，使电动机在星形连接下启动。三角形运行时，也应该是电动机先接成三角形，然后再通电，使电动机在三角形连接下运行。故 PLC 控制的接线图中，在 KM1 的线圈回路上串接了由 KM2、KM3 常开触点组成的并联电路。只有当 KM2 或 KM3 闭合后，KM1 线圈才能得电。这样就可以避免当 KM2 或 KM3 元件出故障，电动机不能接成星形或三角形时，KM1 已得电，却仍给电动机送电的情况发生。

7) 运行调试

(1) 将指令程序输入 PLC 主机，运行调试并验证程序的正确性。

(2) 按图 4-32 完成 PLC 外部硬件接线，并检查主回路接线是否正确，控制回路是否加电气互锁，Q0.1 是否控制 KM2 的线圈，Q0.2 是否控制 KM3 的线圈。

(3) 确认控制系统及程序正确无误后，通电试车，如有故障出现，应紧急停车。

(4) 在老师的指导下，分析可能出现故障的原因。

五、知识拓展

1. 传送指令 MOV

数据传送指令包括字节传送、字传送、双字传送和实数传送，其指令格式如表 4-6 所示。

表 4-6 数据传送指令格式

项　　目	字节传送	字传送	双字传送	实数传送
梯形图 (LAD)	MOV_B —EN　ENO— —IN　OUT—	MOV_W —EN　ENO— —IN　OUT—	MOV_DW —EN　ENO— —IN　OUT—	MOV_R —EN　ENO— —IN　OUT—
指令表 (STL)	MOVB IN, OUT	MOVW IN, OUT	MOVD IN, OUT	MOVR IN, OUT

指令说明：

(1) 数据传送指令的梯形图使用指令盒表示：传送指令由操作码 MOV、数据类型 (B/W/DW/R)、使能输入端(EN)、使能输出端(ENO)、源操作数(IN)和目标操作数(OUT)构成。

(2) 数据传送指令把输入端(IN)指定的数据传送到输出端(OUT)，传送过程中不改变数据的大小。

(3) ENO 可作为下一个指令盒 EN 的输入，即几个指令盒可以串联在一行，只有前一个指令盒被正确执行时，后一个指令盒才能执行。

2. 使用传送指令控制三相异步电动机的 Y-△ 降压启动

在本节"任务实施"中对三相异步电动机的 Y-△ 降压启动使用逻辑指令进行过编程，现在我们使用传送指令进行编程，同样能达到相同目的。PLC 控制的梯形图和指令如图 4-33 所示。

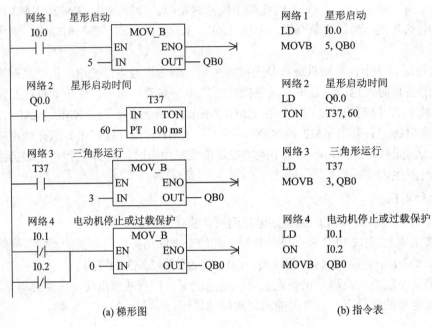

(a) 梯形图　　　　　　　　　　　　　　(b) 指令表

图 4-33　电动机 Y-△ 降压启动的梯形图和指令

将图 4-33 所示的梯形图同图 4-31 所示的梯形图进行比较，将会发现对于相同的控制要求，可以使用不同的编程方法。

按下启动按钮 I0.0，电动机应星形启动，Q0.0、Q0.2 应为 ON(传送常数 K5)；当电动机转速上升到额定转速时，接通 Q0.0、Q0.1(传送常数 K3)，电动机开始三角形运行。当停止或过载保护时，传常数 K0，则 QB0 清零。

任务4　实现对多台电动机的顺序控制

一、任务引入

在机械、化工、建材、钢铁、煤矿、冶金等工业生产中，皮带传输系统有着极为重要的地位。采用皮带传输系统可以实现无人值守、自动监控的生产管理目标，提高生产效率，降低劳动强度。继电器控制系统因为存在很多缺陷而逐步被淘汰。用 PLC 实现皮带传输系统控制因可靠性高，编程、操作等方便而受到欢迎。

　　某生产线有三级皮带传输系统，三级传输皮带分别由 M1、M2、M3 三台电动机拖动，系统采用自动方式运行。系统正常运行过程中如遇紧急情况需要停机，按下急停按钮，3 台电动机同时无条件停机。

二、任务分析

　　要完成该任务，必须具备以下能力：
　　(1) 掌握计数器 C 的结构和工作原理。
　　(2) 能画出计数器 C 的时序波形图。
　　(3) 能根据控制任务要求，运用定时器、计数器配合编程。
　　(4) 熟悉皮带传输系统的运行过程。

三、相关知识

1．计数器及指令

　　计数器与定时器是相似的，定时器对内部的时间脉冲进行计数来实现定时，而计数器是对外部或程序脉冲信号上升沿进行计数。如果计算器的计数端输入的脉冲信号均匀，计数器就可视为定时器。

　　1) 计数器的种类

　　S7-200 系列的 PLC 的计数器有一般用途的计数器和高速计数器两大类。在这里仅介绍一般用途的计数器，它用来累计输入脉冲的个数，计数速度较慢，输入脉冲频率必须要小于 PLC 程序扫描频率，一般最高为几百赫兹。

　　从工作方式看，一般用途的计数器可分为增计数器 CTU、减计数器 CTD、增减计数器 CTUD 三种。

　　2) 计数器的编号

　　计数器是按照计数器编号来识别计数器的，计数器编号由计数器标识符号 C 和一个常数组成，其编号范围为 0～255，即 C×××。如 C40。需要注意的是在同一个 PLC 程序中相同编号的计数器只能用作一种用途的计数器。

　　3) 计数器的指令格式

　　S7-200 系列 PLC 的三种计数器的 LAD 和 STL 指令格式见表 4-7 所示。计数器采用指令盒的形式，其 CU 端作为脉冲输入端。

表 4-7　数据传送指令格式

名称 格式	增计数器	减计数器	增减计数器
梯形图(LAD)	CU　CTU R PV	CD　CTD LD PV	CU　CTUD CD R PV
指令表(STL)	CUT　C×××，PV	CTD　C×××，PV	CTUD　C×××，PV

4) 计数器动作原理

每个计数器有以下三个相关信息:

(1) 计数器的当前值:当脉冲输入端有效时,当前值寄存器存储计数器当前所累计的次数,即计数器的当前值。它用 16 位符号整数来表示,最大值为 32767。

(2) 计数器的设定值 PV:PV 数据类型为整型,存储计数器要设定的次数。操作数可为 VW、IW、QW、MW、SW、SMW、LW、AIW、T、C、AC、*VD、*AC、*LD 和常数,其中常数最为常用。

(3) 计数器的位:当计数器的当前值达到设定值 PV 时,计数器的状态位状态发生改变。

2. 增计数器 CTU(Counter Up)

1) 增计数器CTU的工作原理

增计数器指令在 CU 端输入脉冲上升沿时,计数器的当前值加 1。当前值等于或大于设定值 PV 时,计数器状态位置 1。当计数器的复位端 R 有效时,计数器复位,计数器的当前值清零,计数器状态位复位(置 0)。否则计数器的当前值将一直累加直至最大容量 32767 并保持。在进行增计数时,复位信号优先于计数端。

2) 增计数器CTU的应用

如图 4-34 所示,当计数器 C20 的计数输入端 I0.0 有脉冲上升沿输入时,C20 的当前值加 1,当 C20 当前值等于或大于 3 时,C20 的状态位置 1,线圈 Q0.0 接通。当复位输入端 I0.1 有脉冲上升沿输入时,计数器 C20 复位,计数器的当前值清零,计数器状态位复位(置 0),线圈 Q0.0 断开。

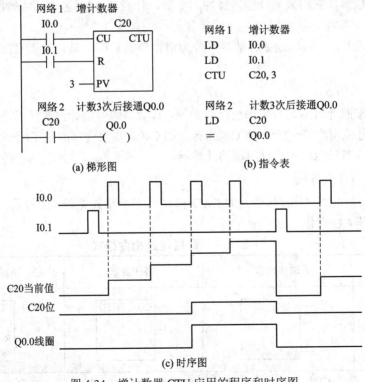

图 4-34 增计数器 CTU 应用的程序和时序图

分析要点：增计数器指令在 CU 端输入脉冲上升沿，当前值增计数。当前值大于或等于设定值 PV 时，计数器状态位置 1。复位端 R 有效时，计数器状态位复位(置 0)，计数器的当前值清零。

3. 减计数器 CTD(Count Down)

1) 减计数器 CTD 的工作原理

减计数器的装载输入端 LD 有效时，计数器复位，并把设定值 PV 装入当前值寄存器中，计数器状态位置 0，当脉冲输入端 CD 每捕捉到一个输入脉冲的上升沿时，当前值减小一个单位，当前值减小到 0 时，计数器状态位置 1，当前值停止计数并保持为 0。在进行减计数时，复位信号优先于计数端。

2) 减计数器 CTD 的应用

如图 4-35 所示，装载输入端 I0.3 为 1 时 C50 计数器状态位为 0，并把设定值 4 装入当前值寄存器中，此时线圈 Q0.0 断开。当 I0.3 输入为 0 时，计数器计数有效，此时当计数输入端 I0.2 有输入脉冲的上升沿时，C50 当前值从设定值 4 开始做递减计数，直到 C50 的当前值等于 0 时，停止计数(当前值保持为 0)，同时 C50 计数器状态位为 1，线圈 Q0.0 接通。

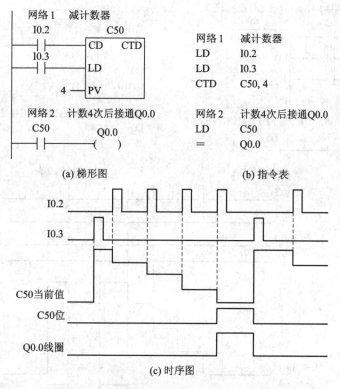

图 4-35　减计数器 CTU 应用的程序和时序图

分析要点：减计数器的复位输入端 LD 有效时，计数器把设定值 PV 装入当前值寄存器中，状态位置 0，脉冲输入端 CD 每捕捉到一个输入脉冲的上升沿时，计数器当前值从设定值减小一个单位，当前值减小到 0 时，计数器状态位置 1，当前值停止计数并保持为 0。

4. 增减计数器 CTUD (Count Up /Down)

1) 增减计数器 CTUD 的工作原理

增减计数器的 CU 输入端每捕捉到一个输入脉冲的上升沿时，计数器的当前值增加一个单位。增减计数器的 CD 每捕捉到一个输入脉冲的上升沿时，计数器的当前值减小一个单位。当前值等于或大于设定值 PV 时，计数器状态位置 1。当计数器的复位端 R 有效时，计数器复位，计数器的当前值清零，计数器状态位复位(置 0)，否则当前值将一直累计到最大值 32 767 或最小值并保持。

当增减计数器当前值计数达到 32 767 时，下一个 CU 输入脉冲的上升沿将使当前值跳变为最小值 −32 767；当增减计数器当前值计数达到最小值 −32 767 时，下一个 CD 输入脉冲的上升沿将使当前值跳变为最大值 32 767。在进行增减计数时，复位信号优先于计数端。

2) 增减计数器 CTUD 的应用

如图 4-36 所示，当输入端 I0.7 为 0 时，计数器 C40 计数有效；当计数输入端 I0.5 有脉冲的上升沿输入时，计数器 C40 做递增计数；当计数输入端 I0.6 有脉冲的上升沿输入时，计数器 C40 做递减计数。当增减计数器当前值等于或大于设定值 4 时，计数器状态位置 1，线圈 Q0.0 接通。当计数器的复位端 I0.7 为 1 时，计数器复位，计数器的当前值清零，计数器状态位复位(置 0)，线圈 Q0.0 断开。

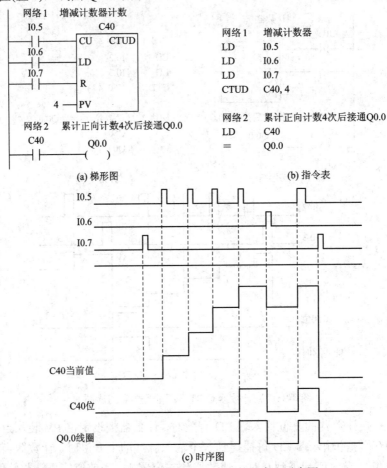

图 4-36 增减计数器 CTU 应用的程序和时序图

分析要点：增减计数器有两个脉冲输入端，CU 端的脉冲上升沿增 1 计数，CD 端的脉冲上升沿减 1 计数。当前值等于或大于设定值 PV 时，计数器状态位置 1。计数器的复位端 R 有效时，计数器的当前值清零，计数器状态位复位(置 0)。

四、任务实施

本任务用 PLC 实现对三级皮带传输系统的控制。

1) 控制要求

生产线上有三级皮带传输系统，如图 4-37 所示，三级传输皮带分别由 M1、M2、M3 三台电动机拖动。系统启动时，为避免上级皮带物料堆积，按启动按钮 SB1，三台电动机按 M3→M2→M1 的顺序启动， 各电动机的启动时间间隔为 5 s。第三台电动机启动后，运行 10 s，为保证皮带上无剩余物料，三台电动机按 M1→M2→M3 顺序依次停止，各电动机的停止时间间隔为 5 s。然后循环以上过程，两次循环间隔 8 s，循环 4 次后结束，系统停止。三级皮带传输系统启动时，计数器复位。当遇到紧急情况时，按下急停按钮 SB2，三台电动机立即停止。当其中一台电动机过载时，有过载保护，且防止物料堆积，要求三台电动机立即停止。

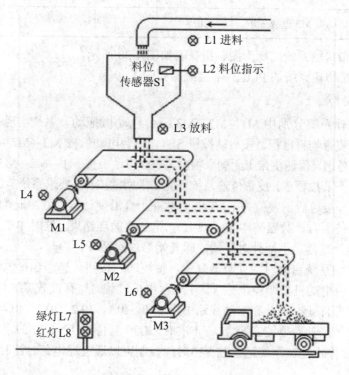

图 4-37　三级皮带传输系统

2) 训练目的

(1) 学会计数器、定时器的配合应用。

(2) 掌握外部接线图的设计方法，学会实际接线。

3) 控制要求分析

按下启动按钮，三台电动机按 M3→M2→M1 顺序启动，间隔 10 s 后，三台电动机按 M1→M2→M3 顺序依次停止，间隔 8 s，进入循环，共循环 4 次，系统停止。

4) 实训设备

S7-200 PLC (AC/DC/RLY)一台、电路控制板(元件同前)一块、0.5 kW 4 极三相异步电动机三台。

5) 设计步骤

(1) I/O 信号分配。输入/输出信号分配见表 4-8 所示。

表 4-8   输入/输出信号分配表

输　入(I)			输　出(O)		
元件	功能	信号地址	元件	功能	信号地址
按钮 SB1	系统启动计数器复位	I0.0	KM1	控制电动机 M1	Q0.0
按钮 SB2	系统急停	I0.1	KM2	控制电动机 M2	Q0.1
FR1	电动机 M1 过载保护	I0.2	KM3	控制电动机 M3	Q0.2
FR2	电动机 M2 过载保护	I0.3			
FR3	电动机 M3 过载保护	I0.4			

(2) 三级皮带传输系统的梯形图、指令表如图 4-38 所示。

(3) 三级皮带传输系统的 PLC 外部接线图如图 4-39 所示。

6) 程序说明

三级皮带传输系统分别由 M1、M2、M3 三台电动机拖动。系统实现自动控制，启动时，为避免上级皮带物料堆积，按启动按钮 SB1，三台电动机按 M3→M2→M1 顺序启动。出于节约、环保考虑，保证皮带上无剩余物料，三台电动机按 M1→M2→M3 顺序依次停止。生产过程常有生产节拍要求，皮带传输系统可能要求间歇工作，要求系统能运行、停止循环。

T42 延时 8 s 接通后，置位为 1，T42 的脉冲上升沿使计数器 C20 计数值增 1。T42 的常闭触点断开，使所有计数器清零(包含 T42)，第一次循环结束。这时 T42 复位为零，常闭触点闭合，所有计数器又重新计时开始，即开始第二次循环。

三级皮带传输系统启动时，计数器复位，使用同一按钮。当遇到紧急情况时，按下急停按钮 SB2，三台电动机立即停止。当其中一台电机过载时，有过载保护且防止物料堆积，要求 3 电动机立即停止。因此在启动线路中用 I0.0、I0.1、I0.2、I0.3、I0.4 可以使 M0.0 断开，使系统停止。当计数器 C20 计数满 4 次时，C20 置位为 1，C20 的常闭触点断开，使 M0.0 断开，系统停止。在系统运行过程中时间控制可以通过通电延时计时器实现。

7) 运行调试

(1) 将指令程序输入 PLC 主机，运行调试并验证程序的正确性。

(2) 按图 4-39 完成 PLC 外部硬件接线，并检查主回路接线是否正确。

(3) 确认控制系统及程序正确无误后，通电试车，如有故障出现，应紧急停车。

(4) 在老师的指导下，分析可能出现故障的原因。

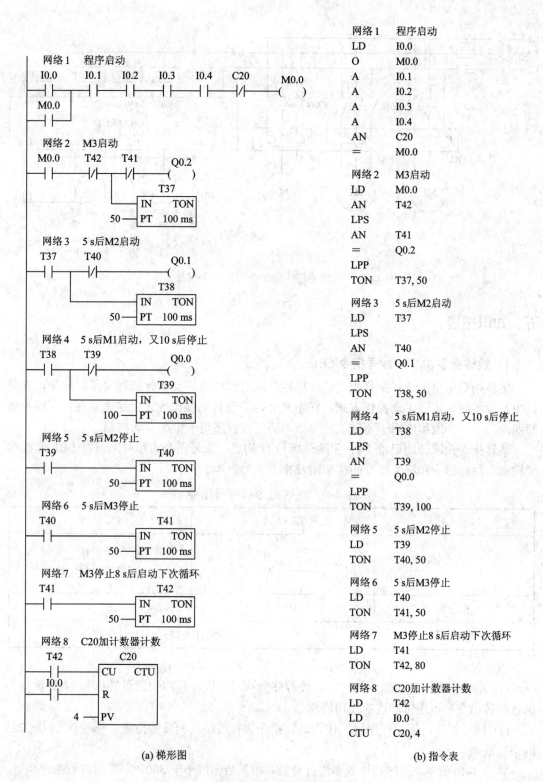

(a) 梯形图

网络1　程序启动
LD　　I0.0
O　　 M0.0
A　　 I0.1
A　　 I0.2
A　　 I0.3
A　　 I0.4
AN　　C20
=　　 M0.0

网络2　M3启动
LD　　M0.0
AN　　T42
LPS
AN　　T41
=　　 Q0.2
LPP
TON　 T37, 50

网络3　5 s后M2启动
LD　　T37
LPS
AN　　T40
=　　 Q0.1
LPP
TON　 T38, 50

网络4　5 s后M1启动，又10 s后停止
LD　　T38
LPS
AN　　T39
=　　 Q0.0
LPP
TON　 T39, 100

网络5　5 s后M2停止
LD　　T39
TON　 T40, 50

网络6　5 s后M3停止
LD　　T40
TON　 T41, 50

网络7　M3停止8 s后启动下次循环
LD　　T41
TON　 T42, 80

网络8　C20加计数器计数
LD　　T42
LD　　I0.0
CTU　 C20, 4

(b) 指令表

图 4-38　三级皮带传输系统的梯形图、指令表

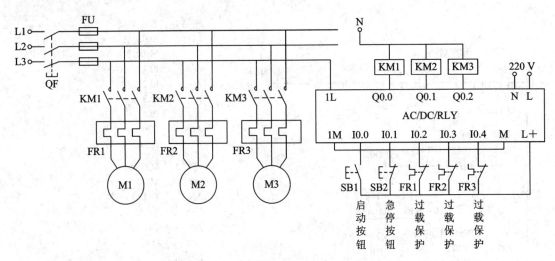

图 4-39   三级皮带传输系统的 PLC 外部接线图

五、知识拓展

1. 跳转指令 JMP、标号指令 LBL

跳转指令可用来选择执行指定的程序段，跳过暂时不需要执行的程序段。比如，在调试生产设备时，需要手动操作方式；在生产时，需要自动操作方式。这就需要在程序中编写两段程序，一段程序用于调试工艺参数，另一段程序用于生产自动控制。

跳转指令由跳转助记符 JMP 和跳转标号 N 构成。标号指令由标号助记符 LBL 和标号 N 构成。跳转指令和标号指令的梯形图及指令表如表 4-9 所示。

表 4-9   跳转指令和标号指令

项　目	跳　转	标　号
梯形图	──N──(JMP)	├─N─[LBL]
指令表	JMP N	LBL N
数据范围	N：0～255	

指令说明：

(1) 跳转指令：使能输入有效时，使程序流程跳到同一程序中的跳转标号 N 处执行。执行跳转指令时，逻辑堆栈的栈顶值总是 1。

(2) 标号指令：标记程序段，作为跳转指令执行时跳转到目的位置。标号 N 为 0～255 的字型数据。

如图 4-40 所示，用增减计数器进行计数，如果当前值小于 500，则程序按原顺序执行，若当前值超过 500，则跳转到从标号 10 开始的程序执行。

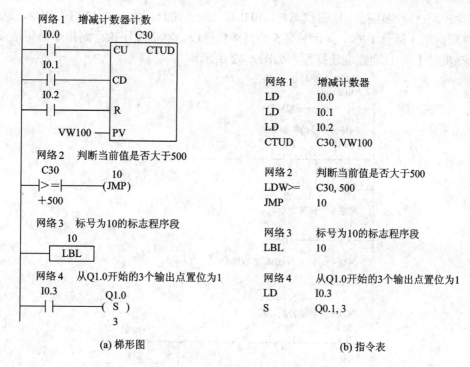

网络1　增减计数器计数

网络1　增减计数器
LD　　I0.0
LD　　I0.1
LD　　I0.2
CTUD　C30, VW100

网络2　判断当前值是否大于500
LDW>=　C30, 500
JMP　　10

网络3　标号为10的标志程序段
LBL　　10

网络4　从Q1.0开始的3个输出点置位为1
LD　　I0.3
S　　　Q0.1, 3

(a) 梯形图　　　　　　　　　　(b) 指令表

图 4-40　　跳转指令的应用举例

2. 电动机的手动/自动控制选择程序

电动机通过方式选择开关实现手动/自动两种控制方式的选择。外部接线如图 4-41 所示。手动控制：当 SB1 处于断开状态时，I0.0 常开触点断开，不执行"JMP 1"指令，而从网络 2 顺序执行手动控制程序段。此时，因 I0.0 常闭触点闭合，执行"JMP 2"指令，跳过自动控制程序段到标号 2 处结束。

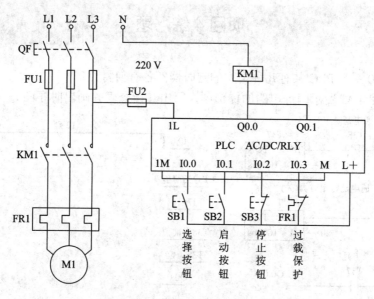

图 4-41　电动机的手动/自动控制选择程序接线图

自动控制：当 SB1 处于接通状态时，I0.0 常开触点闭合，执行"JMP 1"指令，跳过网络 2、3 到网络 4 标号 1 处，执行网络 5 的自动程序段，然后顺序执行到指令语句结束。

电动机的手动/自动控制选择程序如图 4-42 所示。

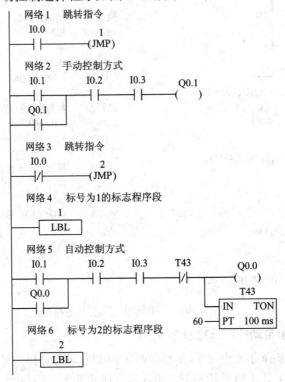

图 4-42 电动机的手动/自动控制选择程序

项目 4 练习题

1. S7-200 系列 PLC 共有几种类型的定时器？各有何特点？

2. 分析图 4-43 所示闪烁电路的梯形图，写出其指令表并画出时序图。

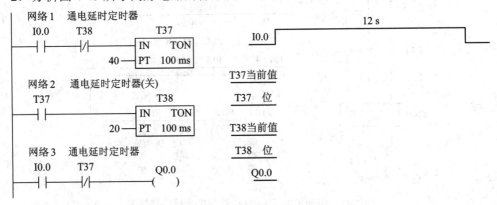

图 4-43 闪烁电路

3. S7-200 系列 PLC 共有几种类型的计数器？各有何特点？

4. 分析图 4-44 所示的定时器与计数器组合应用的梯形图，写出其指令表并画时序图。

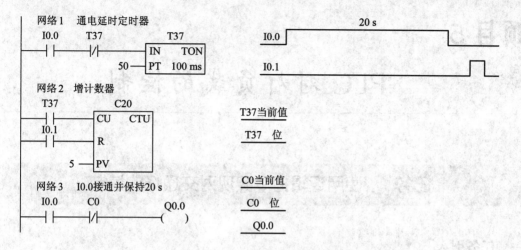

图 4-44　定时器与计数器组合应用

5. 设计机床电路的控制程序。要求：

(1) 某机床电路有主轴电动机，进给电动机共两台。

(2) 进给电动机只有在主轴电动机启动运行后才能启动运行。

(3) 主轴电动机能实现点动和长动。

(4) 进给电动机能实现正反转运行。

(5) 停止时，只有在进给电动机后，主轴电动机才能停止。

(6) 程序和电路要能实现短路、过载、失压、欠压保护。

6. 有两台三相异步电动机 M1 和 M2，要求：

(1) M1 启动后，M2 才能启动。

(2) M1 停止后，M2 延时 30 s 后才能停止。

画出 PLC 控制的接线图及梯形图。

7. 使用定时器、计数器，设计一程序控制一盏灯亮 6 小时后熄灭。

项目 5

PLC 对灯负载的控制

任务 1　使用逻辑指令实现对交通灯的控制

一、任务引入

用 PLC 实现对灯负载的控制具有结构简单、变换形式多样等特点，应用十分广泛，而交通灯就是其中之一。城市十字路口的东、西、南、北四个方向各装设了红、绿、黄三色信号灯；三色信号灯按绿灯亮、绿灯闪烁、黄灯亮、红灯亮的顺序变化。根据要求编写控制交通灯的程序。

二、任务分析

要完成该任务，必须具备以下能力：
(1) 掌握由两个定时器组成的振荡程序。
(2) 掌握两灯交替闪烁的程序。
(3) 能画出交通灯工作时序图并按其编程。

三、相关知识

1．利用定时器构成自振荡电路
在实际应用中利用 S7-200 的自复位定时器组成自振荡电路。例如，要组成周期为 10 s 的振荡电路，其梯形图和时序图如图 5-1 所示。

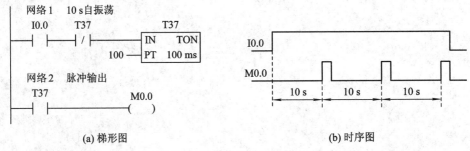

图 5-1　周期为 10 s 的振荡电路

由于定时器刷新方式的不同，1 ms 和 10 ms 定时器不能利用其本身的常闭触点来使输入端(IN)失电复位，其正确使用方法见项目 4。

2. 利用两个定时器构成占空比可调的振荡电路

上述振荡电路仅能调节脉冲发出的周期而不能调节其高低电平的时间，有很大的缺陷。因此，在实际使用中常用两个定时器实现占空比可调的振荡电路，其梯形图如图 5-2 所示。

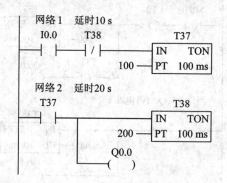

图 5-2　振荡电路梯形图

当 I0.0 接通时，T37 开始计时，10 s 后 T37 常开触点闭合，Q0.0 得电且 T38 开始计时；T38 计时 20 s 后，T38 常闭触点断开，T37 输入端(IN)失电复位，T37 常开触点断开，同时 Q0.0 失电，T38 亦复位；T38 复位后其常闭触点闭合，T37 开始计时，重复上述过程。由此，M0.0 可实现低电平 10 s 和高电平 20 s 的持续振荡，其时序图如图 5-3 所示。

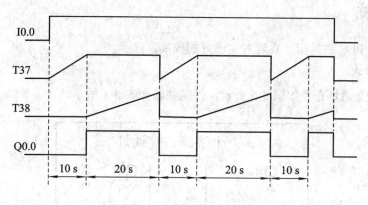

图 5-3　振荡电路时序图

3. 利用振荡电路实现两灯交替闪烁程序

上述振荡电路不但可以作为占空比可调的脉冲发生器，利用其交替开通和关断的特性加以输出线圈还可实现两灯交替闪烁程序，其梯形图如图 5-4 所示。

Q0.0 和 Q0.1 分别控制 A、B 两灯。当 I0.0 为高电平时，M0.0 得电并自锁，Q0.0 得电 A 灯点亮，T37 开始计时；10s 后 T37 动作，其常闭触点断开、常开触点闭合，A 灯熄灭、B 灯点亮，T38 开始计时；20s 后 T38 动作，T37 输入端(IN)失电复位，其常开触点断开，B 灯熄灭、A 灯点亮，T37 的常开触点断开后 T38 亦失电复位，其常闭触点闭合，T37 开始计时，重复上述过程。

网络1　程序启停程序

```
 I0.0      I0.1              M0.0
──┤ ├──┬──┤/├──────────────( )──
       │
 M0.0  │
──┤ ├──┘
```

网络2　Q0.0得电10 s

```
 M0.0      T38           ┌──────────────┐
──┤ ├──┬──┤/├────────────┤IN       TON  │
       │            100 ─┤PT     100 ms │
       │                 └──────────────┘
       │    T37              Q0.0
       └──┤/├───────────────( )──
```

网络3　Q0.1得电20 s

```
 T37                      ┌──────────────┐
──┤ ├──┬─────────────────┤IN       TON  │
       │            200 ─┤PT     100 ms │
       │                 └──────────────┘
       │                     Q0.1
       └────────────────────( )──
```

图 5-4　两灯交替闪烁程序梯形图

由此类推，当我们要实现三盏或更多盏灯交替闪烁时，只需加以相应数目的定时器并按上述梯形图结构编程即可。

四、任务实施

本任务用 PLC 逻辑指令实现对交通灯的控制。

1) 控制要求

十字路口交通灯布置如图 5-5 所示，控制要求如表 5-1 所示。

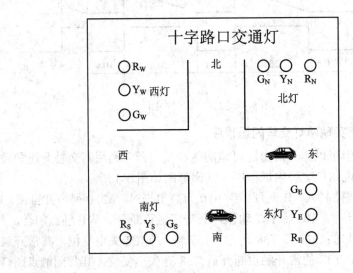

图 5-5　十字路口交通灯布置

表 5-1   交通灯控制要求

方　向	控　制　要　求					
东西向	绿灯 Q0.0	绿灯 Q0.0 闪烁	黄灯 Q0.1	红灯 Q0.2		
	30 s	OFF 1 s ON 1 s 2 次	4 s			
南北向	红灯 Q0.3			绿灯 Q0.4	绿灯 Q0.4 闪烁	黄灯 Q0.5
				20 s	OFF 1 s 2 次 ON 1 s	4 s

2) 训练目的

(1) 进一步熟悉定时器的应用。

(2) 学会利用定时器构成振荡电路并对灯负载进行循环控制。

(3) 掌握外部接线图的设计方法，学会实际接线。

3) 控制要求分析

根据控制要求，画出该控制系统各信号的工作时序图，如图 5-6 所示。

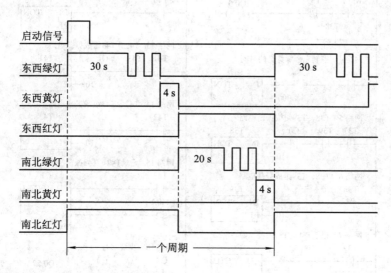

图 5-6   交通灯工作时序图

由时序图可以看出，交通灯是按周期循环工作的，其工作周期 T 为 66 s。

4) 实训设备

S7-200 PLC (AC/DC/RLY) 一台、十字路口交通信号灯模型一台。

5) 设计步骤

(1) I/O 信号分配。根据控制要求，输入信号有启动和停止两个；由于东西和南北方向的同色信号灯开关状态相同，因此可将其并联由一个输出信号来控制。该交通灯系统的输入/输出信号分配表如表 5-2 所示。

表 5-2　输入/输出信号分配表

输　入(I)			输　出(O)		
元件	功能	信号地址	元件	功能	信号地址
按钮 SB1	信号灯启动	I0.0	HL1、HL7	东西绿灯	Q0.0
			HL2、HL8	东西黄灯	Q0.1
			HL3、HL9	东西红灯	Q0.2
按钮 SB2	信号灯停止	I0.1	HL4、HL10	南北绿灯	Q0.4
			HL5、HL11	南北黄灯	Q0.5
			HL6、HL12	南北红灯	Q0.3

(2) 程序设计的梯形图如图 5-7 所示。在这里信号灯的闪烁用 SM0.5 来完成。4 个定时器的复位条件为发出停止信号或一个工作周期结束(即 T40 定时结束)。

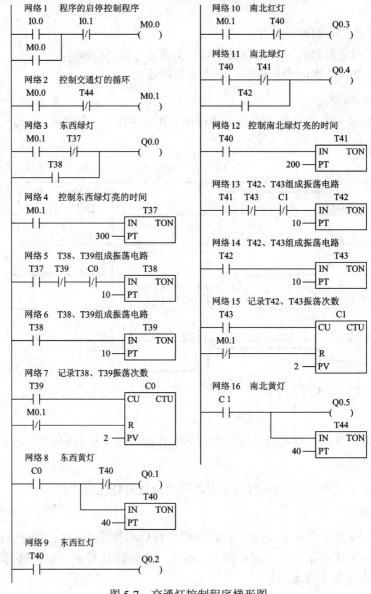

图 5-7　交通灯控制程序梯形图

(3) 设计可编程控制器的外部接线图，如图 5-8 所示。

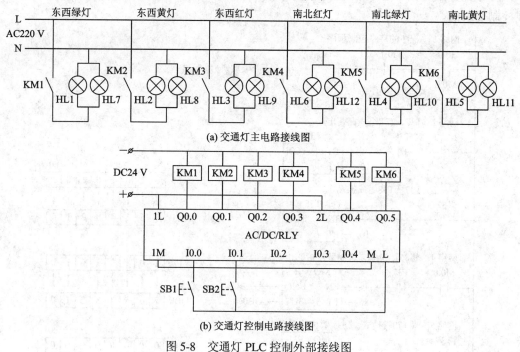

(a) 交通灯主电路接线图

(b) 交通灯控制电路接线图

图 5-8　交通灯 PLC 控制外部接线图

6) 程序说明

交通灯的控制是纯粹的逻辑控制，可按灯变化的顺序进行设计。从东西绿灯亮变化到东西红灯灭为一个周期，不断地循环。其中程序的循环使用辅助继电器 M0.1 作为循环控制开关，当程序运行到结束，定时器 T44 延时 4 s 后，T44 的常闭触点断开，辅助继电器 M0.1 的线圈失电，由 M0.1 控制的元件全部失电；当元件 T44 的线圈失电后，其常闭触点闭合，辅助继电器 M0.1 的线圈又重新得电，程序开始下一个循环周期。

东西绿灯的闪烁由 T38、T39 组成的振荡电路控制，由计数器 C0 计数。南北绿灯的闪烁由 T42、T43 组成的振荡电路控制，由计数器 C1 计数。

程序中东西绿灯、南北绿灯也可以同时使用同一个振荡电路控制。其程序设计由读者自己完成。

在程序运行期间，只要按下停止按钮使 M0.0 失电，定时器均被复位，所有信号灯熄灭。

7) 运行调试

(1) 将指令程序输入 PLC 主机，运行调试并验证程序的正确性。

(2) 确认控制系统及程序正确无误后，通电试车，如有故障出现，应紧急停车。

(3) 分析可能出现故障的原因。

五、知识拓展

下面介绍彩灯的交替闪烁程序。

有一组彩灯 L1～L8，要求隔灯显示，每 1 s 变换一次，反复进行。

I/O 设置：I0.0 启动，I0.1 停止；L1～L8 接于 Q0.0～Q0.7。

彩灯交替闪烁程序的梯形图如图 5-9 所示。这是以向输出继电器传送数据的方式来实现控制要求的。

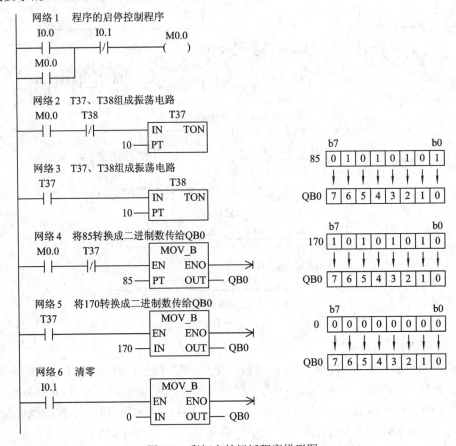

图 5-9 彩灯交替闪烁程序梯形图

任务 2 使用子程序调用指令实现对交通灯的控制

一、任务引入

在 PLC 的程序编写中，有的程序段需要多次重复使用，对于这样的程序段我们可将其作为一个子程序供主程序调用。子程序的使用一般分为两种情况：一种情况是我们已经提到的某程序段被反复执行，且要求每次输入操作数不同；另一种情况是，当程序比较长时，为了使其结构清楚，将其分成若干段，每一段写出一个子程序，这样，不但可以使程序脉络清晰，修改方便，还可以缩短程序，减少代码长度，降低内存资源的占用，提高程序的效率。

二、任务分析

要完成该任务，必须掌握以下知识：

(1) 子程序调用指令 CALL、CRET。

(2) 上升沿输出 EU 指令和下降沿输出 ED 指令。

三、相关知识

1. 子程序调用指令 CALL、CRET

子程序操作指令有两条：子程序调用指令和子程序返回指令，其梯形图和语句表如表 5-3 所示，n 为子程序标号，总共可有 64(0～63)段子程序。

表 5-3　子程序操作指令

名　称 格　式	子程序调用指令	子程序返回指令
梯形图(LAD)	SBR_n —|EN	—(RET)
指令表(STL)	CALL　　SBR_n	CRET

子程序调用由在主程序内的调用指令完成。当允许子程序调用时，调用指令将程序控制转给子程序(SBR_n)，程序扫描将转到子程序入口处执行。当执行子程序时，子程序将执行全部指令直至满足返回条件才返回，或执行到子程序末尾返回。当子程序返回时，返回到原主程序出口的下一条指令，主程序继续往下执行。

使用子程序调用指令时需注意以下问题：

(1) 子程序由子程序标号开始，到子程序返回指令结束。编程软件 STEP 7–Micro/WIN 自动为每个子程序加入程序标号和无条件返回指令，除需要有条件返回外无需手动添加。

(2) 子程序允许嵌套，嵌套数最多为 8 个。但是子程序不允许直接递归调用，即不能从 SBR_0 调用 SBR_0。要实现此种调用只能采用间接递归调用的方法。

(3) 累加器在子程序调用中既不保存也不恢复，所以累加器可在调用程序和被调用程序间传递数据。

2. 上升沿输出 EU 指令和下降沿输出 ED 指令

上升沿和下降沿输出指令的梯形图和指令表如表 5-4 所示。

表 5-4　边沿检测指令

名　称 格　式	上升沿输出指令	下降沿输出指令
梯形图(LAD)	—|P|—	—|N|—
指令表(STL)	EU	ED

(1) EU 指令用于对其之前的逻辑运算结果的上升沿产生一个扫描周期的脉冲。

(2) ED 指令用于对其之前的逻辑运算结果的下降沿产生一个扫描周期的脉冲。

边沿检测指令程序中应用的梯形图和时序图如图 5-10 所示。

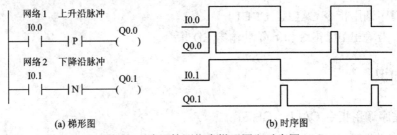

图 5-10　边沿检测指令梯形图和时序图

3．子程序调用指令实例

应用子程序调用指令的程序如图 5-11 所示。当 I0.1、I0.2 分别接通时，将其相应的数据传送到 VW10 和 VW20 中，并调用子程序；而子程序所完成的工作是将 VW10 和 VW20 中的数据相加，并将此相加后的数据送到 VW30 中存储。

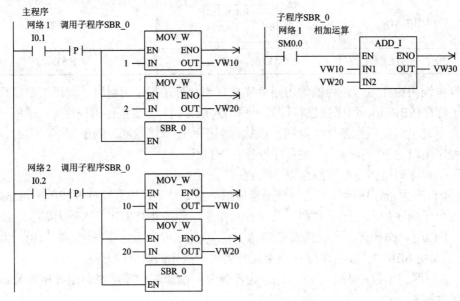

图 5-11　子程序调用程序梯形图

四、任务实施

本任务使用子程序调用指令实现对交通灯的控制。

1) 控制要求

与任务 1 的相同。

2) 训练目的

(1) 进一步熟悉交通灯时序控制。

(2) 学会子程序调用方法。

3) 控制要求分析

与任务 1 的相同。

4) 实训设备

与任务 1 的相同。

5) 设计步骤

(1) I/O 信号分配。与任务 1 的相同。

(2) 程序设计。将任务 1 程序中的振荡程序作为一个子程序，每当主程序运行到要求信号灯闪烁时便调用子程序来完成这一功能。其梯形图如图 5-12 所示。

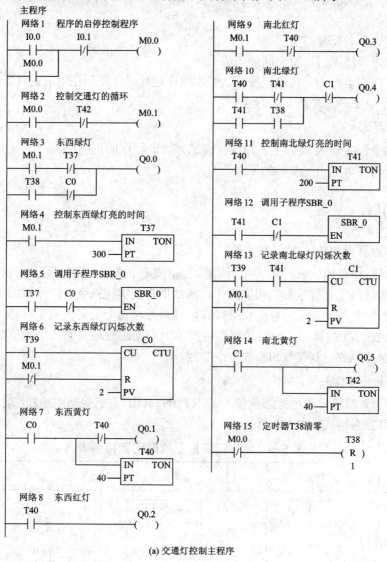

(a) 交通灯控制主程序

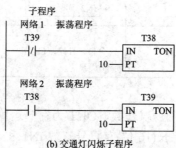

(b) 交通灯闪烁子程序

图 5-12 利用子程序调用实现交通灯控制程序

(3) 设计外部接线图, 与任务 1 的相同。

6) 程序说明

使用子程序调用指令设计程序时, 交通灯的逻辑控制部分并没有发生变化, 变化的只是将共用部分"振荡程序"作为子程序。使用子程序调用指令设计程序时, 应注意以下三点:

(1) 子程序可以反复被调用。

(2) 子程序调用完后, 要立即停止调用。

(3) 当程序在运行中, 按停止按钮, 停止程序运行时, 子程序中的定时器并没有清零, 所以在主程序中要对定时器 T38 清零。

7) 运行调试

(1) 将指令程序输入 PLC 主机, 运行调试并验证程序的正确性。

(2) 分析程序可能出现故障的原因。

五、知识拓展

1. 算术运算指令(加、减、乘、除)

算术运算指令有加、减、乘、除等四则运算, 处理的数据类型有整数、双整数和实数。加法指令能实现两个有符号数的相加操作, 减法指令能实现两个有符号数的相减操作, 普通乘法指令能实现两个有符号数的相乘操作, 普通除法指令能实现两个有符号数的相除操作(不保留余数)。在运算时, 如果是整数运算指令, 则进行运算的两个操作数都必须是整数, 其结果也是整数; 双整数和实数指令亦然。

1) 加法指令 ADD

ADD 用于对有符号数进行加操作, 即 IN1+IN2=OUT, 它包括整数加法、双整数加法、实数加法。其指令格式如表 5-5 所示。

表 5-5 加法运算指令梯形图和指令表

项 目	整数加法	双整数加法	实数加法
梯形图 (LAD)	ADD_I EN ENO IN1 OUT IN2	ADD_DI EN ENO IN1 OUT IN2	ADD_R EN ENO IN1 OUT IN2
指令表 (STL)	+I IN2, OUT	+D IN2, OUT	+R IN2, OUT

指令说明:

(1) IN1、IN2 为参加运算的源操作数, OUT 为存储运算结果的目标操作数。

(2) 整数加法运算是将单字长(16 位)有符号整数 IN1 和 IN2 相加, 运算结果送到 OUT 指定的存储器单元, 输出结果为 16 位。

(3) 双整数加法运算是将双字长(32 位)有符号双整数 IN1 和 IN2 相加，运算结果送到 OUT 指定的存储器单元，输出结果为 32 位。

(4) 实数加法运算是将双字长(32 位)有符号实数 IN1 和 IN2 相加，运算结果送到 OUT 指定的存储器单元，输出结果为 32 位。

2) 减法指令 SUB

SUB 用于对有符号数进行相减操作，即 IN1−IN2=OUT，它包括整数减法、双整数减法、实数减法。其指令格式如表 5-6 所示。

表 5-6 减法运算指令梯形图和指令表

项目	整数减法	双整数减法	实数减法
梯形图 (LAD)	SUB_I EN ENO IN1 OUT IN2	SUB_DI EN ENO IN1 OUT IN2	SUB_R EN ENO IN1 OUT IN2
指令表 (STL)	−I IN2，OUT	−D IN2，OUT	−R IN2，OUT

指令说明：

(1) IN1、IN2 为参加运算的源操作数，OUT 为存储运算结果的目标操作数。

(2) 整数减法运算是将单字长(16 位)有符号整数 IN1 和 IN2 相减，运算结果送到 OUT 指定的存储器单元，输出结果为 16 位。

(3) 双整数减法运算是将双字长(32 位)有符号双整数 IN1 和 IN2 相减，运算结果送到 OUT 指定的存储器单元，输出结果为 32 位。

(4) 实数减法运算是将双字长(32 位)有符号实数 IN1 和 IN2 相减，运算结果送到 OUT 指定的存储器单元，输出结果为 32 位。

3) 乘法指令 MUL

MUL 用于对有符号数进行乘法操作，即 IN1×IN2=OUT，它包括整数乘法、双整数乘法、实数乘法、整数相乘双整数输出。其指令格式如表 5-7 所示。

表 5-7 乘法运算指令梯形图和指令表

项目	整数乘法	双整数乘法	实数乘法	整数相乘双整数输出
梯形图 (LAD)	MUL_I EN ENO IN1 OUT IN2	MUL_DI EN ENO IN1 OUT IN2	MUL_R EN ENO IN1 OUT IN2	MUL EN ENO IN1 OUT IN2
指令表 (STL)	*I IN2，OUT	*D IN2，OUT	*R IN2，OUT	MUL IN2，OUT

指令说明：

(1) IN1、IN2 为参加运算的源操作数，OUT 为存储运算结果的目标操作数。

(2) 整数乘法运算是将单字长(16 位)有符号整数 IN1 和 IN2 相乘，运算结果送到 OUT 指定的存储器单元，输出结果为 16 位。

(3) 双整数乘法运算是将双字长(32 位)有符号双整数 IN1 和 IN2 相乘，运算结果送到 OUT 指定的存储器单元，输出结果为 32 位。

(4) 实数乘法运算是将双字长(32 位)有符号实数 IN1 和 IN2 相乘，运算结果送到 OUT 指定的存储器单元，输出结果为 32 位。

(5) 整数相乘双整数输出是将单字长(16 位)有符号整数 IN1 和 IN2 相乘，运算结果送到 OUT 指定的存储器单元，输出结果为 32 位。

(6) 整数数据做乘 2 运算，相当于其二进制形式左移 1 位；做乘 4 运算，相当于其二进制形式左移 2 位；做乘 8 运算，相当于其二进制形式左移 3 位；依此类推。

4) 除法指令 DIV

DIV 用于对有符号数进行除法操作，即 IN1÷IN2=OUT，它包括整数除法、双整数除法、实数除法、整数相除双整数输出。其指令格式如表 5-8 所示。

表 5-8 除法运算指令梯形图和指令表

项 目	整数除法	双整数除法	实数除法	整数相除双整数输出
梯形图 (LAD)	DIV_I EN ENO IN1 OUT IN2	DIV_DI EN ENO IN1 OUT IN2	DIV_R EN ENO IN1 OUT IN2	DIV EN ENO IN1 OUT IN2
指令表 (STL)	/I IN2，OUT	/D IN2，OUT	/R IN2，OUT	DIV IN2，OUT

指令说明：

(1) IN1、IN2 为参加运算的源操作数，OUT 为存储运算结果的目标操作数。

(2) 整数除法运算是将单字长(16 位)有符号整数 IN1 和 IN2 相除，运算结果送到 OUT 指定的存储器单元，输出结果为 16 位。

(3) 双整数除法运算是将双字长(32 位)有符号双整数 IN1 和 IN2 相除，运算结果送到 OUT 指定的存储器单元，输出结果为 32 位。

(4) 实数除法运算是将双字长(32 位)有符号实数 IN1 和 IN2 相除，运算结果送到 OUT 指定的存储器单元，输出结果为 32 位。

(5) 整数相除双整数输出是将单字长(16 位)有符号整数 IN1 和 IN2 相除，运算结果送到 OUT 指定的存储器单元，输出结果为 32 位(其中低 16 位是商，高 16 位是余数)。

(6) 整数数据做除以 2 运算，相当于其二进制形式右移 1 位；做除以 4 运算，相当于其二进制形式右移 2 位；做除以 8 运算，相当于其二进制形式右移 3 位；依此类推。

5) 寻址范围

加、减、乘、除四条指令操作数的寻址范围如表 5-9 所示。

表 5-9　算术运算指令操作数寻址范围

输入/输出	数据类型	操作数寻址范围
IN1，IN2	整数	常数、VW、IW、QW、MW、SW、SMW、LW、AIW、T、C、AC
	双整数，实数	常数、VD、ID、QD、MD、SD、SMD、LD、HC、AC
OUT	整数	VW、IW、QW、MW、SW、SMW、LW、T、C、AC
	双整数，实数	VD、ID、QD、MD、SD、SMD、LD、AC

进行加、减、乘、除运算后会对特殊功能寄存器 SM1.0(零)、SM1.1(溢出位)、SM1.2(负)、SM1.3(被零除)的某些位产生影响，因此在这些指令执行完成后可以查看这些位的值，看运算结果是否正确。其具体含义如下：

(1) SM1.1 指示溢出错误和非法数值。如果 SM1.1 被设置，那么 SM1.0 和 SM1.2 的状态不是有效的，原输入操作数不改变。

(2) 如果 SM1.1 和 SM1.3 未设置，那么运算操作带有有效的结果完成，SM1.0 和 SM1.2 包含有效的状态。

(3) 如果在除法操作期间 SM1.3 被设置，那么其他运算状态位保持不变。

2．四则运算举例

利用 PLC 算术运算指令做四则混合运算 $\dfrac{(1+2)\times 2}{3-1}$，其梯形图和指令表如图 5-13 所示。

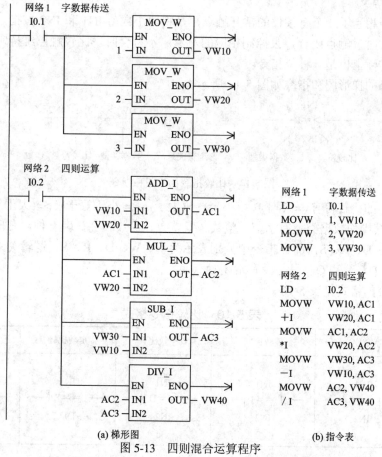

(a) 梯形图　　　　　　　　　　　　(b) 指令表

图 5-13　四则混合运算程序

任务 3 使用比较指令实现对交通灯的控制

一、任务引入

在模拟量、计数和时序等控制中经常会遇到上下限、计数次数判断和时限判断等问题，因为使用逻辑控制指令来实现上述控制一般都比较麻烦，所以通常都采用比较指令来实现。

二、任务分析

要完成该任务，必须掌握各种比较指令的使用方法。

三、相关知识

1．比较指令

比较指令相当于一个有条件的常开触点，是将两个数值 IN1 和 IN2 按指定条件进行比较，条件成立时，触点闭合，去控制相应的对象；不符合时，比较触点维持常开状态。所以比较指令实际上也是一种位指令。

比较指令的梯形图和指令如图 5-14 所示。

图 5-14 比较指令梯形图和指令

比较指令的比较符有==(等于)、<(小于)、>(大于)、<=(小于等于)、>=(大于等于)和<>(不等于)六种。其操作数据类型有字节、整数、双整数、实数和字符串五种，在梯形图中分别表示为 B、I、D、R、S，而在指令中分别表示为 B、W、D、R、S。逻辑关系与触点指令相同，分为 LD、A 和 O，只是没有常闭触点。

比较指令的格式见表 5-10。

表 5-10 比较指令格式

项　目	字节比较	整数比较	双整数比较	实数比较	字符串比较
梯形图 (以== 为例) (LAD)	IN1 ==B IN2	IN1 ==I IN2	IN1 ==D IN2	IN1 ==R IN2	IN1 ==S IN2

续表

项　目	字节比较	整数比较	双整数比较	实数比较	字符串比较
指令表 (STL)	LDB = IN1，IN2 LDB<>IN1，IN2 LDB< IN1，IN2 LDB<=IN1，IN2 LDB>IN1，IN2 LDB>=IN1，IN2 AB = IN1，IN2 AB<>IN1，IN2 AB<IN1，IN2 AB<=IN1，IN2 AB>IN1，IN2 AB>=IN1，IN2 OB = IN1，IN2 OB<>IN1，IN2 OB<IN1，IN2 OB<=IN1，IN2 OB>IN1，IN2 OB>=IN1，IN2	LDW = IN1，IN2 LDW<>IN1，IN2 LDW<IN1，IN2 LDW<=IN1，IN2 LDW> IN1，IN2 LDW>=IN1，IN2 AW = IN1，IN2 AW<>IN1，IN2 AW< IN1，IN2 AW<=IN1，IN2 AW> IN1，IN2 AW>=IN1，IN2 OW = IN1，IN2 OW<>IN1，IN2 OW<IN1，IN2 OW<=IN1，IN2 OW> IN1，IN2 OW>=IN1，IN2	LDD = IN1，IN2 LDD<> IN1，IN2 LDD< IN1，IN2 LDD<=IN1，IN2 LDD>IN1，IN2 LDD>=IN1，IN2 AD = IN1，IN2 AD<>IN1，IN2 AD<IN1，IN2 AD<=IN1，IN2 AD>IN1，IN2 AD>=IN1，IN2 OD = IN1，IN2 OD<>IN1，IN2 OD<IN1，IN2 OD<=IN1，IN2 OD> IN1，IN2 OD>=IN1，IN2	LDR = IN1，IN2 LDR<>IN1，IN2 LDR<IN1，IN2 LDR<=IN1，IN2 LDR>IN1，IN2 LDR>=IN1，IN2 AR = IN1，IN2 AR<>IN1，IN2 AR<IN1，IN2 AR<=IN1，IN2 AR>IN1，IN2 AR>=IN1，IN2 OR = IN1，IN2 OR<>IN1，IN2 OR<IN1，IN2 OR<=IN1，IN2 OR>IN1，IN2 OR>=IN1，IN2	 LDS=IN1，IN2 AS= IN1，IN2 OS= IN1，IN2 LDS<>IN1，IN2 AS<>IN1，IN2 OS<>IN1，IN2

2. 比较指令实例

(1) 计数比较。其梯形图和指令表如图 5-15 所示。

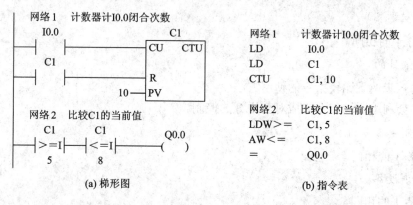

图 5-15　计数比较梯形图和指令表

网络 1 中，I0.0 每得电一次，计数器 C1 当前值便加 1。当其当前值大于等于 10 时，C1 常开触点闭合，使 C1 的 R 端得电复位，继续开始从 0 计数。网络 2 有两个比较指令，前一个比较指令的闭合条件是计数器当前值大于等于 5，而后一个比较指令的闭合条件是计数器当前值小于等于 8，因此 Q0.0 只有在计数器当前值大于等于 5 小于等于 8 的区间才能得电。

(2) 应用比较指令产生断电 6 s、通电 4 s 的脉冲输出信号。其梯形图和时序图如图 5-16 所示。

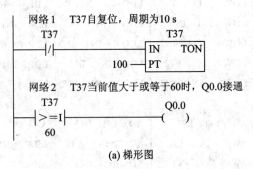

(a) 梯形图

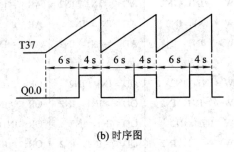

(b) 时序图

图 5-16　脉冲输出程序和时序图

四、任务实施

本任务使用比较指令实现对交通灯的控制。

1) 控制要求

与任务 1 的相同。

2) 训练目的

(1) 进一步熟悉比较指令的使用方法。

(2) 学会利用比较指令完成对交通灯的控制。

3) 控制要求分析

与任务 1 的相同。

4) 实训设备

与任务 1 的相同。

5) 程序设计

用比较指令完成交通灯控制只需使用一个定时器，即用各时间点的时间来和此定时器的当前值比较以完成各信号灯的开通与关断。其梯形图和指令表如图 5-17 所示。

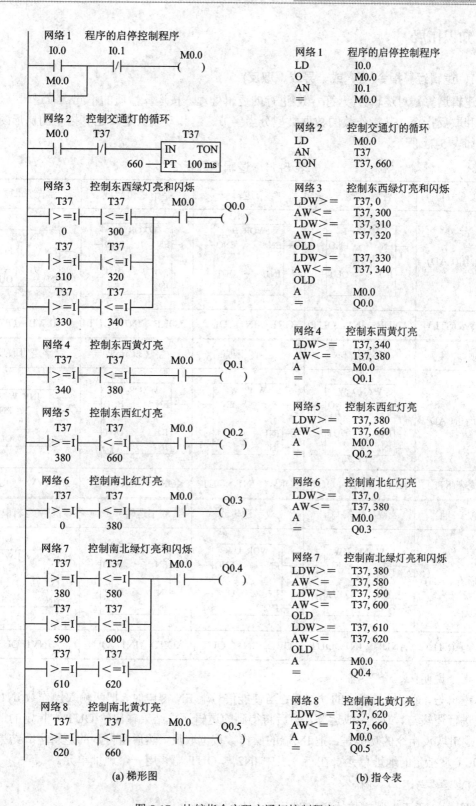

(a) 梯形图　　　　　　　　　　　　　　　　　　　(b) 指令表

图 5-17　比较指令实现交通灯控制程序

五、知识拓展

1. 逻辑运算指令(与、或、异或、取反)

逻辑运算是对逻辑数(无符号数)进行的逻辑处理。按运算性质的不同,有逻辑与、或、异或和取反指令,其操作数的数据类型分为字节、字和双字。逻辑运算指令的梯形图和指令表如表 5-11 所示。

表 5-11 逻辑运算指令

项 目	字节逻辑与	字节逻辑或	字节逻辑异或	字节逻辑取反
梯形图(LAD)	WAND_B EN ENO IN1 OUT IN2	WOR_B EN ENO IN1 OUT IN2	WXOR_B EN ENO IN1 OUT IN2	INV_B EN ENO IN OUT
指令表(STL)	ANDB IN1, OUT	ORB IN1, OUT	XORB IN1, OUT	INVB OUT
项 目	字逻辑与	字逻辑或	字逻辑异或	字逻辑取反
梯形图(LAD)	WAND_W EN ENO IN1 OUT IN2	WOR_W EN ENO IN1 OUT IN2	WXOR_W EN ENO IN1 OUT IN2	INV_W EN ENO IN OUT
指令表(STL)	ANDW IN1, OUT	ORW IN1, OUT	XORW IN1, OUT	INVW OUT
项 目	双字逻辑与	双字逻辑或	双字逻辑异或	双字逻辑取反
梯形图(LAD)	WAND_DW EN ENO IN1 OUT IN2	WOR_DW EN ENO IN1 OUT IN2	WXOR_DW EN ENO IN1 OUT IN2	INV_DW EN ENO IN OUT
指令表(STL)	ANDD IN1, OUT	ORD IN1, OUT	XORD IN1, OUT	INVD OUT

指令说明:

逻辑与、或、异或指令的功能是:当使能信号端 EN 得电时,把两输入操作数 IN1、IN2 按位进行逻辑与、或、异或运算,然后将得到的逻辑运算结果输出给 OUT 端指定的地址单元。逻辑取反指令的功能是:把 IN 端的操作数按位取反,然后将得到的逻辑运算结果输出给 OUT 端指定的地址单元。在指令表中 IN2 与 OUT 端共用一个地址单元。

1) 逻辑与运算举例

图 5-18 所示为逻辑与的梯形图、指令表和运算图。

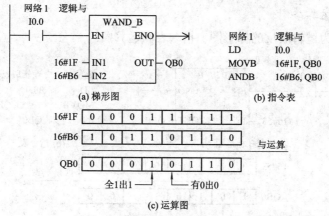

图 5-18　逻辑与的梯形图、指令表和运算图

2) 逻辑或运算举例

图 5-19 所示为逻辑或的梯形图、指令表和运算图。

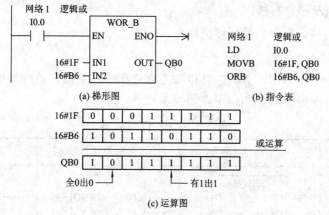

图 5-19　逻辑或的梯形图、指令表和运算图

3) 逻辑异或运算举例

图 5-20 所示为逻辑异或的梯形图、指令表和运算图。

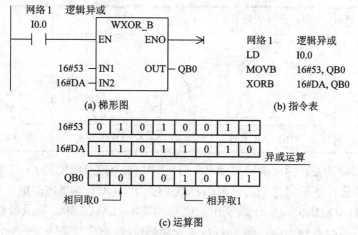

图 5-20　逻辑异或的梯形图、指令表和运算图

4) 逻辑取反运算举例

图 5-21 所示为逻辑取反的梯形图、指令表和运算图。

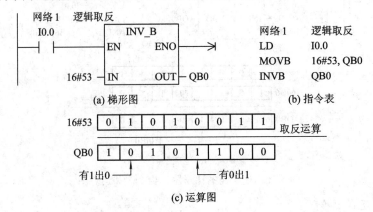

图 5-21 逻辑取反的梯形图、指令表和运算图

2．移位指令(左移、右移)

移位指令分为移位指令和循环移位指令。

1) 移位指令

移位指令根据移位方向可分为左移位和右移位指令，其操作数的数据分为字节、字和双字类型。移位指令的梯形图和指令表如表 5-12 所示。

表 5-12 移 位 指 令

项　目	字节左移	字左移	双字左移
梯形图(LAD)	SHL_B —EN　ENO— —IN　OUT— —N	SHL_W —EN　ENO— —IN　OUT— —N	SHL_DW —EN　ENO— —IN　OUT— —N
指令表(STL)	SLB　OUT, N	SLW　OUT, N	SLD　OUT, N
项　目	字节右移	字右移	双字右移
梯形图(LAD)	SHR_B —EN　ENO— —IN　OUT— —N	SHR_W —EN　ENO— —IN　OUT— —N	SHR_DW —EN　ENO— —IN　OUT— —N
指令表(STL)	SRB　OUT, N	SRW　OUT, N	SRD　OUT, N

移位指令的功能是：当使能信号端 EN 得电时，每个扫描周期将 IN 端所指定的操作数向左(右)移动 N 位，然后将得到的移位运算结果输出给 OUT 端指定的地址单元。移位时，移出位进入 SM1.1(溢出位)，另一端空出的位自动补零。SM1.1 始终存放最后一次被移出的位，如果移位后的数据变为零，则 SM1.0(零存储器位)自动置位。字节、字、双字移位的最

大位数分别为 8、16、32，若 N 大于相应数据的最大移位数，则只移动最大移位数。

字节右移指令举例如图 5-22 所示。字节左移与字节右移类似。

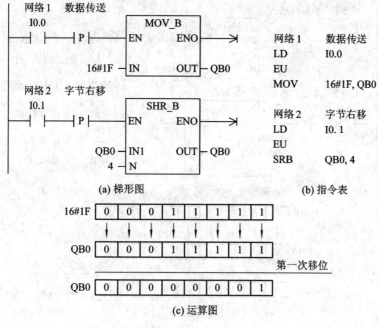

图 5-22　字节右移

2) 循环移位指令

循环移位指令与移位指令类似，也分为左移位和右移位指令，其操作数的数据分为字节、字和双字类型。循环移位指令的梯形图和指令表如表 5-13 所示。

表 5-13　循环移位指令

项　目	字节循环左移	字循环左移	双字循环左移
梯形图(LAD)	ROL_B EN　ENO IN　OUT N	ROL_W EN　ENO IN　OUT N	ROL_DW EN　ENO IN　OUT N
指令表(STL)	RLB　OUT, N	RLW　OUT, N	RLD　OUT, N
项　目	字节循环右移	字循环右移	双字循环右移
梯形图(LAD)	ROR_B EN　ENO IN　OUT N	ROR_W EN　ENO IN　OUT N	ROR_DW EN　ENO IN　OUT N
指令表(STL)	RRB　OUT, N	RRW　OUT, N	RRD　OUT, N

循环移位指令移位时采取循环移位方式，移出位补至另一端，其功能如图 5-23 所示。其他与普通移位指令相同。

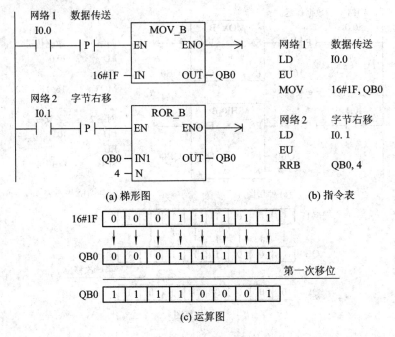

图 5-23　字节循环右移

3. 8 盏霓虹灯交替点亮程序(逻辑运算指令)

用逻辑运算指令实现 8 盏霓虹灯交替点亮的程序如图 5-24 所示。

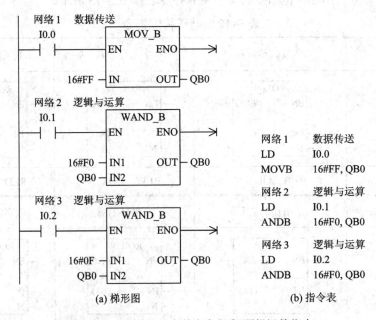

图 5-24　8 盏霓虹灯交替点亮程序(逻辑运算指令)

先将 I0.0 闭合，再将 16#FF 传给 QB0，使 Q0.0~Q0.7 控制的 8 盏霓虹灯全部点亮。这时，若再使 I0.1 闭合，则 Q0.0~Q0.3 控制的 4 盏霓虹灯熄灭，Q0.4~Q0.7 控制的 4 盏霓虹灯继续点亮；反之，若使 I0.2 得电，则 Q0.0~Q0.3 控制的 4 盏霓虹灯继续点亮，Q0.4~Q0.7 控制的 4 盏霓虹灯熄灭。

4. 8 盏霓虹灯轮流点亮程序(移位指令)

用移位指令实现 8 盏霓虹灯轮流点亮的程序如图 5-25 所示。

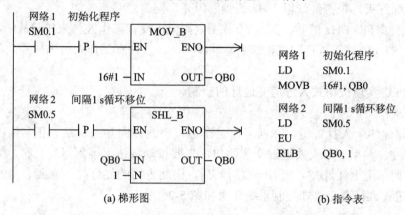

图 5-25　8 盏霓虹灯轮流点亮程序(循环移位指令)

当 PLC 开始运行时，Q0.0 控制的霓虹灯点亮。0.5 s 后 Q0.0 控制的霓虹灯熄灭，Q0.1 控制的霓虹灯点亮，然后每隔 0.5 s QB0 所控制的 8 盏霓虹灯依次轮流点亮。

项目 5 练习题

1. 使用比较和传送指令编写彩灯控制程序。有彩灯 L1~L8，当程序启动后，彩灯间隔 0.5 s 闪烁。要求如下：

(1) 5 次内(不包括 5 次)，奇数灯闪烁。

(2) 5~15 次，奇数灯和偶数灯间隔 0.5 s 交替闪烁。

(3) 大于 15 次，偶数灯闪烁。

(4) 25 次时，程序从头开始循环，1 遍后停止。

2. 抢答器控制系统的设计。

有三队选手参加竞赛，选手必须了解以下规定：

(1) 选手若要回答主持人所提的问题，须待主持人念完题目后，按下桌上的抢答按钮，桌上的灯亮，才算获得抢答权。主持人没有念完题目就按下抢答按钮，蜂鸣器鸣叫，但桌上的灯不亮，此时算竞赛者违规。

(2) 选手回答完问题后，须待主持人按下复位键，获得抢答权的队桌上的灯才熄灭；停止蜂鸣器鸣叫也是如此。

(3) 为了给三队参赛选手中儿童一些优待，按下桌上两个按钮中任意一个，灯都亮；而为了对教授组做一定限制，必须同时按下两个按钮，灯才亮。中学生队桌上只有一个按钮。违规时，蜂鸣器则是任何按钮按下都鸣叫。

(4) 如果选手在主持人按下开始按钮的 10 s 内获得抢答权，选手头顶上方的彩球旋转，以示竞赛者得到一次幸运的机会。10 s 后获得抢答权，选手头顶上方的彩球不旋转。

3. 用 PLC 实现报警灯的控制。

控制要求：

(1) 某装置，正常运行时，信号灯绿灯亮；当 PLC 的输入继电器检测到故障报警信号后，信号灯绿灯灭，报警红灯以 1 Hz 的频率闪亮，同时蜂鸣器鸣叫。

(2) 报警红灯以 1 Hz 的频率闪亮 10 次后，如果还没有工作人员来排除故障，报警红灯接着按 0.3 s 的间隔时间进行闪亮，蜂鸣器继续鸣叫，直到有工作人员来排除故障，才停止 PLC 的运行。

4. 用 PLC 实现按钮式人行道交通灯的控制。

控制要求：

(1) 马路途中一人行过道，东西方向是车道，南北方向是人行道。正常情况下，车道上有车辆行驶，如果有行人要通过交通路口，先要按动按钮，等到绿灯亮时，方可通过，此时东西方向车道上红灯亮。延时一段时间后，南北方向的红灯亮，东西方向的绿灯亮。

(2) 按钮式人行道交通灯控制系统要求如图 5-26 所示。

			一个周期		
I0.0					
马路	绿灯亮 Q0.0	绿灯亮 10 s	绿灯闪烁 OFF 1 s ON 1 s 2次	黄灯亮 Q0.1 4 s	红灯亮 Q0.2
人行道	红灯亮 Q0.3	红灯亮 Q0.3		绿灯亮 Q0.4 10 s	绿灯闪烁 OFF 1 s ON 1 s 2次
I0.1					

图 5-26　按钮式人行道交通灯控制要求

(3) 图 5-27 是按钮式人行道交通灯示意图。按下按钮 I0.0 或 I0.1，交通灯将按图 5-26 所示顺序变化。在按下按钮 I0.0 或 I0.1 至系统返回初始状态这段时间内，再按按钮 I0.0 或 I0.1 将对程序运行不起作用。

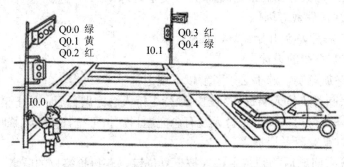

图 5-27　按钮式人行道交通灯示意图

项目 6

PLC 对数码管负载的控制

任务 1 使用逻辑指令实现对数码管的控制

一、任务引入

在我们乘坐的电梯中,轿厢运行的楼层数字使用的是数码管显示,数码管显示是由 PLC 程序控制的。

二、任务分析

要完成数码管显示数字的任务,需具备以下能力:

(1) 了解数码管的结构和接线方式。

(2) 掌握置位、复位指令的使用方法。

(3) 掌握数码管显示值变化的程序控制方法。

三、相关知识

1. 数码管的结构

七段数码管可以显示数字 0~9,十六进制数字 A~F。图 6-1 所示为 LED 组成的七段

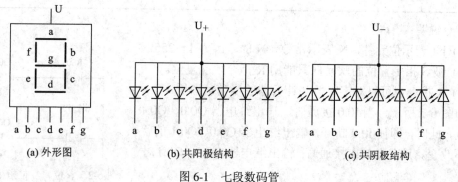

(a) 外形图   (b) 共阳极结构   (c) 共阴极结构

图 6-1 七段数码管

数码管外形和内部结构，一个数码管由七个发光二极管组成，分别用a、b、c、d、e、f、g表示每段发光二极管。七段数码管分为共阳极结构和共阴极结构。以共阴极数码管为例，当a、b、c、d、e、f段接高电平发光，g段接低电平不发光时，显示数字"0"。当七段均接高电平发光时，则显示数字"8"。依此类推，我们只要控制相应的码段发光，就能使数码管显示不同的数字。

2. 十进制数与七段数码管显示的对应关系

表6-1所示为十进制数与七段数码管显示的对应关系。

表6-1 十进制数与七段数码管显示的对应关系

十进制数	七段显示电平						
	a	b	c	d	e	f	g
0	1	1	1	1	1	1	0
1	0	1	1	0	0	0	0
2	1	1	0	1	1	0	1
3	1	1	1	1	0	0	1
4	0	1	1	0	0	1	1
5	1	0	1	1	0	1	1
6	1	0	1	1	1	1	1
7	1	1	1	0	0	0	0
8	1	1	1	1	1	1	1
9	1	1	1	0	0	1	1

3. 置位指令S、复位指令R

置位指令S、复位指令R的梯形图(LAD)和指令表(STL)指令格式见表6-2所示。

表6-2 S、R指令

指令名称	梯形图(LAD)	指令表(STL)	逻辑功能	操作数
置位指令S	bit (S) N	S bit, N	从bit开始的N个元件置1并保持	Q、M、SM、T、C、V、S、L
复位指令R	bit (R) N	R bit, N	从bit开始的N个元件置0并保持	

指令说明：

(1) bit表示位元件，N表示常数，N的范围为1～255。

(2) 被S指令置位的软元件只能用R指令才能复位。

(3) R指令也可以对定时器和计数器的当前值清零。

如图6-2所示，当I0.0接通时，输出继电器Q0.0、Q0.1被置位，此时，即使I0.0断开，输出继电器Q0.0、Q0.1的状态也不改变。只有当I0.1接通时，输出继电器Q0.0、Q0.1才被复位。

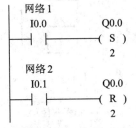

图6-2 置位、复位指令应用

四、任务实施

本任务用 PLC 控制数码管数字显示。

1. 控制要求

用 10 个按钮控制一个数码管显示数字的变化，分别是按钮 SB0 控制数字 0 的显示，按钮 SB1 控制数字 1 的显示……按钮 SB9 控制数字 9 的显示。

2. 训练目的

(1) 熟练掌握数码管同 PLC 的接线。

(2) 熟练使用置位、复位指令。

(3) 掌握程序设计的方法。

3. 控制要求分析

一个数码管由 7 个发光二极管 a、b、c、d、e、f、g 组成，每一个发光二极管由 PLC 的一个输出继电器驱动。程序根据要显示的数字，驱动显示该数字所需要的二极管发光，即可显示不同的数字。

4. 实训设备

S7-200 PLC (AC/DC/RLY) 一台、数码管显示板一块、直流电源一块。

5. 设计步骤

1) I/O 信号分配

输入/输出信号分配如表 6-3 所示。

表 6-3　输入/输出信号分配表

输　入(I)			输　出(O)		
元　件	功　能	信号地址	元　件	功　能	信号地址
按钮 SB0	数字 0 的输入信号	I0.0	数码管 a 段	控制数码管 a 段	Q0.0
按钮 SB1	数字 1 的输入信号	I0.1	数码管 b 段	控制数码管 b 段	Q0.1
按钮 SB2	数字 2 的输入信号	I0.2	数码管 c 段	控制数码管 c 段	Q0.2
按钮 SB3	数字 3 的输入信号	I0.3	数码管 d 段	控制数码管 d 段	Q0.3
按钮 SB4	数字 4 的输入信号	I0.4	数码管 e 段	控制数码管 e 段	Q0.4
按钮 SB5	数字 5 的输入信号	I0.5	数码管 f 段	控制数码管 f 段	Q0.5
按钮 SB6	数字 6 的输入信号	I0.6	数码管 g 段	控制数码管 g 段	Q0.6
按钮 SB7	数字 7 的输入信号	I0.7			
按钮 SB8	数字 8 的输入信号	I1.0			
按钮 SB9	数字 9 的输入信号	I1.1			
按钮 SB10	程序停止按钮	I1.2			

2) 程序设计

数码管显示数字的梯形图如图 6-3 所示。

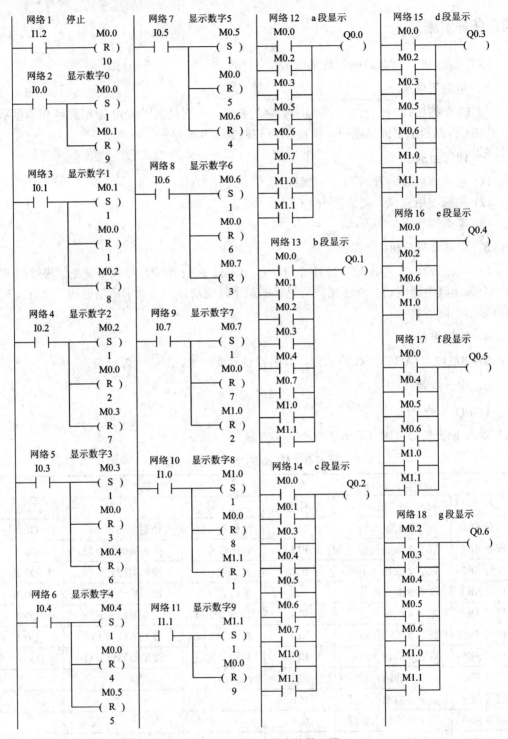

图 6-3 数码管显示数字的梯形图

3) 外部接线图

数码管显示数字控制电路如图 6-4 所示。PLC 输出端接外部直流电源(5~30 V)。每段发光二极管的电流通常是几十毫安，应根据所使用的直流电压数值确定限流电阻的阻值。

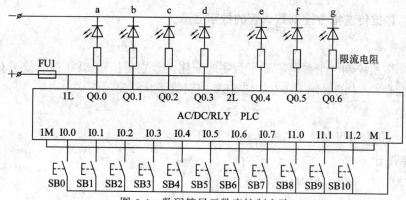

图 6-4　数码管显示数字控制电路

4) 程序说明

数码管显示数字的程序不是很复杂，但设计时一定要细心，不然容易出错。程序分为两个部分：数字信号采集部分、数字显示部分。

下面以显示数字 0 为例讲解程序的运行，其余数字显示原理相同。

当按钮 SB0=ON 时，I0.0 接通，M0.0 置位。同时将 M0.1～M1.1 复位，使 M0.1～M1.1 的常开触点全部断开，不能驱动 PLC 的输出继电器。只有 M0.0 的常开触点闭合，才驱动 PLC 的输出继电器 Q0.0～Q0.5，Q0.0～Q0.5 再驱动数码管的 a～f 段，则数码管显示出的数字即为 0。

5) 运行调试

(1) 启动编程软件，先将图 6-3 的程序梯形图编辑完成，再下载到 PLC，运行调试并验证程序的正确性。

(2) 按图 6-4 所示的接线图完成接线。在老师的指导下，分析数码管显示数字可能出现错误的原因。

五、知识拓展

1. 十六进制数与七段数码管显示的对应关系

表 6-4 所示为十六进制数与七段数码管显示的对应关系。

表 6-4　十六进制数与七段数码管显示的对应关系

十六进制数	数码管显示的数字	七段显示电平						
		g	f	e	d	c	b	a
16#3F	0	0	1	1	1	1	1	1
16#06	1	0	0	0	0	1	1	0
16#5B	2	1	0	1	1	0	1	1
16#4F	3	1	0	0	1	1	1	1
16#66	4	1	1	0	0	1	1	0
16#6D	5	1	1	0	1	1	0	1
16#7D	6	1	1	1	1	1	0	1
16#07	7	0	0	0	0	1	1	1
16#7F	8	1	1	1	1	1	1	1
16#6F	9	1	1	0	1	1	1	1

2. 使用数据传送指令控制数码管的数字显示

1) 控制要求

用 10 个按钮控制一个数码管显示数字的变化,分别是按钮 SB0 控制数字 0 的显示,按钮 SB1 控制数字 1 的显示 …… 按钮 SB9 控制数字 9 的显示。

2) I/O 分配

输入/输出信号分配如表 6-3 所示。

3) 程序设计

数码管显示数字的梯形图如图 6-5 所示。

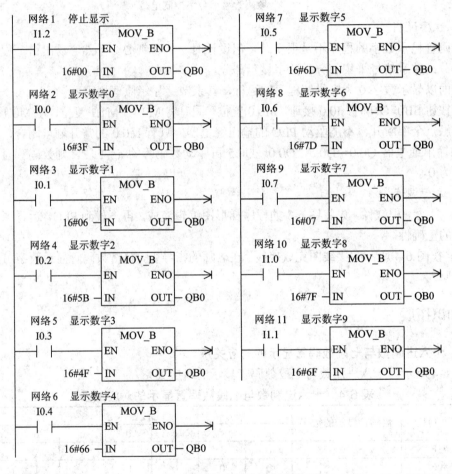

图 6-5 数码管显示数字的梯形图

4) 外部接线图

数码管显示数字电路如图 6-4 所示。

5) 程序说明

使用数据传送指令驱动数码管,要事先按表 6-4 所示将所要显示的数字与对应的十六进制数换算出来。其驱动原理如图 6-6 所示。

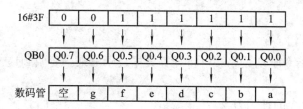

图 6-6 数字 0 的显示原理

图 6-6 所示为显示数字 0 的原理，十六进制数 16#3F 转换成 BCD 码，就是 00111111，对应传送给输出继电器 QB0，则使 Q0.0、Q0.1、Q0.2、Q0.3、Q0.4、Q0.5 置位，驱动数码管显示的数字为 0。

6) 程序仿真运行

将图 6-5 所示的梯形图在编程软件中进行编辑、导出、保存，然后打开仿真软件，将导出的程序装载进仿真软件，进行仿真运行。数字 0 的仿真画面如图 6-7 所示。

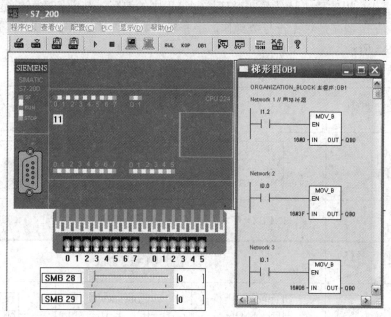

图 6-7 数字 0 的仿真画面

任务2 使用七段编码指令实现对数码管的控制

一、任务引入

上一任务中对数码管的两种控制方式，事先必须设计好控制方式或要传送的数据，比较繁琐。在 S7-200 系列 PLC 指令系统中，有专门的七段译码指令 SEG，事先不用计算，可直接将十进制数据转换成七段数码管显示电平输出，驱动数码管显示，非常方便。

二、任务分析

使用七段译码指令驱动数码管可将计算数据显示出来。要做到这一点，必须掌握以下知识：

(1) 加 1/减 1 指令的使用方法。

(2) BCD 码交换指令 IBCD 的使用方法。

(3) 七段码译码指令 SEG 的使用方法。

三、相关知识

1. 加 1/减 1 指令 INC/DEC

加 1/减 1 指令 INC/DEC 用于自增/自减操作，它是对无符号或有符号整数进行自动加 1/减 1 的操作，以实现累计计数和循环控制等程序的编写。其操作数可以是字节、字、双字，其中：字节增减是对无符号数操作，字和双字增减是对有符号数操作。INC/DEC 指令格式如表 6-5 所示。

表 6-5　INC/DEC 指令格式

格式 \ 名称	加 1 指令 INC		
梯形图 (LAD)	INC_B EN ENO IN OUT	INC_W EN ENO IN OUT	INC_DW EN ENO IN OUT
指令表 (STL)	INCB OUT	INCW OUT	INCD OUT
格式 \ 名称	减 1 指令 DEC		
梯形图 (LAD)	DEC_B EN ENO IN OUT	DEC_W EN ENO IN OUT	DEC_DW EN ENO IN OUT
指令表 (STL)	DECB OUT	DECW OUT	DECD OUT

指令说明：

(1) 加 1/减 1 指令的 IN、OUT 操作数必须相同，否则不能实现加 1/减 1。

(2) 加 1/减 1 指令尽量使用脉冲执行。如果使用脉冲执行，则指令在输入使能端接通时只进行一次加 1/减 1；如果不使用脉冲执行，而使用连续执行，则指令在输入使能端接通的每一个扫描周期都要加 1/减 1。

例 6-1　如图 6-8 所示，每当 I0.0 接通一次，QB0 字节中的数据加 1；每当 I0.1 接通一次，QB0 字节中的数据减 1。

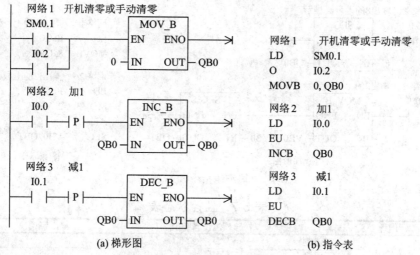

图 6-8　加 1/减 1 指令的应用

2. 七段编码指令 SEG

七段编码指令 SEG 不需要使用人工计算需要显示的数码数据,其可以自动编写待显示数据的七段显示码。

七段编码指令 SEG 的格式如表 6-6 所示。

表 6-6　SEG 指令格式

格式＼名称	七段编码指令 SEG
梯形图(LAD)	![SEG EN ENO IN OUT]
指令表(STL)	SEG IN, OUT

指令说明:

(1) IN 为要编码的源操作数,OUT 为存储七段码的目标操作数。IN、OUT 数据类型为字节(B)型。

(2) 使能输入有效时,将字节型输入数据 IN 的低 4 位有效数字按七段显示码的形式传到 OUT 指定的字节单元中。

(3) 只对 4 位二进制数编码,如果源操作数大于 4 位,则只对最低 4 位编码。

(4) SEG 指令的编码范围为十六进制数字 0~F,十进制数 0~9。

例 6-2　七段编码指令 SEG 应用举例如图 6-9 所示,状态监控表如表 6-7 所示。

当 I0.0 接通时,对十进制数 8 执行七段编码指令,并将编码存入 QB0,即输出继电器 Q0.7~Q0.0 的位状态为 0111 1111。

当 I0.1 接通时,对 VB0=2 执行七段编码指令,输出继电器 Q1.7~Q1.0 的位状态为 0101 1011。

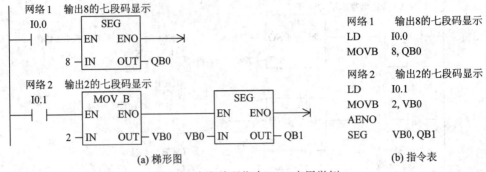

(a) 梯形图   (b) 指令表

图 6-9 七段编码指令 SEG 应用举例

表 6-7 监控状态表

	地址	格式	当前值	新值
1	QB0	二进制	2#0111_1111	
2	QB1	二进制 ▼	2#0101_1011	
3		有符号		

3. BCD 码交换指令 IBCD

1) 8421BCD 编码

在 PLC 中,存储的数据无论是以十进制的格式输入还是以十六进制的格式输入,PLC 都是以二进制的格式保存的。如果直接使用 SEG 指令对两位以上的十进制数据进行编码, 则会出现差错。

例如,十进制数 15 的二进制存储数据是 2#0000 1111,对高 4 位应用 SEG 指令编码, 则得到"0"的七段显示码;对低 4 位应用 SEG 指令编码,则得到"8"的七段显示码,显 示的数码"08"是十六进制数,而不是十进制数码"15"。

显然,要正确显示十进制数 15,就要先将二进制数 2#0000 1111 转换成反映十进制进 位关系的代码 0001 0101,然后对高 4 位"1"和低 4 位"5"分别用 SEG 指令编出七段显 示码。

这种用二进制形式反映十进制数码的代码称为 BCD 码。其中最常用的是 8421BCD 码, 它是用 4 位二进制数来表示 1 位十进制数码,该代码从高位到低位的权分别是 8、4、2、1, 故称为 8421BCD 码。

十进制数、十六进制数、二进制数与 8421BCD 码的对应关系如表 6-8 所示。

表 6-8 十进制数、十六进制数、二进制数与 8421BCD 码的对应关系

十进制数	十六进制数	二进制数	8421BCD 码
0	0	0000	0000
1	1	0001	0001
2	2	0010	0010
3	3	0011	0011
4	4	0100	0100
5	5	0101	0101
6	6	0110	0110
7	7	0111	0111

续表

十进制数	十六进制数	二进制数	8421BCD 码
8	8	1000	1000
9	9	1001	1001
10	A	1010	0001 0000
11	B	1011	0001 0001
12	C	1100	0001 0010
13	D	1101	0001 0011
14	E	1110	0001 0100
15	F	1111	0001 0101
16	10	1 0000	0001 0110
17	11	1 0001	0001 0111
18	12	1 0010	0001 1000
19	13	1 0011	0001 1001
20	14	1 0100	0010 0000

从表 6-8 中可以看出，8421BCD 码从低位起每 4 位为一组，高位不足 4 位补 0，每组表示 1 位十进制数码。8421BCD 码与二进制的表面形式相同，但概念完全不同，虽然在一组 8421BCD 码中，每位的进位也是二进制，但组与组之间的进位则是十进制。

2) BCD 码转换指令 IBCD

要想正确地显示十进制数码，必须先用 BCD 码转换指令 IBCD 将二进制的数据转换成 8421BCD 码，再利用 SEG 指令编成七段显示码，去控制数码管发光。

BCD 码转换指令 IBCD 的格式如表 6-9 所示。

表 6-9 IBCD 指令格式

格式　　名称	BCD 码转换指令 IBCD
梯形图(LAD)	I_BCD EN ENO IN OUT
指令表(STL)	IBCD OUT

指令说明：

(1) 使能端输入有效时，将输入的整数值 IN 转换成 BCD 码，并将结果送到 OUT 中。

(2) 目标操作数 OUT 只能使用字数据。源操作数和目标操作数使用同一个地址。

(3) IBCD 指令是将源操作数的数据转换成 8421 BCD 码并存入目标操作数中。在目标操作数中每 4 位表示 1 位十进制数，从低位到高位分别表示为个位、十位、百位、千位。

例 6-3 如图 6-10 所示，当 I0.0 接通时，先将 3258 存入 VW0，然后将 VW0 中的数转换成 BCD 码传送到 MW0 中。

从图 6-10 所示的工作过程可以看出，VW0 中存储的二进制数据与 MW0 中存储的 BCD 码完全不同。

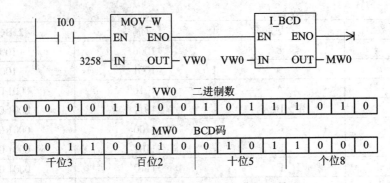

图 6-10   BCD 码转换指令 IBCD 的工作过程

四、任务实施

本任务用 PLC 控制停车场停车数的显示。

1. 控制要求

某停车场最多可停车 50 辆,用 2 位数码管显示停车数量。用出入传感器检测进出车辆数,每进一辆车停车数量增 1,每出一辆车停车数量减 1。场内停车数量小于 45 时,入口处绿灯亮,允许入场;等于或大于 45 但小于 50 时,绿灯闪亮,提醒待进场车辆司机注意将满场;等于 50 时,红灯亮,禁止车辆入场。

2. 训练目的

(1) 灵活运用四则逻辑运算指令。

(2) 正确使用七段编码指令。

(3) 巩固比较指令的使用。

3. 控制要求分析

停车场停车数量最多可达到 50 辆,其数字显示要使用两个数码管。

如果显示 2 位十六进制,可将二进制数据的高 4 位和低 4 位分别用七段编码指令 SEG 编码,然后用编码数据分别控制高位、低位数码管。

如果显示 2 位十进制,要先用 IBCD 指令将二进制数据转换为 8 位 BCD 码,再将 BCD 码的高 4 位和低 4 位分别用七段编码指令 SEG 编码,然后用高、低位编码数据分别控制十位、个位数码管。

4. 实训设备

S7-200 PLC (AC/DC/RLY)一台、EM222(8 点输出)一块、数码显示板一块、光电传感器两个、直流电源一台。

5. 设计步骤

1) I/O 信号分配

停车场输入/输出信号分配如表 6-10 所示。

表 6-10　停车场输入/输出信号分配表

输　入(I)			输　出(O)		
元件	功能	信号地址	元件	功能	信号地址
传感器 IN	检测进场车辆	I0.0	数码管	显示十位数	QB0
传感器 OUT	检测出场车辆	I0.1	数码管	显示个位数	QB1
				允许信号	Q2.0
				禁行信号	Q2.1

2) 程序设计

停车场 PLC 程序梯形图如图 6-11 所示。

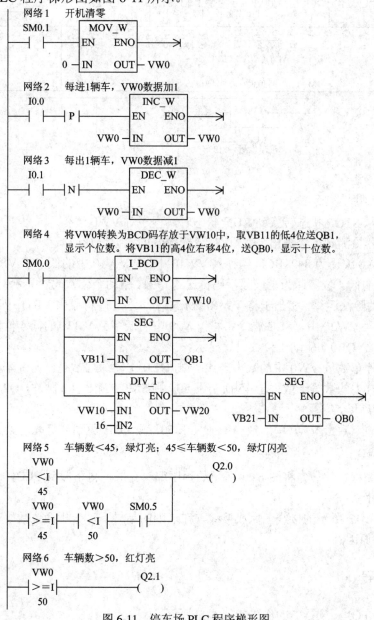

图 6-11　停车场 PLC 程序梯形图

3) 外部接线图

停车场外部接线图如图 6-12 所示。

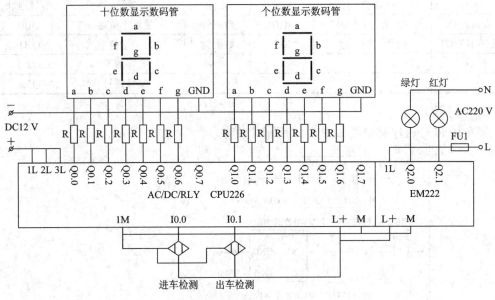

图 6-12　停车场外部接线图

4) 程序说明

(1) PLC 从 STOP 状态转换到 RUN 状态时，程序对 VW0 清零。

(2) 传感器检测到车辆进出，变量寄存器 VW0 的数据增加或减少。

(3) 将 VW0 编译为 8421BCD 码存入 VW10 中。取 VW10 中的低字节 VB11，使用 SEG 指令将 VB11 的低 4 位编译为七段显示码传送给 QB1，驱动个位数码管显示；然后将 VW10 执行除以 16 的除法运算，相当于将 VW10 数据右移 4 位，即将原来 VB11 中高 4 位移到低 4 位，结果存入 VW20 中。SEG 指令再将 VW20 中的低字节 VB21 的低 4 位数据编译为七段显示码传送给 QB0，驱动十位数码管显示。

(4) 如果停车数量 VW0 中的数小于 45，则 Q2.0 驱动绿灯常亮，允许车辆入场。如果停车数量 VW0 中的数等于或大于 45 而小于 50，则 SM0.5 输出 1 s 脉冲，Q2.0 驱动绿灯闪亮，提醒注意满场。

(5) 如果停车数量 VW0 中的数等于或大于 50，则 Q2.1 驱动红灯亮，禁止车辆入场。

5) 运行调试

(1) 启动编程软件，先将图 6-11 所示的程序编辑完成，再下载到 PLC，运行调试并验证程序的正确性。

(2) 按图 6-12 所示的接线图完成接线。在老师的指导下，分析两位数码管显示数字可能出现错误的原因。

五、知识拓展

循环指令 FOR、NEXT 的格式如表 6-11 所示。

表 6-11 FOR、NEXT 指令格式

格式＼名称	FOR 指令	NEXT 指令
梯形图(LAD)	FOR EN ENO INDX INIT FINAL	┤├──(NEXT)
指令表(STL)	FOR INDX, INIT, FINAL	NEXT

指令说明：

(1) FOR 指令用来表示循环体的开始，NEXT 用来表示循环体的结束。FOR、NEXT 之间的程序称为循环体。FOR、NEXT 指令必须成对出现，缺一不可。

(2) 在一个扫描周期内，循环体反复被执行。

(3) 参数 INDX 为当前循环次数计数器，用来记录循环次数的当前值，循环体程序每执行一次 INDX 值加 1。参数 INIT、FINAL 用来规定循环次数的初值和终值，当循环次数当前值大于终值时，循环结束。可以用改写参数值的方法控制循环体的实际循环次数。

(4) FOR、NEXT 指令可以循环嵌套，嵌套最多为 8 层，但各个嵌套之间一定不可有交叉现象。

(5) 每次使能输入(EN)重新有效时，指令将自动复位各参数。

例 6-4 求 $0+1+2+3+4+\cdots+100$ 的和，并将计算结果存入 VW0。

用循环指令编写的程序如图 6-13 所示，累加器 VW2 作为循环增量。

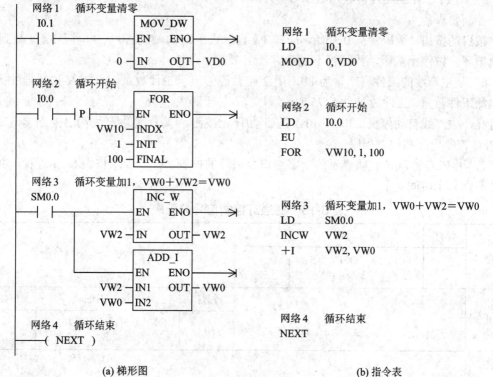

(a) 梯形图   (b) 指令表

图 6-13 应用循环指令求和

在图 6-13 中，循环指令执行的速度非常快，在一个脉冲执行期间，能循环上千次。但当当前值大于或等于终值时，循环体停止循环。只有当循环指令执行时，循环体内的程序才能执行。

循环体当前值(INDX)变量 VW10 与自动加 1 变量 VW2 不能设为同一个变量，见监控状态表 6-12，就可以知道它们之间是有区别的。

表 6-12　求和程序中各数据的循环终值

	地址	格式	当前值	新值
1	VW0	无符号	5050	
2	VW2	无符号	100	
3	VW10	无符号	101	
4		有符号		
5		有符号		

项目 6 练习题

1．应用逻辑指令设计一个显示组号的 5 人智力竞赛抢答器。

2．编写下列各数的 8421BCD 码。

　　55　　2365　　999　　2#1100 1011　　16#2A3F

3．使用循环指令求 $0+1+2+3+4+\cdots+50$ 的和。

4．设计使用三个数码管将 $0+1+2+3+4+\cdots+30$ 的和显示出来。

5．用 PLC 控制数码管显示数字 0～9。

控制要求：

按启动按钮，数码管从 0 开始，间隔 1 s 显示数字到 9，然后再从 9 间隔 1 s 递减到 0，如此循环。按停止按钮，数码管不显示。

6．某生产线的工件班产量为 80，用 2 位数码管显示工件数量。用接入 I0.0 端的传感器检测工件数量，工件数量小于 75 时，绿灯亮；等于和大于 75 时，绿灯闪烁；等于 80 时，红灯亮，生产线自动停机。I0.1、I0.2 是启动/停止按钮，Q0.0 是生产线输出控制端。试设计 PLC 控制电路和控制程序。

7．用 PLC 实现带时间显示的十字路口交通灯的控制。控制要求按表 6-13 进行，并带上数码管显示时间。

表 6-13　交通灯控制信号分配表

东西向	绿灯	绿灯闪烁	黄灯	红灯		
	20 s	ON 0.5 s　OFF　0.5 s 2 次	2 s	红　灯		
南北向	红　灯			绿灯	绿灯闪烁	黄灯
				30 s	ON　0.5 s　OFF　0.5 s 2 次	2 s

项目 7
PLC 对灯、数码管、电动机的综合控制

任务　PLC 对 5 层电梯的控制

一、任务引入

电梯是高层建筑中应用极为普遍的垂直交通工具，是机电合一的大型工业产品。随着其运行速度、平层精度、舒适感、安全保护等技术指标不断地提高，乘坐电梯不仅给人们带来了快捷方便，更带来了一种艺术享受。

电梯具有复杂的电气控制系统，PLC 的出现为电梯的控制提供了许多新的思路和方法，本任务以五层楼电梯为例讲解其控制方法。

二、任务分析

各种电梯都具有相当复杂的逻辑关系，大部分为开关量信号。目前，国内大部分中、低速电梯都采用 PLC 控制系统实现控制。

要能对电梯实现控制，必须掌握以下知识：

(1) 电梯各部件的功能。

(2) 电梯的控制要求。

(3) 电梯各部件的程序设计方法。

三、相关知识

1. 电梯各部件功能简介

1) 电梯的种类

电梯的种类相当多，按用途分为乘客电梯、载货电梯、客货电梯、医用电梯、住宅电梯、杂物(不许乘人)电梯、观光电梯、自动扶梯等；按速度分为低速电梯(1 m/s 以下)、快速电梯(低于 2 m/s)、高速电梯(2 m/s 以上)；按拖动方式分为交流电梯、直流电梯、液压电梯、齿轮齿条电梯等；按控制方式分为手柄操作电梯、按钮操作电梯、有司机信号控制电

梯、无司机自动集选控制电梯、群控电梯、多程序电梯、智能电梯等。

2) 自动集选控制电梯各部件简介

电梯的控制部件分布于电梯轿厢内部和外部,在电梯轿厢内部,有五个楼层(一至五层)的按钮,称为内呼叫按钮;开门和关门按钮;楼层显示器(指明当前电梯轿厢所处的位置);上升和下降显示器(用来显示电梯现在所处的状态,即电梯是上升还是下降)。

在电梯轿厢外部共分五层,每层都有呼叫按钮(是乘客用来发出呼叫的工具);呼叫指示灯,上升和下降指示灯,楼层显示器。五层楼电梯中,一层楼只有上呼叫按钮,五楼只有下呼叫按钮,其余三层都同时具有上呼叫和下呼叫按钮。上升、下降指示灯以及楼层显示器都相同。

2. 电梯的控制要求

(1) 当电梯运行到指定位置后,在电梯内部按动开门按钮,则电梯轿厢门打开,按动电梯内部的关门按钮,则电梯轿厢门关闭。但在电梯运行期间电梯轿厢门是不能被打开的。

(2) 接受每个呼叫按钮(包括内部和外部的呼叫)的呼叫命令,并做出相应的响应。

(3) 电梯停在某一层(例如三层),此时按动该层(三层)的呼叫按钮(上呼叫或下呼叫),则相当于发出打开电梯门命令,进行开门的动作;若此时电梯的轿厢不在该楼层(在一、二、四层),则等到电梯关门后,按照不换相原则控制电梯向上或向下运行。

(4) 电梯运行的不换向原则是指电梯优先响应不改变现在电梯运行方向的呼叫,直到这些命令全部响应完毕后才响应使电梯反方向运行的呼叫。例如现在电梯的位置在二层和三层之间上行,此时出现了一层上呼叫、二层下呼叫和三层上呼叫,则电梯首先响应三层上呼叫,然后再依次响应二层下呼叫和一层上呼叫。

(5) 电梯在每一层都有一个行程开关,当电梯碰到某层的行程开关时,表示电梯已经到达该层。

(6) 当按动某个呼叫按钮后,相应的呼叫指示灯亮并保持,直到电梯响应该呼叫为止。

(7) 当电梯运行到某层后,相应的楼层指示灯亮,直到电梯运行到前方一层时楼层指示灯改变。

四、任务实施

1. 五层模拟电梯的组成

(1) 电梯的曳引电机和轿门驱动电机。

(2) 电梯各楼层的外呼叫按钮及显示灯。

(3) 轿厢内的内呼叫按钮及显示灯,电梯轿门的开门按钮和关门按钮。

(4) 电梯运行的方向指示灯。

(5) 显示楼层的数码管。

(6) 各楼层的平层行程开关。

2. PLC 的 I/O 点编号分配

系统 I/O 分配如表 7-1 所示。内部辅助继电器使用分配如表 7-2 所示。

表 7-1　I/O 分配表

输　入(I)			输　出(O)		
元件	功能	信号地址	元件	功能	信号地址
SB1	一楼上呼叫按钮	I1.5	曳引电机 KA1	控制电梯轿厢下降	Q0.1
SB2	二楼下呼叫按钮	I1.6	曳引电机 KA2	控制电梯轿厢上升	Q0.2
SB3	二楼上呼叫按钮	I1.7	开门电机 KA3	控制电梯轿厢门打开	Q0.3
SB4	三楼下呼叫按钮	I2.0	关门电机 KA4	控制电梯轿厢门关闭	Q0.4
SB5	三楼上呼叫按钮	I2.1	灯 L1	一楼上呼叫显示	Q0.5
SB6	四楼下呼叫按钮	I2.2	灯 L2	二楼下呼叫显示	Q0.6
SB7	四楼上呼叫按钮	I2.3	灯 L3	二楼上呼叫显示	Q0.7
SB8	五楼下呼叫按钮	I2.4	灯 L4	三楼下呼叫显示	Q1.0
SQ1	一楼限位开关	I2.5	灯 L5	三楼上呼叫显示	Q1.1
SQ2	二楼限位开关	I2.6	灯 L6	四楼下呼叫显示	Q1.2
SQ3	三楼限位开关	I2.7	灯 L7	四楼上呼叫显示	Q1.3
SQ4	四楼限位开关	I3.0	灯 L8	五楼下呼叫显示	Q1.4
SQ5	五楼限位开关	I3.1	数码管	数码管 A 段显示	Q1.5
SQ6	下极限限位开关	I3.2	数码管	数码管 B 段显示	Q1.6
SB9	一楼内呼叫	I3.3	数码管	数码管 C 段显示	Q1.7
SB10	二楼内呼叫	I3.4	数码管	数码管 D 段显示	Q2.0
SB11	三楼内呼叫	I3.5	数码管	数码管 E 段显示	Q2.1
SB12	四楼内呼叫	I3.6	数码管	数码管 F 段显示	Q2.2
SB13	五楼内呼叫	I3.7	数码管	数码管 G 段显示	Q2.3
SB14	电梯开门按钮	I4.0	三角灯 L9	电梯上行显示	Q2.4
SB15	电梯关门按钮	I4.1	三角灯 L10	电梯下行显示	Q2.5
			灯 L11	一楼内呼叫显示	Q2.6
			灯 L12	二楼内呼叫显示	Q2.7
			灯 L13	三楼内呼叫显示	Q3.0
			灯 L14	四楼内呼叫显示	Q3.1
			灯 L15	五楼内呼叫显示	Q3.2
			灯 L16	轿厢开门显示	Q3.3
			灯 L17	轿厢关门显示	Q3.4

表 7-2　内部辅助继电器使用分配表

功　能	信号地址	功　能	信号地址
一楼层楼继电器	M0.0	轿厢上行选层继电器	M3.0
二楼层楼继电器	M0.1	轿厢下行选层继电器	M3.1
三楼层楼继电器	M0.2	自动开门继电器	M2.0
四楼层楼继电器	M0.3	控制开门时间的继电器	M2.2
五楼层楼继电器	M0.4		

3．拖动回路、门电路及系统连接

PLC 控制系统接线图如图 7-1 所示。

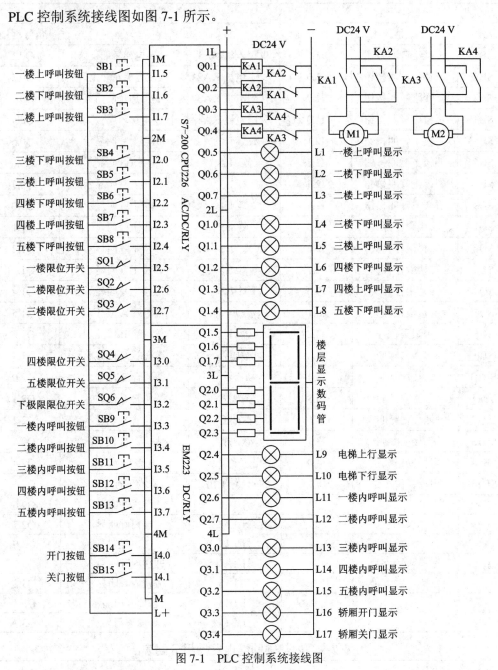

图 7-1　PLC 控制系统接线图

4．电梯控制梯形图的设计

1) 电梯运行方向显示程序

电梯运行方向显示程序包括电梯上行显示或下行显示程序。该方向显示程序的作用是根据电梯目前的位置和呼叫的情况，决定电梯的运行方向是向上或是向下。

电梯方向的选择，实际就是将呼叫的位置与电梯实际位置相比较。根据比较结果决定电梯的运行方向。电梯上行、下行显示程序如图 7-2 所示。

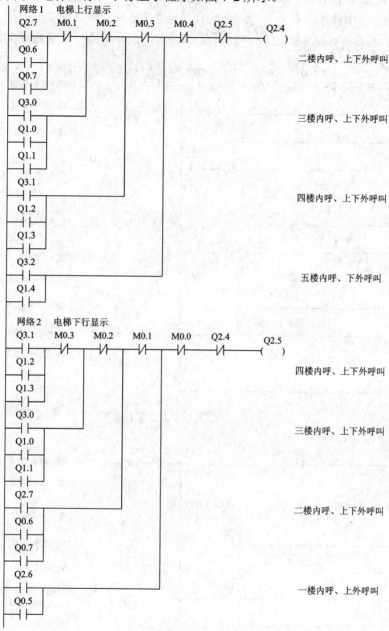

图 7-2 电梯上行、下行显示程序

以电梯上行程序为例进行说明：乘客只有在二、三、四、五楼呼叫电梯时，才涉及电梯的上行，故程序设计时分四种情况进行比较，即电梯在一楼的情况、电梯在二楼的情况、电梯在四楼的情况、电梯在五楼的情况。在二、三、四楼要考虑内呼叫、上外呼叫、下外呼叫，五楼则只有内呼叫、下外呼叫。程序即根据此种原则进行设计。

2) 电梯选层程序

电梯运行中，在有些楼层停，在有些楼层不停，这是由选层程序决定的。电梯的选层分内呼叫选层和外呼叫选层。其中，内呼叫选层是绝对的，即若电梯运行正常，则电梯一定能在内呼叫所选的层停止。外呼叫选层是有条件的，即外呼叫选层必须满足呼叫与电梯运行方向同向时，电梯才能在外呼叫所选的楼层停止，也就是所谓的"顺向截车"。电梯选层程序分上行选层和下行选层。上行选层程序如图 7-3 所示，下行选层程序如图 7-4 所示。

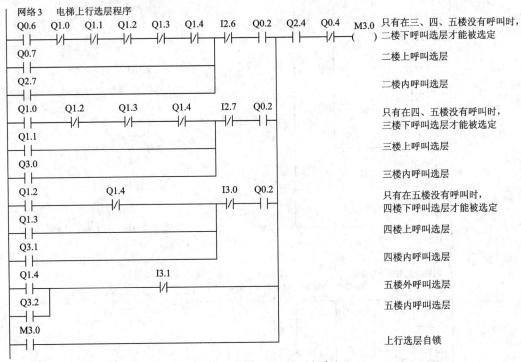

图 7-3   电梯上行选层程序

图 7-4   电梯下行选层程序

3) 电梯上升与下降的控制程序

电梯的上升与下降是在轿厢门关闭，有上行或下行显示输出，有上行或下行呼叫，并且没有停层信号发出的情况下才执行的。其控制程序如图 7-5 所示。

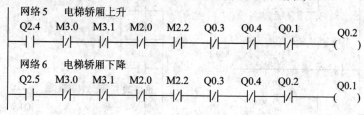

图 7-5　电梯上升与下降的控制程序

4) 电梯开门和关门程序

电梯自动开门和关门必须是在电梯不上升或不下降，并且到达呼叫楼层的情况下后才能进行的。手动开门和关门也必须是在电梯不上升或不下降，并且电梯处在该楼层的情况下，轿厢门才能打开或关闭。

因为使用的是电梯模型，故开门、关门都是用时间控制的，并且门打开后，也不能马上关闭，必须等待一定时间才能启动关门程序。电梯开门和关门程序分别如图 7-6 和图 7-7 所示。

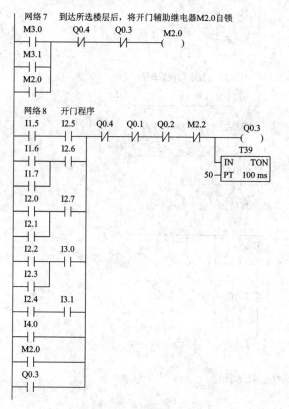

图 7-6　电梯开门程序　　　　　　　图 7-7　电梯关门程序

5) 电梯楼层显示程序

电梯楼层显示是通过厅门旁边的数码管来显示电梯轿厢的位置。当轿厢碰到楼层的楼层限位开关后，程序便驱动数码管显示相应的楼层数。电梯楼层显示程序如图 7-8 所示。

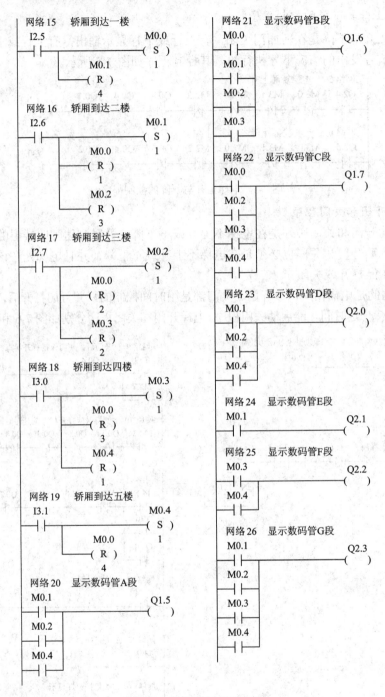

图 7-8 电梯楼层显示程序

6) 电梯外呼叫程序

除两个端站外，其他各层均有两个呼叫(也称为召唤)，而且呼叫的响应是顺序响应。当有乘客在电梯轿厢外的某一层按下呼叫按钮后，相应的输入触点闭合，同时所对应的指示灯亮，说明有人呼叫，呼叫信号(与电梯运行方向相同的呼叫信号)会一直保持到电梯轿厢到达该楼层为止，但与电梯运行方向不同的呼叫信号保留。电梯外呼叫程序如图 7-9 所示。

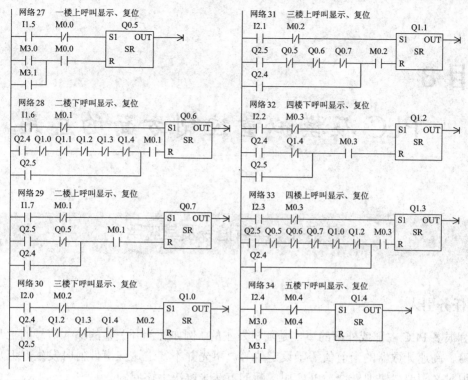

图 7-9　电梯外呼叫程序

7) 电梯内呼叫程序

电梯内部的 5 个呼叫按钮，指定的是电梯的运行目标。在电梯未到达指定目标时，该层呼叫灯应一直有显示。只有当电梯到达指定楼层时，呼叫灯才应该灭掉。电梯内呼叫程序如图 7-10 所示。

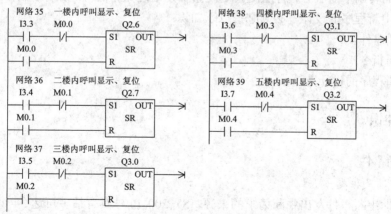

图 7-10　电梯内呼叫程序

项目 7 练习题

应用逻辑指令设计 4 层电梯的程序。

项目 8
PLC 在模拟量控制方面的应用

任务 1　中断指令及其应用

一、任务引入

有很多 PLC 内部或外部的事件是随机发生的。例如外部开关量的输入信号的上升沿或下降沿、高速计数器的当前值等于设定值等。事先并不知道这些事件何时发生，但是当它们出现时又需要尽快地处理，PLC 用中断的方法来解决上述问题。

二、任务分析

中断是由设备或其他非预期的急需处理的事件引起的，它使系统暂时中断现在正在执行的程序，而转到中断服务程序去处理这些事件，处理完毕后再返回原程序执行。

要掌握中断程序的设计，必须掌握以下知识：

(1) 中断事件。

(2) 中断指令。

(3) 中断程序的设计方法。

三、相关知识

1. 中断事件

1) 中断源及种类

中断源即中断事件发出中断请求的来源。S7-200 PLC 具有最多可达 34 个中断源，每个中断源都分配一个编号用以识别，称为中断事件号。这些中断源分为三大类：通信中断、输入/输出中断和时基中断。

(1) 通信中断。PLC 的通信口可由程序来控制，通信中的这种操作模式称为自由通信口模式。在这种模式下，用户可以通过编程来设置波特率、奇偶校验和通信协议等参数。

(2) 输入/输出中断。输入/输出中断包括外部输入中断、高速计数器中断和脉冲串输出中断。

外部输入中断是系统利用 I0.0～I0.3 的上升沿或下降沿产生中断,这些输入点可被用做连接某些一旦发生必须引起注意的外部事件。

高速计数器中断可以响应当前值等于预设值、计数方向的改变、计数器外部复位等事件所引起的中断。

脉冲串输出中断可以用来响应给定数量的脉冲输出完成所引起的中断。

(3) 时基中断。时基中断包括定时中断和定时器中断。

定时中断可用来支持一个周期性的活动,周期时间以 1 ms 为计量单位,范围为 1～255 ms。对于定时中断 0,把周期时间值写入 SMB34;对于定时中断 1,把周期时间值写入 SMB35。每当达到定时时间值,相关定时器溢出,执行中断处理程序。

定时中断可以用来以固定的时间间隔作为采样周期来对模拟量输入进行采样,也可以用来执行一个 PID 控制回路。

当把某个中断程序连接到一个定时中断事件上,如果该定时中断被允许,那就开始计时。当定时中断重新连接时,定时中断功能能清除前一次连接时的任何累计值,并用新值重新开始计时。

定时器中断可以利用定时器来对一个指定的时间段产生中断。这类中断只能使用 1 ms 通电和断电延时定时器 T32 和 T96。当所用定时器的当前值等于预设值时,在主机正常的定时刷新中,执行中断程序。

2) 中断优先级

在中断系统中,将全部中断源按中断性质和处理的轻重缓急进行,并给予优先权。所谓优先权,是指多个中断事件同时发出中断请求时,CPU 对中断响应的优先次序。中断优先级由高到低依次是:通信中断、输入/输出中断、时基中断。每个中断中的不同中断事件又有不同的优先权。主机中的所有中断事件及优先级如表 8-1 所示。

表 8-1　中断事件及优先级

组优先级	组内类型	中断事件号	中断事件描述	组内优先级
通信中断 (最高级)	通信口 0	8	通信口 0:接收字符	0
		9	通信口 0:发送完成	0
		23	通信口 0:接收信息完成	0
	通信口 1	24	通信口 1:接收信息完成	1
		25	通信口 1:接收字符	1
		26	通信口 1:发收完成	1
输入/输出 中断 (次高级)	脉冲输入	19	PTO0 脉冲串输出完成中断	0
		20	PTO1 脉冲串输出完成中断	1
	外部输入	0	I0.0 上升沿中断	2
		2	I0.1 上升沿中断	3
		4	I0.2 上升沿中断	4
		6	I0.3 上升沿中断	5
		1	I0.0 下升沿中断	6
		3	I0.1 下升沿中断	7
		5	I0.2 下升沿中断	8
		7	I0.3 下升沿中断	9

续表

组优先级	组内类型	中断事件号	中断事件描述	组内优先级
输入/输出中断(次高级)	高速计数器	12	HSC0 当前值等于预设值中断	10
		27	HSC0 输入方向改变中断	11
		28	HSC0 外部复位中断	12
		13	HSC1 当前值等于预设值中断	13
		14	HSC1 输入方向改变中断	14
		15	HSC1 外部复位中断	15
		16	HSC2 当前值等于预设值中断	16
		17	HSC2 输入方向改变中断	17
		18	HSC2 外部复位中断	18
		32	HSC3 当前值等于预设值中断	19
		29	HSC4 当前值等于预设值中断	20
		30	HSC4 输入方向改变中断	21
		31	HSC4 外部复位中断	22
		33	HSC5 当前值等于预设值中断	23
时基中断(最低级)	定时	10	定时中断 0，SMB34(1~255 ms)	0
		11	定时中断 1，SMB35(1~255 ms)	1
	定时器	21	定时器 T32，当前值等于预设值中断	2
		22	定时器 T96，当前值等于预设值中断	3

　　在 PLC 中，CPU 按先来先服务的原则响应中断请求，一个中断程序一旦执行，就一直执行到结束为止，不会被其他甚至更高优先级的中断程序所打断。在任何时刻，CPU 只执行一个中断程序。中断程序执行中，新出现的中断请求按优先级排队等候处理。中断队列能保存的最大中断个数有限，如果超过队列容量，则会产生溢出，某些特殊标志存储器位被置位。中断队列、溢出标志位及最大中断数如表 8-2 所示。

表 8-2　各主机的中断队列最大中断数

中断队列种类	中断队列溢出标志位	CPU221	CPU222	CPU224	CPU226
通信中断队列	SM4.0	4 个	4 个	4 个	8 个
输入/输出中断队列	SM4.1	16 个	16 个	16 个	16 个
时基中断队列	SM4.2	8 个	8 个	8 个	8 个

2. 中断指令

中断指令的指令格式如表 8-3 所示。

表 8-3　中断指令格式

格式 \ 名称	中断连接指令	中断允许指令	中断分离指令	中断禁止指令
梯形图(LAD)	ATCH —EN　ENO— —INT —EVNT	—(ENI)	DTCH —EN　ENO— —EVNT	—(DISI)
指令表(STL)	ATCH　INT，EVNT	ENI	DTCH　EVNT	DISI
操作数	INT：0～127		EVNT：0～33	

指令说明：

(1) 中断连接指令 ATCH 用于把一个中断事件 EVNT 和一个中断程序 INT 连接起来。

(2) 中断允许指令 ENI 是允许全局中断。程序开始运行时，CPU 默认禁止所有中断。如果执行了中断允许指令 ENI，则允许所有中断。

(3) 多个中断事件可以调用同一个中断程序，但一个中断事件不能同时调用多个中断程序。

(4) 中断分离指令 DTCH 用于切断一个中断事件 EVNT 与中断程序的联系，并禁止该中断事件。中断禁止指令 DISI 是全局禁止中断。

(5) 执行中断分离指令 DTCH 时，只禁止某个事件与中断程序的联系，而执行中断禁止指令 DISI 时，则禁止所有中断。

(6) 编程软件默认一个中断程序 INT_0。如果程序需要多个中断程序，则可创建新的中断程序。单击菜单命令"编辑"→"插入"→"中断程序"，创建一个新的中断程序 INT_1，并在编辑区下方显示新的中断程序标号 INT_1。

例 8-1　使用中断指令编写一个程序，要求完成 200 ms 采集一个数据。

用中断指令编写的程序如图 8-1 所示。

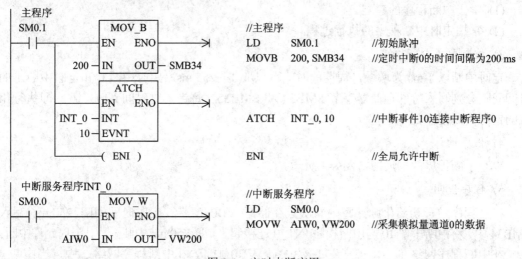

图 8-1　定时中断应用

3．中断程序

中断程序也称中断服务程序，是用户为处理中断事件而事先编制的程序。编程时可以用中断程序入口的中断程序标号来识别每个中断程序。

1) 中断程序的构成

中断程序必须由三部分组成：中断程序标号、中断程序指令和无条件返回指令。

中断程序标号：中断程序的名称，它在建立中断程序时生成。

中断程序指令：中断程序的实际有效部分，对中断事件的处理就是由这些指令组合完成的，在中断程序中可以调用一个嵌套子程序。

中断返回指令：用来退出中断程序回到主程序。中断返回指令有两条，一条是无条件中断返回指令 RETI，位于中断程序结束，是必选部分。程序编译时由软件自动在程序结尾加上 RETI 指令，而不必由编程人员手工输入。另一条中断返回指令是在中断程序内部用条件返回指令 CRETI 退出中断程序。

2) 中断程序的编写要求

中断程序的编写要求是：短小精悍、执行时间短。用户应最大限度地优化中断程序，否则意外条件可能会导致由主程序控制的设备出现异常操作。

3) 注意事项

在中断程序中不能使用 DISI、ENI、HDEF、LSCR 和 END 指令。

四、任务实施

1. 定时中断的应用

1) 控制要求

用定时中断 0 实现周期为 1 s 的高精度定时，并在 QB0 端口以增 1 的形式输出。当 QB0=2#0000 1111 时，中断停止。

2) 训练目的

(1) 学会中断程序的建立。

(2) 掌握定时中断程序的执行过程。

3) 控制要求分析

定时中断以 1 ms 为增量，周期的时间可以取 1~255 ms。定时中断 0 和定时中断 1 的时间间隔分别写入特殊存储器字节 SMB34 和 SMB35。每当定时时间到时，就立即执行相应的定时中断程序。

4) 程序设计

定时中断程序的梯形图如图 8-2 所示。

5) 程序说明

在主程序中，初始化脉冲将中断次数存储器 VB0 清零，定时时间间隔 250 ms 写入 SMB34 中，将中断事件 10 与中断程序 INT_0 连接起来，每 250 ms 中断一次，全局允许中断。

在中断程序网络 1 中，每产生 1 次中断，VB0 加 1。在中断程序网络 2 中，当中断 4 次时(250 ms × 4 = 1 s)，VB0 清零，QB0 加 1。

当 QB0 = 2#0000 1111 时，主程序网络 2 中断分离指令执行，停止中断事件 10 与中断程序的连接，中断停止。

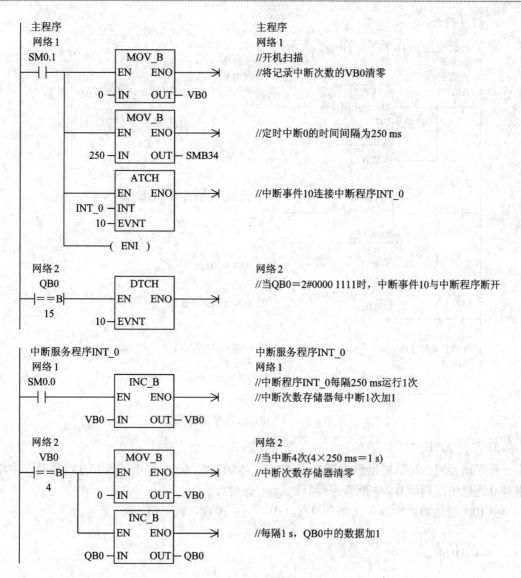

图 8-2　定时中断程序梯形图

2. 外部输入中断的应用

1) 控制要求

当程序启动时，Q0.0 间隔 0.5 s 闪烁。当 I0.0 接通时，Q0.1 有输出。当 I0.1 接通时，Q0.1 停止输出。

2) 训练目的

(1) 学会中断程序的建立。

(2) 掌握输入中断程序的执行过程。

3) 控制要求分析

将程序设计为两部分，一部分为主程序，另一部分为中断程序。主程序控制 Q0.0 间隔 0.5 s 闪烁。中断程序控制 Q0.1 的输出。

4) 程序设计

输入中断程序的梯形图如图 8-3 所示。

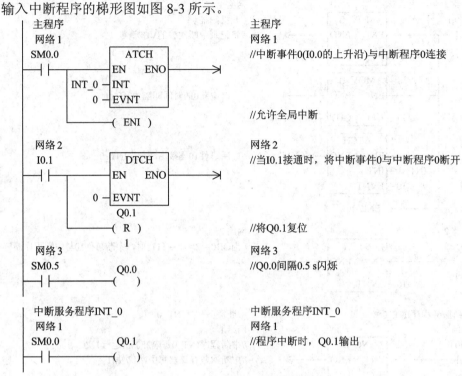

图 8-3 输入中断程序梯形图

5) 程序说明

程序运行时,特殊辅助继电器 SM0.5 控制 Q0.0 间隔 0.5 s 闪烁。当 I0.0 接通时,中断事件 0 连接中断程序 0,中断程序运行,Q0.1 有输出。

当 I0.1 接通时,中断分离指令执行,中断程序停止,同时将 Q0.1 复位。

五、知识拓展

1. 累加器 AC 与模拟电位器的应用

1) 累加器 AC

累加器是可以像存储器一样使用的读写单元,S7-200 提供了 4 个 32 位累加器(AC0~AC3),可以按字节、字和双字的形式来存取累加器中的数值。存取的数据长度由所用的指令决定,当以字节或字的形式使用累加器时,累加器为 8 位或 16 位存储器;当以双字的形式存取累加器时,使用 32 位存储器。

2) 模拟电位器

在 CPU224 和 CPU226 PLC 的单元面板的前盖里,有两个模拟电位器 0 和 1,它们的数值经模数转换电路处理后分别存储于特殊存储器字节 SMB28 和 SMB29 中,数值范围为 0~255,将电位器顺时针旋转时数值增大,逆时针旋转时数值减小。在程序中编入 SMB28 或 SMB29,就可以通过调节电位器的方法更新定时器或计数器的设定值以及程序参数。

例 8-2　设计一个在 0～25 s 内可以自由改变 Q0.0 通断时间的程序。

使用模拟电位器 0 进行时间设置，模拟电位器 0 对应的特殊存储器字节 SMB28 的数值变化范围为 0～255，将其存储的数值作为定时器 T37 的设定值，则 T37 的延时时间为 0～25.5 s。SMB28 不能直接作为定时器的设定值，定时器设定值是字数据。中间转换变量用累加器 AC0。模拟电位器的应用程序如图 8-4 所示，仿真界面如图 8-5 所示。

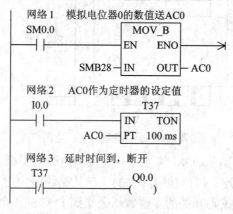

图 8-4　模拟电位器的应用程序

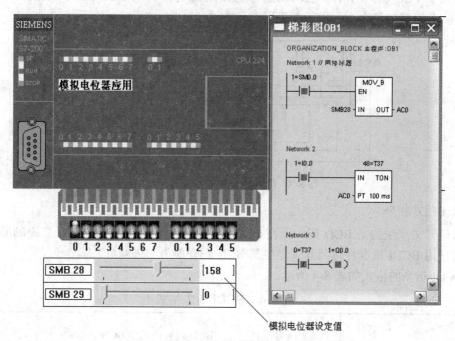

图 8-5　模拟电位器应用程序仿真界面

2. 拨码开关与 BCDI 指令

1) 拨码开关介绍

拨码开关在 PLC 控制系统中常常用到，如图 8-6 所示为一位拨码开关的示意图。拨码开关有两种形式：一种是 BCD 码拨码开关，即从 0～9，输出为 8421 码；另一种是十六进制拨码开关，即从 0～F，输出为二进制码。

拨码开关可以方便地进行数据变更，直观明了。如控制系统中需要修改数据，可使用 4 位拨码开关组成一组拨码器与 PLC 相连，其接口电路如图 8-7 所示。

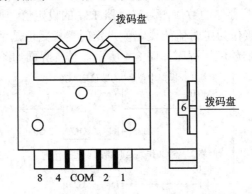

图 8-6　一位拨码开关示意图

图 8-7 中，4 位拨码器的 COM 端连在一起接到电源的正极，电源的负极与 PLC 的输入继电器公共端 1M 端相连。每位拨码开关的 4 条数据线按一定顺序接到 PLC 的 4 个输入继电器上，通过输入端把拨码开关的 4 位数据采集到 PLC 的控制程序中。电源的正、负极连接取决于 PLC 输入的内部电路。这种数据的采集方法占用 PLC 的输入点数较多，因此若不是十分必要的场合，一般不要采用这种方法。

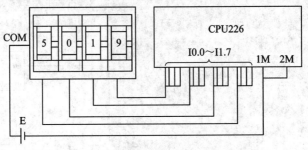

图 8-7　拨码器与 PLC 的连接示意图

2) BCDI 指令

拨码开关产生的是 BCD 码，而在 PLC 程序中数据的存储和操作都是二进制形式。因此，要使用 BCDI 指令将拨码开关产生的 BCD 码变换为二进制数。

BCDI 指令的格式如表 8-4 所示。

表 8-4　BCDI 指令格式

格式　　　名称	BCD 码转换指令 BCDI
梯形图(LAD)	BCD_I —EN　ENO— —IN　OUT—
指令表(STL)	BCDI　OUT

指令说明：

(1) IN 为要转换的源操作数(0～9999)，OUT 为存储整数的目标操作数。

(2) BCDI 码转换指令是将源操作数的数据(8421BCD 码)转换成整数存入目标操作数中，在源操作数中每 4 位表示 1 位十进制数，从低到高分别表示个位、十位、百位、千位。

举例说明：

(1) 将图 8-7 所示拨码开关数据 5019 经 BCDI 变换后存储到变量寄存器 VW0 中。

(2) 将图 8-7 所示拨码开关数据 5019 不经 BCDI 变换直接存储到变量寄存器 VW10 中。

程序如图 8-8 所示。在网络 1 中，将输入数据传送到 AC0；在网络 2 中，经过 BCDI 指令变换后，数据传送到 VW0；在网络 3 中，数据直接传送到 VW10。

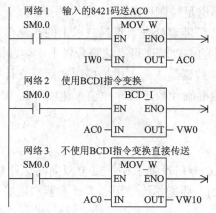

图 8-8　BCDI 指令的应用

仿真运行结果如图 8-9 所示。从中可以看出：VW0=5019，VW10=20505，其结果是不同的。十进制数 5019 的传送过程如图 8-10 所示。其中 IW0=IB0+IB1。

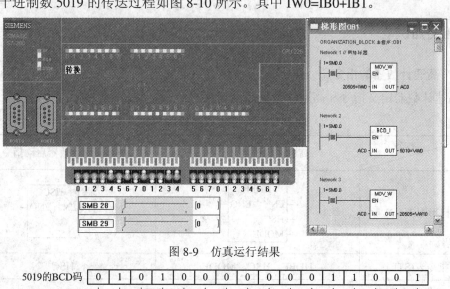

图 8-9　仿真运行结果

5019的BCD码	0	1	0	1	0	0	0	0	0	0	0	1	1	0	0	1
IW0=IB0+IB1	I0.7	I0.6	I0.5	I0.4	I0.3	I0.2	I0.1	I0.0	I1.7	I1.6	I1.5	I1.4	I1.3	I1.2	I1.1	I1.0
		5				0				1				9		

图 8-10　拨码开关的传送过程

任务 2 高速计数器及其应用

一、任务引入

一般情况下，PLC 的普通计数器受 CPU 扫描周期的影响，只能接收频率为几十赫兹的低频脉冲信号，在对高速脉冲信号计数时会发生脉冲丢失的现象。尽管如此，对于大多数控制系统来说，这已经能够满足控制要求。

但在实际生产中，PLC 可能要处理上百赫兹以上的高速信号，这时就需要使用其高速计数器。例如常见机械设备的主轴转速可高达每分钟上千转，检测其转速就要使用 PLC 的高速计数器。PLC 的高速计数器是脱离主机扫描周期而独立计数的计数器，它可对脉宽小于主机扫描周期的高速脉冲准确计数，其脉冲输入速率可达 10～30 kHz。

二、任务分析

西门子 S7-200 系列 PLC 专门设置了 6 个 32 位双向高速计数器 HSC0～HSC5(CPU221、CPU222 没有 HSC1、HSC2)。要能熟练使用高速计数器，则必须掌握以下知识：

(1) 高计数器的指令。

(2) 高速计数器的工作模式设置。

(3) 高速计数器的控制字节设置。

三、相关知识

1. 高速计数器的指令

高速计数器定义指令和高速计数器启动指令的格式如表 8-5 所示。

表 8-5 高速计数器指令格式

名称 格式	高速计数器定义指令	高速计数器启动指令
梯形图(LAD)	HDEF EN ENO HSC MODE	HSC EN ENO N
指令表(STL)	HDEF HSC，MODE	HSC N
操作数范围	HSC：0～5； MODE：0～11；N：0～5	

指令说明：

(1) 高速计数器定义指令(HDEF)，为指定的高速计数器选定一种工作模式(有 12 种不同的工作模式)。工作模式决定了高速计数器的计数脉冲、方向、启动和复位功能。

(2) 高速计数器启动指令(HSC)用于启动编号为 N 的高速计数器。

2. 高速计数器的中断事件类型

高速计数器的计数和动作可采用中断方式进行控制,与 CPU 的扫描周期关系不大,各种型号的 PLC 可用的高速计数器的中断事件大致分为三类:当前值等于预设值中断、输入方向改变中断和外部复位中断。所有高速计数器都支持当前值等于预设值中断。

3. 高速计数器的工作模式和输入端

每种高速计数器都有多种工作模式,以完成不同的功能,高速计数器的工作模式与中断事件有密切关系。在使用一个高速计数器时,首先要使用 HDEF 指令给计数器设定一种工作模式。每一种高速计数器的工作模式的数量也不同,HSC1 和 HSC2 最多可达 12 种,而 HSC5 只有一种工作模式。

S7-200 系列 PLC 高速计数器 HSC0~HSC5 可以分别定义为四种工作类型:带有内部方向控制的单相计数器;带有外部方向控制的单相计数器;带有增/减计数脉冲输入的双相计数器;A/B 正交计数器。

HSC0~HSC5 可以根据外部输入端的不同配置 12 种模式(模式 0~模式 11),高速计数器的工作模式和输入端如表 8-6 所示。

表 8-6　高速计数器的工作模式和输入端

计数器标号及各种工作模式对应的输入端	HSC0	I0.0	I0.1	I0.2	
	HSC1	I0.6	I0.7	I1.0	I1.1
	HSC2	I1.2	I1.3	I1.4	I1.5
	HSC3	I0.1			
	HSC4	I0.3	I0.4	I0.5	
	HSC5	I0.4			
带有内部方向控制的单相计数器	模式 0	计数脉冲			
	模式 1	计数脉冲		复位	
	模式 2	计数脉冲		复位	启动
带有外部方向控制的单相计数器	模式 3	计数脉冲	方向		
	模式 4	计数脉冲	方向	复位	
	模式 5	计数脉冲	方向	复位	启动
带有增/减计数脉冲输入的双相计数器	模式 6	增计数脉冲	减计数脉冲		
	模式 7	增计数脉冲	减计数脉冲	复位	
	模式 8	增计数脉冲	减计数脉冲	复位	启动
A/B 正交计数器	模式 9	计数脉冲 A	计数脉冲 B		
	模式 10	计数脉冲 A	计数脉冲 B	复位	
	模式 11	计数脉冲 A	计数脉冲 B	复位	启动

　　为了适应不同的控制要求,除计数脉冲输入端外,高速计数器还配有外部启动端和复位端,其有效电平可设置为高电平有效或低电平有效。当有效电平激活复位输入端时,计数器清除当前值,并一直保持到复位端失效;当激活启动输入端时,高速计数器开始计数;当启动端失效时,高速计数器的当前值保持为常数,并忽略计数脉冲。

　　选用某个高速计数器在某种工作模式下工作后,高速计数器所使用的输入端不是任意选择的,必须按系统指定的输入点输入信号。

　　例如,如果 HSC0 在模式 4 下工作,就必须用 I0.0 为脉冲输入端,I0.1 为增/减方向输入端,I0.2 为外部复位输入端。

　　高速计数器输入点、输入/输出中断输入点都使用一般数字量输入点。同一个输入点只能实现一种功能,如果程序使用了高速计数器,则高速计数器的这种工作模式下指定的输入点只能被高速计数器使用。只有高速计数器不用的输入点才可以作为输入/输出中断或一般数字量输入点使用。例如,HSC0 在模式 0 下工作,只用 I0.0 作脉冲输入,不使用 I0.1 和 I0.2,则这两个输入端可作为输入/输出中断的输入点或一般数字量的输入点使用。

4. 高速计数器的使用方法

1) 状态字节

　　每个高速计数器都有固定的特殊存储器与之相配合,完成高速计数功能,具体对应关系如表 8-7 所示。

表 8-7 状态字节

高速计数器编号	状态字节	控制字节	当前值(双字)	预设值(双字)
HSC0	SMB36	SMB37	SMD38	SMD42
HSC1	SMB46	SMB47	SMD48	SMD52
HSC2	SMB56	SMB57	SMD58	SMD62
HSC3	SMB136	SMB137	SMD138	SMD142
HSC4	SMB146	SMB147	SMD148	SMD152
HSC5	SMB156	SMB157	SMD158	SMD162

　　每个高速计数器都有一个状态字节,程序运行时根据运行状况自动使某些位置位,可以通过程序来读相关位的状态,用以判断条件实现相应的操作。状态字节中各状态位的功能如表 8-8 所示。

表 8-8 高速计数器的特殊寄存器

状态位	SM××6.0～SM××6.4	SM××6.5	SM××6.6	SM××6.7
功能描述	不用	当前计数方向 0 增, 1 减	当前值=设定值 0 不等, 1 等	当前值≠设定值 0≤, 1>

2) 控制字节

每个高速计数器对应一个控制字节。通过对控制字节中指定位的编程，可以根据操作要求设置字节中各控制位，如复位与启动输入信号的有效状态、计数速率、计数方向、允许更新双字值和允许执行 HSC 指令等。控制字节中各控制字节(位)的功能如表 8-9 所示。

表 8-9　高速计数器的控制字节(位)

HSC0	HSC1	HSC2	HSC3	HSC4	HSC5	描　述
SM37.0	SM47.0	SM57.0	—	SM147.0	—	复位有效电平控制位： 0=复位高电平有效； 1=复位低电平有效
—	SM47.1	SM57.1	—	—	—	启动有效电平控制位： 0=启动高电平有效； 1=启动低电平有效
SM37.2	SM47.2	SM57.2	—	SM147.2	—	正交计数器计数速率选择： 0=4×计数率；1=1×计数率
SM37.3	SM47.3	SM57.3	SM137.3	SM147.3	SM157.3	计数方向控制位： 0=减计数；1=增计数
SM37.4	SM47.4	SM57.4	SM137.4	SM147.4	SM157.4	向 HSC 写入计数方向： 0=不更新；1=更新计数方向
SM37.5	SM47.5	SM57.5	SM137.5	SM147.5	SM157.5	向 HSC 写入： 0=不更新；1=更新预置值
SM37.6	SM47.6	SM57.6	SM137.6	SM147.6	SM157.6	向 HSC 写入新的初始值： 0=不更新；1=更新初始值
SM37.7	SM47.7	SM57.7	SM137.7	SM147.7	SM157.7	HSC 指令执行允许控制： 0=禁止 HSC；1=允许 HSC

表 8-9 中的前 3 位(0、1 和 2 位)只有在 HDEF 指令执行时进行设置，在程序中其他位置不能更改(默认值为：启动和复位为高电位有效，正交计数速率为 4X，即输入脉冲数的 4 倍)；第 3 位和第 4 位可以在工作模式 0、1 和 2 下直接更改，以单独改变计数方向。后 3 位(5、6 和 7 位)可以在任何模式下并在程序中更改，以单独改变计数器的当前值、预置值或对 HSC 禁止计数。

3) 使用高速计数器

(1) 选择高速计数器及工作模式包括两方面工作：根据使用的主机型号和控制要求，一是选用高速计数器，二是选择该高速计数器的工作模式。

例如，要对一高速脉冲信号进行增/减计数，计数当前值达到 120 产生中断，计数方向用一个外部信号控制，所用的主机型号为 CPU224。

分析：本控制要求是带外部方向控制的单相增/减计数，因此可用的高速计数器可以是 HSC0、HSC1、HSC2 或 HSC4 中的任何一个。如果确定为 HSC0，由于不要求外部复位，所以应选择工作模式为 3。同时也确定了各个输入点：I0.0 为脉冲输入端，I0.1 为外部方向控制(I0.1=0 时为减计数，I0.1=1 时为增计数)。

(2) 设置控制字节。在选择用 HSC0 的工作模式 3 之后，对应的控制字节为 SMB37。如果向 SMB37 写入 2#1111 1000，即 16#F8，则对 HSC0 的功能设置为：复位与启动输入信号都是高电平有效、4 倍计数率、计数方向为增计数、允许更新双字值和允许执行 HSC 指令。

(3) 执行 HDEF 指令。执行 HDEF 指令时，HSC 的输入值为 0，MODE 的输入值为 3，指令为"HDEF 0，3"。

(4) 设定当前值和预置值。每个高速计数器都对应一个双字长的当前值和一个双字长的预置值。两者都是有符号整数。当前值随计数脉冲的输入而不断变化，运行时当前值可以由程序直接读取 HSCn 得到。

(5) 设置中断事件并全局开中断。高速计数器利用中断方式对高速事件进行精确控制。

本例中，用 HSC0 进行计数，要求在当前值等于预置值时产生中断，因此使用中断事件号为 12。用中断调用指令 ATCH 指令将中断事件号 12 和中断程序(假设中断程序为 INT_0)连接起来，并允许全局中断。

在 INT_0 程序中，可完成 HSC0 当前值等于预置值时计划要做的工作。

(6) 执行 HSC 指令。以上设置完成并用指令实现之后，即可用 HSC 指令对高速计数器编程进行计数。

以上 6 步是对高速计数器的初始化，可以用主程序中的程序段来实现，也可以用子程序来实现，这称为高速计数器初始化程序。高速计数器在投入运行之前，必须要执行一次初始化程序段或初始化子程序。

四、任务实施

本任务实现电机转速的测定。

1. 控制要求

本任务要求采用测频的方法测量电机的转速。设电机的转速已经由编码器转化成了脉冲信号。

2. 训练目的

(1) 学会高速计数器指令的使用方法。
(2) 学会使用高速计数器的程序设计方法。

3. 控制要求分析

测频法测量电机的转速是指单位时间内采集脉冲的个数，因此可以选用高速计数器对转速脉冲信号进行计数，同时用定时器中断来完成定时。

4．程序设计

电机转速测定梯形图如图 8-11(a)、(b)、(c)所示。

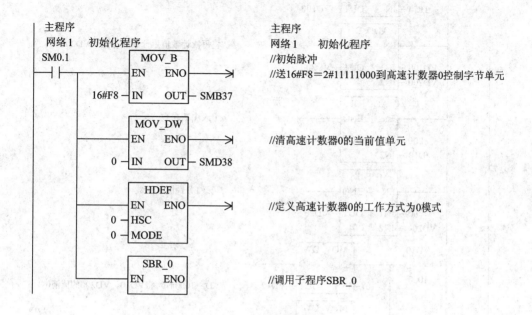

(a) 主程序

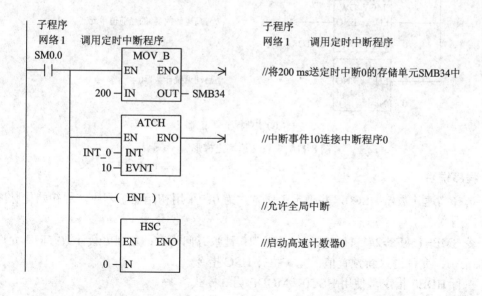

(b) 子程序

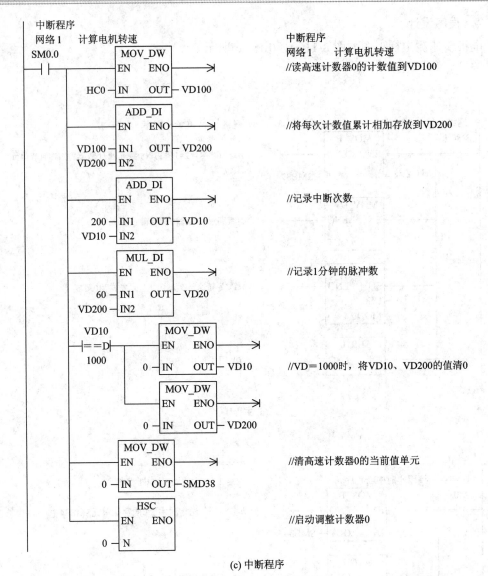

图 8-11 电机转速测定梯形

5. 程序说明

(1) 选择高速计数器 HSC0,并确定工作方式为 0;采用初始化子程序,用初始化脉冲 SM0.1 调用子程序。

(2) 令 SMB=16#F8=2#11111000。其功能为:计数方向为增;允许更新计数方向;允许写入新当前值;允许写入新预置值;允许执行 HSC 指令。

(3) 执行 HDEF 指令,使用 HSC0,MODE 为 0 模式。

(4) 装入当前值,令 SMD38=0。

(5) 装入定时中断设定值,令 SMB34=200,即每 200 ms 中断一次。

(6) 执行中断连接指令 ATCH,中断程序为 INT_0,中断事件 EVNT 为 10。执行中断允许指令 ENI,启动高速计数器 HSC0。

(7) 每中断一次，将高速计数器的值读到 VD100 中，再执行相加程序，将每次中断值相加，存放到 VD200 中。VD20 存放 1 min 的脉冲数，VD10 中存放中断次数。

(8) 中断时间累计到 1 min，将 VD10、VD200 的值清零。每次中断后将高速计数器的当前值存储单元清零，并再次调用高速计数器 HSC0。

五、知识拓展

转换指令是指对操作数的类型进行转换，包括数据的类型转换、码的类型转换以及数据和码之间的类型转换。根据指令使用的频繁程度，下面主要讲解数据类型转换。

PLC 中的主要数据类型包括字节、整数、双整数和实数。不同性质的指令对操作数的类型要求不同，因此在指令使用之前需要将操作数转换成相应的类型，转换指令可以完成这样的任务。

1．字节与整数转换指令

字节与整数转换指令的格式如表 8-10 所示。

表 8-10　字节与整数转换指令格式

格式 ＼ 名称	字节转换成整数 B_I 指令	整数转换成字节 I_B 指令
梯形图(LAD)	B_I EN ENO IN OUT	I_B EN ENO IN OUT
指令表(STL)	BTI IN, OUT	ITB IN, OUT

指令说明：

B_I 指令是将输入数据 IN 转换成整数类型，并将结果送到 OUT 输出。字节型是无符号的，所以没有符号扩展。

I_B 指令是将输入数据 IN 转换成字节类型，并将结果送到 OUT 输出。输入数据超出字节范围(0～255)则产生溢出。

2．整数与双整数转换指令

整数与双整数转换指令的格式如表 8-11 所示。

表 8-11　整数与双整数转换指令格式

格式 ＼ 名称	双整数转换成整数 DI_I 指令	整数转换成双整数 I_DI 指令
梯形图(LAD)	DI_I EN ENO IN OUT	I_DI EN ENO IN OUT
指令表(STL)	DTI IN, OUT	ITD IN, OUT

指令说明:

DI_I 指令是将双整数数据 IN 转换成整数类型,并将结果送到 OUT 输出。输入数据超出整数范围则产生溢出。

I_DI 指令是将整数输入数据 IN 转换成双整数类型,并将结果送到 OUT 输出。

3. 双整数与实数转换指令

双整数与实数转换指令的格式如表 8-12 所示。

表 8-12 双整数与实数转换指令格式

格式\名称	ROUND 指令	TRUNC 指令	DI_R 指令
梯形图(LAD)	ROUND ─EN ENO─ ─IN OUT─	TRUNC ─EN ENO─ ─IN OUT─	DI_R ─EN ENO─ ─IN OUT─
指令表(STL)	ROUND IN, OUT	TRUNC IN, OUT	DTR IN, OUT

指令说明:

实数转换成双整数有两条指令:ROUND 和 TRUNC。

ROUND、TRUNC 指令将实数型输入数据 IN 转换成双整数类型,并将结果送到 OUT 输出。两条指令的区别是:前者小数部分 4 舍 5 入,而后者小数部分直接舍去。

DI_R 指令将双整数输入数据 IN 转换成实数,并将结果送到 OUT 输出。

注意:没有直接的整数到实数转换指令。转换时,先使用 I_DI 指令,将整数转换成双整数,然后再使用 DTR 指令将双整数转换成实数即可。

4. 转换指令使用举例

将整数 101 转换成实数,然后乘以 2.54,将结果取整数。

转换指令应用程序如图 8-12 所示。

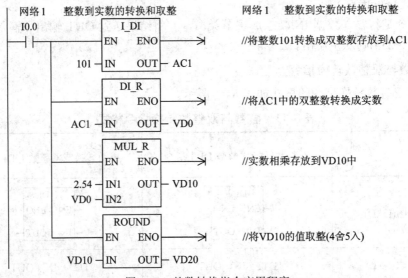

图 8-12 整数转换指令应用程序

仿真运行结果如图 8-13 所示。

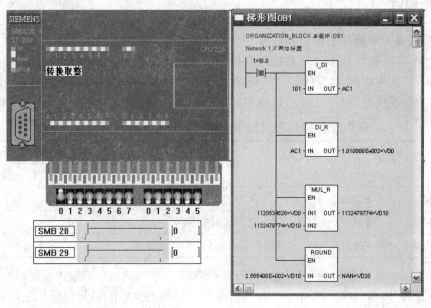

图 8-13　仿真运行结果

任务 3　模拟量扩展模块的使用

一、任务引入

生产过程中有许多电压、电流信号，用连续变化的形式表示温度、流量、转速、压力等工艺参数的大小，这就是模拟量信号。这些信号在一定范围内连续变化，如 0～+10 V 电压或 0～20 mA 电流。

通常 PLC 的 CPU 单元只配置了数字量 I/O 接口，如果处理模拟量信号，必须使用模拟量扩展模块。模拟量扩展模块的任务就是实现模/数(A/D)转换或数/模(D/A)转换，使 PLC 能够接收、处理和输出模拟量信号。

二、任务分析

S7-200 系列 PLC 主要有三种模拟量扩展模块，要正确使用这三种扩展模块，就必须了解和掌握以下知识：

(1) 模拟量扩展模块的种类和连接方法。

(2) 模拟量输入模块的地址、技术规范和使用方法。

(3) 模拟量输出模块的地址、技术规范和使用方法。

三、相关知识

1. 模拟量扩展模块的种类和连接

S7-200 系列 PLC 主要有三种模拟量扩展模块，扩展模块的 +5 V(DC)工作电源由 CPU 单元提供，扩展模块的 24 V(DC)工作电源由外部电源(或 PLC 主机产生的 24 V(DC)电源)提供，各扩展模块的型号、I/O 点数及消耗电流如表 8-13 所示。

表 8-13 模拟量扩展模块型号、I/O 点数及消耗电流

名　称	型号	I/O 点数	模块消耗电流/mA	
			+5 V(DC)	+24 V(DC)
输入模块	EM231	4 路模拟量输入	20	60
输出模块	EM232	2 路模拟量输出	20	70
混合模块	EM235	4 路模拟量输入/1 路模拟量输出	30	60

CPU 单元与扩展模块由导轨固定，CPU 模块放在最左侧，扩展模块依次排列在右侧。CPU 单元的扩展端口位于机身中部右侧前盖下，与扩展模块的扁平电缆相连，如图 8-14 所示。

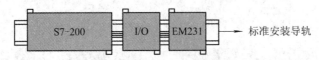

图 8-14　PLC 主机与扩展模块的连接

2. 模拟量输入模块

1) 模拟量输入模块的地址和技术规范

模拟量输入映像区是 S7-200 系列 PLC 为模拟量输入信号开辟的一个存储区。模拟量输入用标识符(AI)、数据长度(W)及字节的起始地址表示，该区的数据为字(16 位)。在 CPU221 和 CPU222 中，其表示形式为：AIW0、AIW2、…、AIW30，共有 16 个字，总共允许有 16 路模拟量输入；在 CPU224 和 CPU226 中，其表示形式为：AIW0、AIW2、…、AIW62，共有 32 个字，总共允许有 32 路模拟量输入。模拟量输入值为只读数据。

模拟量输入模块的主要技术规范如表 8-14 所示。

表 8-14　模拟量输入模块的主要技术规范

隔离(现场与逻辑电路间)		无
输入范围	电压(单极性)	0～10 V，0～5 V
	电压(双极性)	±5 V，±2.5 V
	电流	0～20 mA
输入分辨率	电压(单极性)	2.5 MV(0～10 V 时)
	电压(双极性)	2.5 MV(±5 V 时)
	电流	5 μA(0～20 mA 时)

续表

数据字格式	单极性，全量程范围	0～+32 000
	双极性，全量程范围	−32 000～+32 000
直流输入阻抗	电压输入	≥10 mΩ
	电流输入	250 Ω
精度	单极性	12 位
	双极性	11 位，加 1 符号位
最大输入电压	30 V(DC)	
最大输入电流	32 mA	
模数转换时间	＜250 μs	
模拟量输入阶跃响应	1.5 ms 至 95%	
共模抑制	40 dB，DC 至 60 V 用于干扰频率 50/60 Hz	
共模电压	信号电压+共模电压(必须≤± 12 V)	
24 V(DC)电压范围	20.4～28.8 V(DC)	

2) 模拟量输入模块的数据字格式

模拟量输入模块对模拟量进行 A/D 转换，将模拟量信号转换成 CPU 单元所能接受的数字量信号。模拟量输入模块的分辨率为 12 位，单极性数据格式的全量程范围为 0～32 000，双极性全量程范围的数字量为 −32 000～+32 000。

模拟量转换为 12 位的数字量是左对齐的，如图 8-15 所示。在单极性格式中，最高有效位是符号位，0 表示正值。最低位是 3 个连续的 0，使得 A/D 转换器计数数值每变化 1 个单位则数据字的变化是以 8 为单位变化的，相当于转换值被乘以 8。

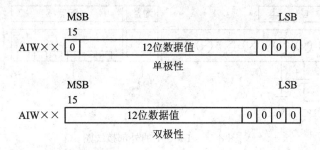

图 8-15　模拟量输入数据字的格式

在双极性格式中，最低位是 4 个连续的 0，使得 A/D 转换器计数数值每变化 1 个单位则数据字的变化是以 16 为单位变化的，相当于转换值被乘以 16。

3) 模拟量输入模块的使用注意事项

在选择模拟量输入模块和应用时要注意以下事项：

(1) 模拟量值的输入范围。模拟量输入模块有各种输入范围，它们包括 0～10 V，±5 V，0～20 mA 等。在选用时要与现场过程检测信号范围相对应。

(2) 采样循环时间。一个模拟量输入模块包括 4 路模拟通道，它在处理模拟量输入值时采用循环处理方式，所以采样循环时间反映了系统处理模拟量输入的响应时间。

(3) 模拟量输入模块的外部连接方式。外部检测元件各种各样，它们的信号范围和要求的连接也各不相同。模拟量输入模块为适应各种要求提供了多种连接方式，例如电阻的连接方式、各种传感器的连接方式等，有时还包括两线连接和带补偿的四线连接，这些都要根据实际需要进行选择。

4) 模拟量输入模块EM231的外部接线

EM231 的外部接线如图 8-16 所示，上部有 12 个端子，每 3 个点为一组，共 4 组，每组可作为 1 路模拟量的输入通道(电压信号或电流信号)。输入信号为电压信号时，用 2 个端子(如 A+、A−)；输入信号为电流 0∼20 mA 或 4∼20 mA 时，用 3 个端子，应将 RA 与 A+ 或 RB 与 B+ 或 RC 与 C+ 或 RD 与 D+ 短接，就好比把一个 250 Ω 电阻并联在信号输入端，此时电流转化成对应的电压 0∼5 V，所以量程应打在 0∼5 V 挡，DIP 开关位置是 110 000。未用的输入通道应短接(如 B+、B−)。

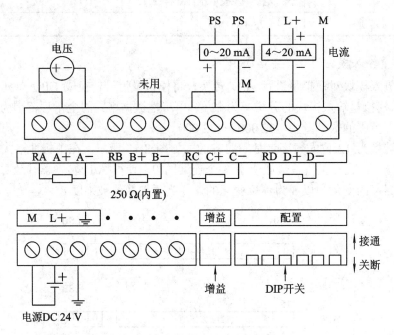

图 8-16   EM231 的外部接线图

下部右边分别是增益校准电位器(在没有精密仪器情况下，不要调整)和配置设定 DIP 开关。

4 路模拟量地址分别是 AIW0、AIW2、AIW4 和 AIW6。

5) DIP 开关设置表

模拟量输入模块有多种量程，可以通过模块上的 DIP 开关来设置所使用的量程，CPU 只在电源接通时读取开关设置。用来选择模拟量量程精度的 EM231 DIP 开关设置表如表 8-15 所示。开关 SW1、SW2 和 SW3 位置 ON 为接通，位置 OFF 为关断。

表 8-15　EM231 DIP 开关设置表

单极性			满量程输入	分辨率
SW1	SW2	SW3		
ON	OFF	ON	0～10 V	2.5 mV
	ON	OFF	0～5 V	1.25 mV
			0～20 mA	5 μA
双极性			满量程输入	分辨率
SW1	SW2	SW3		
OFF	OFF	ON	±5 V	2.5 mV
	ON	OFF	±2.5 V	1.25 mV

3. 模拟量输出模块

1) 模拟量输出模块的地址和技术规范

每种 CPU 模块所提供的本机 I/O 地址是固定的。进行扩展时，在 CPU 单元右边连接的扩展模块的地址由 I/O 端口的类型以及它在同类 I/O 链中的位置来决定，扩展模块的地址编码按照由左至右的顺序依次排列。

模拟量扩展模块是按偶数分配地址。模拟量扩展模块与数字量扩展模块不同的是：数字量扩展模块中的保留位可以当内存中的位使用，而模拟量扩展模块因为没有内存映像，不能使用这些 I/O 地址。

模拟量输出映像区是 S7-200 系列 PLC 为模拟量输出信号开辟的一个存储区。模拟量输出用标识符(AQ)、数据长度(W)及字节的起始地址表示，该区的数据为字(16 位)。在 CPU221 和 CPU222 中，其表示形式为：AQW0、AQW2、…、AQW30，共有 16 个字，总共允许有 16 路模拟量输出；在 CPU224 和 CPU226 中，其表示形式为：AQW0、AQW2、…、AQW62，共有 32 个字，总共允许有 32 路模拟量输出。

模拟量输出模块的主要技术规范如表 8-16 所示。

表 8-16　模拟量输出模块的主要技术规范

隔离(现场侧到逻辑电路)		无
信号范围	电压输出	±10 V
	电流输出	0～20 mA
分辨率：全量程	电压	12 位，加符号位
	电流	11 位
数据字格式	电压	−32 000～+32 000
	电流	0～+32 000
精度：最差情况(0°～55°C)	电压输出	±2%满量程
	电流输出	±2%满量程
精度：典型情况(25°C)	电压输出	±0.5%满量程
	电流输出	±0.5%满量程
设置时间	电压输出	100 μs
	电流输出	2 ms
最大驱动	电压输出	最小 5000 Ω
	电流输出	最大 500 Ω
24 V(DC)电压范围		20.4～28.8 V(DC)

2) 模拟量输出模块的数据字格式

模拟量输出模块用于将 PLC 内部的数字量转换为外部控制所需要的模拟电压或电流，再去控制执行机构。其存储区中数字量的数据字格式为 12 位、左对齐，MSB 和 LSB 分别为最高有效位和最低有效位，如图 8-17 所示。最高有效位是符号位，0 表示正数，1 表示负数。最低位有 4 个连续的 0，在将数据字装载到 DAC 寄存器之前，低位的 4 个 0 被截断，不会影响输出信号值。

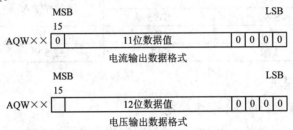

图 8-17   模拟量输出数据字格式

3) 模拟量输出模块的使用注意事项

在选择和应用模拟量输出模块时要注意以下事项：

(1) 输出范围。模拟量输出范围为 –10～+10 V，0～20 mA。

(2) 输出类型。模拟量输出类型有电压输出和电流输出两种类型，其接线方式不同。

(3) 对负载的要求。模拟量输出模块对负载的要求主要是负载阻抗，在电流输出方式下一般给出最大负载阻抗；在电压输出方式下，则给出最小负载阻抗。

(4) 抗干扰措施。模拟量属于小信号，在应用中要注意抗干扰措施，其主要方法有：与交流信号和可产生干扰源的供电电源保持一定距离；模拟量信号接线要采用屏蔽措施；采用一定的补偿措施，减少环境对模拟量信号的影响。

4) 模拟量输出模块EM232的外部接线

模拟量输出模块 EM232 的上部从左端起的每 3 个点为一组，每组可作为 1 路模拟量输出(电压或电流信号)，使用时外部接线如图 8-18 所示。V0 端接电压负载，I0 端接电流负载，M0 端为公共端。两组接法类同。第一路的模拟量地址是 AQW0，第二路的模拟量地址是 AQW2。

下部最左边的 3 个端子是模块所需要的直流 24V(M，L+，接地端)电源，它既可以由外部电源提供，也可以由CPU 单元提供(注意容量匹配)。

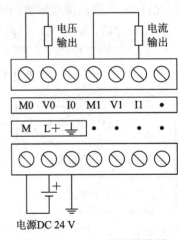

图 8-18   EM232 外部接线图

四、任务实施

1. 模拟量输入模块 EM231 的使用与仿真

1) 模拟量信号值的采集

(1) 控制要求：使用 CPU226 和 EM231 将模拟电压转换为数字量存入 VW0，并分析模拟电压值与数字量的对应关系。

(2) 训练目的：掌握模拟量输入模块 EM231 的接线；掌握 DIP 开关的设置。

(3) 控制要求分析：EM231 采集的是电压量，电压值如果在 0~10 V 之间变化，则是单极性；电压值如果在 ±5 V 之间变化，则是双极性。根据具体要求，将 DIP 开关进行相应的设置。

(4) 模/数转换程序设计的梯形图如图 8-19 所示。

(5) 模拟量输入模块 EM231 的外部接线图如图 8-20 所示。

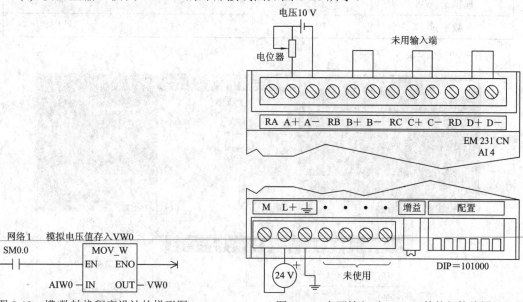

图 8-19　模/数转换程序设计的梯形图

图 8-20　电压输入时 EM231 的外部接线图

(6) DIP 开关设置。SW1=ON，SW2=OFF，SW3=ON。此时，模拟量输入模块满量程输入为 0~10 V。

(7) 改变图 8-20 所示中的电位器，改变模拟量输入信号电压值。从状态监控表 VW0 中读出相应的数字量，填入表 8-17 中。

表 8-17　模拟量电压值与对应的数字量

模拟电压/V	1.55	7.55	9.50
数字量	5007	25013	31224

模拟电压值与数字量的关系曲线如图 8-21 所示，可以看出，数字量与模拟电压值成正比关系。

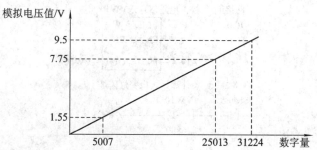

图 8-21　输入模拟电压值与数字量的关系曲线

(8) 仿真运行。在仿真软件中设置 CPU 为 226，并双击主机右边的 0 号位置，配置模拟量输入模块 EM231，点击按钮 Conf.Module，设定 EM231 量程为 0～10 V。运行程序，输入模拟电压值，将模拟电压值与数据值填入表 8-18 中。比较两表，可以看出，测试数据与仿真数据非常接近，同样可以得出模拟电压值与数字量成正比关系的结论。

表 8-18　输入仿真模拟电压值

模拟电压/V	1.55	7.55	9.50
数字量	5064	25376	31112

仿真结果如图 8-22 所示。

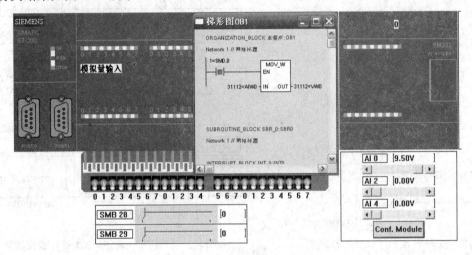

图 8-22　EM231 仿真结果

2) 压力检测报警

(1) 控制要求：量程为 0～10 MPa 的压力变送器的输出信号为直流 4～20 mA。当压力大于 8 MPa 时，报警灯闪亮，否则灯灭(设报警灯的输出端为 Q0.0)。

(2) 训练目的：掌握模拟量输入模块 EM231 的电流输入接线；掌握 DIP 开关的设置。

(3) 控制要求分析：选择 EM231 的 0～20 mA 挡作为模拟量输入的测量量程，模拟量输入模块将 0～20 mA 转换为 0～32 000 的数字量。当系统压力为 8 MPa 时，压力变送器的输出信号为 $4 + [(20-4) / 10] \times 8 = 16.8$ mA，模拟量 16.8 mA 对应的数字量为 26 880。

(4) 压力检测报警程序设计的梯形图如图 8-23 所示。

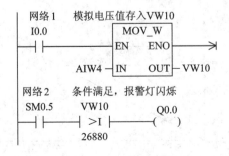

图 8-23　压力检测报警程序设计的梯形图

(5) 模拟量输入模块 EM231 的外部接线图如图 8-24 所示。

L+ 端接变送器正端，变送器负端接 RC 和 C+ (RC 和 C+短接)，C- 接 M 端。

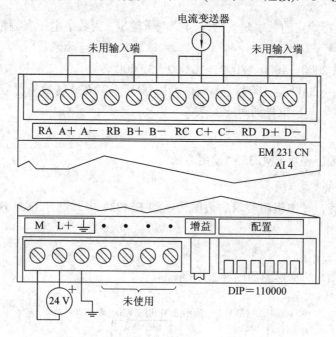

图 8-24　电流输入时 EM231 的外部接线图

(6) 仿真运行。在仿真软件中设置 CPU 为 226，并双击主机右边的 0 号位置，配置模拟量输入模块 EM231，点击按钮 Conf . Module，设定 EM231 量程为 0～20 mA。运行程序，输入模拟电流值，当电流值为 16.41 时，数字量为 26 888，此时报警灯开始闪烁。仿真界面如图 8-25 所示。

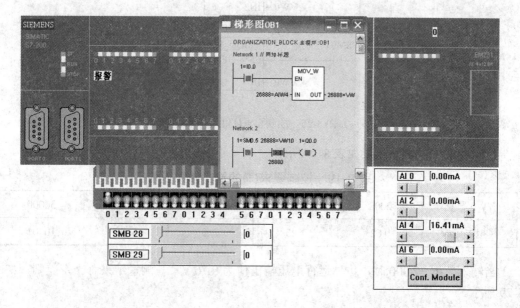

图 8-25　电流输入的仿真界面

2. 模拟量输出模块 EM232 的使用与仿真

1) 控制要求

使用 EM232 将给定的数字量转换为模拟电压输出,用数字电压表测量输出电压值,并且记录与分析。

(1) 将数字量 2000、4000、8000、16 000、32 000 转换为对应的模拟电压值。

(2) 将数字量 -2000、-4000、-8000、-16 000、-32 000 转换为对应的模拟电压值。

(3) 分析数字量与模拟量的对应关系。

2) 训练目的

掌握模拟量输出模块 EM232 的使用方法。

3) 控制要求分析

通过程序设计,使主机将要求的数据传送到 EM232 中,进行 D/A 转换,并将模拟电压值输出。

4) 程序设计

(1) 控制要求(1)的梯形图如图 8-26 所示。

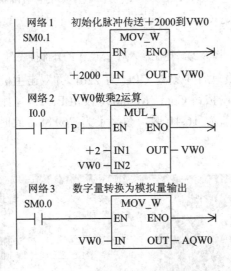

图 8-26 控制要求(1)的梯形图

控制要求(1)的测量结果如表 8-19 所示。

表 8-19 控制要求(1)的输出模拟压值

VW0 数据	2000	4000	8000	16000	32000
模拟电压/V	0.62	1.25	2.5	5.00	10.01

当输入数据 32 000 时,仿真运行电压输出值为 9.76 V,与测量结果有一定差别,如图 8-29 所示。

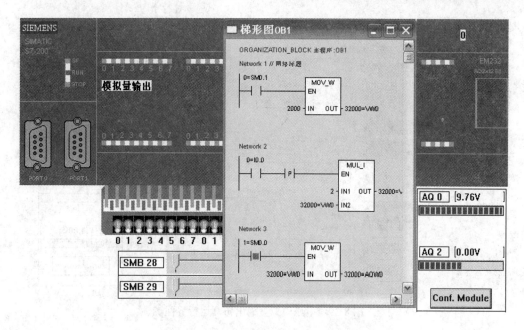

图 8-27　电压模拟量输出仿真运行界面

(2) 控制要求(2)的梯形图如图 8-28 所示。

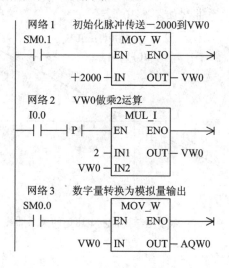

图 8-28　控制要求(2)的梯形图

控制要求(2)的测量结果如表 8-20 所示。

表 8-20　控制要求(2)的输出模拟压值

VW0 数据	−2000	−4000	−8000	−16000	−32000
模拟电压/V	−0.62	−1.25	−2.5	−5.00	−10.01

当输入数据 −32 000 时,仿真运行电压输出值为 −9.76 V,与测量结果有一定差别,如图 8-29 所示。

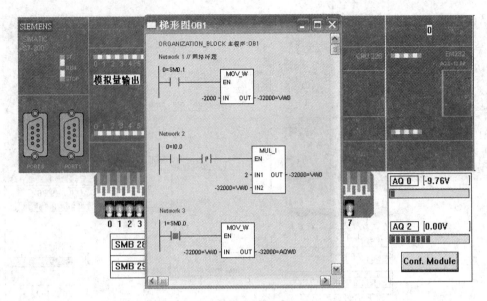

图 8-29　电压模拟量输出仿真运行界面

5) 数字量与模拟电压值的关系曲线

根据表 8-19 和表 8-20 画出数字量与模拟电压值的关系曲线，可以看出，数字量与模拟电压值成正比关系。其关系曲线如图 8-30 所示。

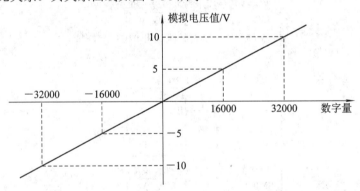

图 8-30　数字量与模拟量电压值的关系曲线

五、知识拓展

1) 模拟量混合模块 EM235 介绍

EM235 外部接线如图 8-31 所示。其上部有 12 个端子，每 3 个点为一组，共 4 组，每组可作为 1 路模拟量的输入通道(电压信号或电流信号)。输入信号为电压信号时，用 2 个端子(如 A+、A−)；输入信号为电流信号时，用 3 个端子，应将 RA 与 A+ 或 RB 与 B+ 或 RC 与 C+ 或 RD 与 D+ 短接，未用的输入通道应短接(如 B+、B−)。

下部电源右边的 3 个端子是 1 路模拟量输出(电压或电流信号)，V0 端接电压负载，I0 端接电流负载，M0 端为公共端。

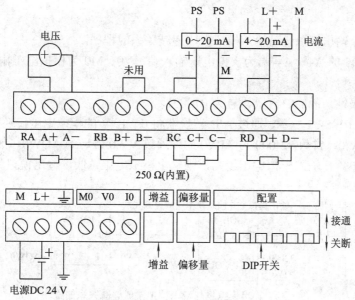

图 8-31　EM235 接线图

4 路输入模拟量地址分别是 AIW0、AIW2、AIW4、AIW6；1 路输出模拟量地址是 AQW0。

下部模拟量输出端的右边分别是增益校准电位器、偏移校准电位器和配置设定 DIP 开关。

选择模拟量量程和精度的 EM235 DIP 开关设置表如表 8-21 所示，开关 SW1～SW6 置 ON 为接通，置 OFF 为关断。

表 8-21　用来选择模拟量量程和精度的 EM235 DIP 开关设置表

单极性						满量程输入	分辨率
SW1	SW2	SW3	SW4	SW5	SW6		
ON	OFF	OFF	ON	OFF	ON	0～50 mV	12.5 μV
OFF	ON	OFF	ON	OFF	ON	0～100 mV	25 μV
ON	OFF	OFF	OFF	ON	ON	0～500 mV	125 μV
OFF	ON	OFF	OFF	ON	ON	0～1 V	250 μV
ON	OFF	OFF	OFF	OFF	ON	0～5 V	12.5 mV
ON	OFF	OFF	OFF	OFF	ON	0～20 mA	5 μA
OFF	ON	OFF	OFF	OFF	ON	0～10 V	2.5 mV
双极性						满量程输入	分辨率
SW1	SW2	SW3	SW4	SW5	SW6		
ON	OFF	OFF	ON	OFF	OFF	±25 mV	12.5 μV
OFF	ON	OFF	ON	OFF	OFF	±50 mV	25 μV
OFF	OFF	ON	ON	OFF	OFF	±100 mV	50 μV
ON	OFF	OFF	OFF	ON	OFF	±250 mV	125 μV
OFF	ON	OFF	OFF	ON	OFF	±500 mV	250 μV
OFF	OFF	ON	OFF	ON	OFF	±1 V	500 μV
ON	OFF	OFF	OFF	OFF	OFF	±2.5 V	1.25 mV
OFF	ON	OFF	OFF	OFF	OFF	±5 V	2.5 mV
OFF	OFF	ON	OFF	OFF	OFF	±10 V	5 mV

2) 程序编写

试编写一个输出模拟量与输入模拟量成递减关系的程序。

选择 EM235 的 A+、A– 端为模拟电压输入端，V0、M0 为模拟电压输出端。0～10 V 挡作为测量量程。

因为是单极性，故 DIP 开关设置为 010001。

控制程序如图 8-32 所示，通过 A/D 转换器将 0～10 V 的模拟电压转换为 0～32 000 的数字量存入 AIW0，常数 32 000 与 AIW0 的差通过 VW0 传送到 AQW0，然后通过 D/A 转换器输出模拟电压。输入模拟电压越高，则输出模拟电压越低，输出模拟量与输入模拟量成递减关系。

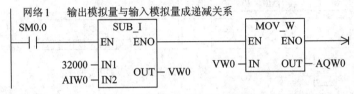

图 8-32　输出模拟量与输入模拟量成递减关系的程序

任务 4　恒温控制系统

一、任务引入

在工业生产中有许多地方需要对温度、压力等连续变化的模拟量进行恒温、恒压控制，其中，应用 PID(实际中也有 PI 和 PD 控制)最为广泛。PID 控制器问世至今已有近 70 年历史，它以其结构简单、稳定性好、工作可靠、调整方便而成为工业控制的主要技术之一。

二、任务分析

使用 PLC 对系统进行恒温控制，就要用到 PID 指令进行闭环控制。要实现上述目的，就必须掌握以下知识：

(1) 闭环控制系统。

(2) PID 指令的用法。

三、相关知识

1．闭环控制

1) 开环控制系统

开环控制是只有输入量的前向控制作用，没有输出量或被控量反向影响输入量的控制。

开环控制系统的优点是装置简单、调试方便、成本低廉。但其抗干扰能力差，所以只有在系统输入量及扰动规律能够预知时，或调速性能要求不高的场合，才采用开环控制系统。

2) 闭环控制系统

为了消除或减少扰动的影响，常采用闭环控制系统。闭环控制是从输出量中取出控制信号，反馈给输入端来控制输入量。

通常把输出信号送回到输入端，以增强或减弱输入信号的效应称为反馈。

凡使输入信号增强者称正反馈；凡使输入信号减弱者称负反馈。PID 属于闭环负反馈控制系统。

2．PID 算法

PID 控制器是根据系统的误差，利用比例、积分、微分计算出控制量进行控制的，它解决了自动控制理论要解决的最基本问题，即系统的稳定性、准确性和快速性。

一个系统要正常地工作，首先必须是稳定的，即系统的输出变化曲线是收敛的，最终趋近于一个稳定值。

准确性是指系统进入稳定后，实际输出值与设定值之间的误差值要小于允许范围。

快速性通常用上升时间过渡过程的调节时间来定量描述。输出量第一次达到稳态值的时间称为上升时间。

(1) 比例(P)控制。比例与误差同步，它的调节作用及时。在误差出现时，比例控制能立即给出控制信号，使被控量朝着误差减少的方向变化，但仅有比例控制时系统输出存在稳态误差。

(2) 积分(I)控制。为了消除稳态误差，在控制器中必须引入积分控制。在积分控制中，控制器的输出量与输入量误差信号对时间的积分成正比关系。随着时间的积累，积分项逐渐增大。这样，即便误差很小，积分项也会随着时间的积累而增大，它推动控制器的输出量增大而使稳态误差进一步减少，直到等于零。因此，比例＋积分(PI)控制器，可以使系统在进入稳态后无稳态误差。

(3) 微分(D)控制。在微分控制中，控制器的输出量与输入量误差信号对时间的微分(即误差的变化率)成正比关系。微分控制能预测误差变化的趋势，减少超调，克服振荡，使输出趋向稳定，改善系统在调节过程中的动态特性。

(4) PID 算法。如果一个 PID 回路的输出 M 是 t 时间的函数，则可以看做是比例项、积分项和微分项三部分之和，即

$$M(t) = K_c \cdot e + K_c \int_0^t edt + M_0 + K_c \cdot \frac{de}{dt}$$

以上各量都是连续量，第一项为比例项，最后一项为微分项，中间两项为积分项。

式中：M(t)——PID 回路的输出，是时间函数。

　　　e——给定值与被控制变量之差，即回路偏差。

　　　K_c——回路的增益。

　　　M_0——PID 回路输出的初始值。

用计算机处理这样的控制算式，即连续的算式必须周期性地采样并进行离散化，同时各信号也要离散化，公式如下：

$$M_n = K_c(SP_n - PV_n) + K_c \frac{T_s}{T_i}(SP_n - PV_n) + MX + K_c \frac{T_d}{T_s}(PV_{n-1} - PV_n)$$

$$输出 = 比例 + 积分 + 微分$$

公式中包含 9 个用来控制和监视 PID 运算的参数，在使用 PID 指令时构成回路表，如表 8-22 所示。

表 8-22　PID 回路表

参　数	地址偏移量	数据类型	变量类型	描　述
过程变量当前值 PV_n	0	双字，实数	输入(I)	过程变量，$0.0\sim1.0$
给定值 SP_n	4	双字，实数	输入(I)	给定值，$0.0\sim1.0$
输出值 M_n	8	双字，实数	输入(I)/输出(O)	输出值，$0.0\sim1.0$
增益 K_c	12	双字，实数	输入(I)	比例常数，可正可负
采样时间 T_s	16	双字，实数	输入(I)	单位为秒，正数
积分时间 T_i	20	双字，实数	输入(I)	单位为分钟，正数
微分时间 T_d	24	双字，实数	输入(I)	单位为分钟，正数
积分项前值 MX	28	双字，实数	输入(I)/输出(O)	积分项前值，$0.0\sim1.0$
过程变量前值 PV_{n-1}	32	双字，实数	输入(I)/输出(O)	最近一次 PID 变量值

3．PID 回路指令

PID 回路指令的格式如表 8-23 所示。

表 8-23　PID 回路指令格式

格式＼名称	PID 回路指令
| 梯形图(LAD) | ```
┌─────────┐
│   PID   │
┤EN    ENO├
┤TBL      │
┤LOOP     │
└─────────┘
``` |
| 指令表(STL) | PID　TBL，LOOP |

指令说明：

使能输入有效时，该指令利用回路表中的输入信息和组态信息，进行 PID 运算。

TBL：回路表的起始地址，是由 VB 指定的字节型数据。

LOOP：回路号，在 $0\sim7$ 之间。

在程序中最多可以用 8 条 PID 指令。PID 回路指令不可重复使用同一个回路号(即使这些指令的回路表不同)，否则会产生不可预料的结果。

4．控制方式

1) 手动和自动切换

S7-200 PLC 执行 PID 指令时为"自动"运行方式，不执行 PID 指令时为"手动"方式。

PID 指令有一个输入使能端(EN)。当该输入端测到一个正跳变(从 0 到 1)的信号时，PID 回路就从手动方式无扰动地切换到自动方式。无扰动切换时，系统把手动方式的当前输出值填入回路表中的 M_n，用来初始化输出值 M_n，且进行一系列的操作，对回路表中的值进行组态：
```

置给定值 SP_n = 过程变量 PV_n

置过程变量当前值 PV_{n-1} = 过程变量当前值 PV_n

置积分项前值 MX = 输出值 M_n

梯形图中，若 PID 指令的使能输入端(EN)直接接至左母线，在启动 CPU 或 CPU 从 STOP 方式转换到 RUN 方式时，PID 使能位的默认值为 1，可以执行 PID 指令，但无正跳变信号，因而不能实现无扰动的切换。

2) 回路输入变量的转换及标准化

每个 PID 回路有两个输入变量：给定值 SP 和过程变量 PV。给定值通常是一个固定的值，如水箱水位的给定值。过程变量与 PID 回路输出有关，并反映控制的效果。在水箱控制系统中，过程变量就是水位的测量值。

给定值和过程变量都是实际的工程物理量，其数值大小、范围和测量单位都可能不一样。执行 PID 指令前必须把它们转换成标准的浮点型实数。转换步骤如下：

(1) 回路输入变量的数据转换。把 A/D 模拟量单元输出的整数值转换成浮点型实数值，程序如下：

```
XORD    AC0，ACO      //清空累加器
ITD     AIW0，AC0     //把模拟量值转换为双整数
DTR     AC0，AC0      //把双整数转换成实数
```

(2) 实数值的标准化。把实数值进一步标准化为 0.0～1.0 之间的实数。实数标准化的公式如下：

$$R_{norm} = (R_{raw}/S_{pan}) + Off_{set}$$

式中：R_{norm}——标准化的实数值。

R_{raw}——未标准化的实数值，即采样值。

S_{pan}——值域，即最大允许值减去最小允许值，单极性为 32 000，双极性为 64 000。

Off_{set}——值域，单极性为 0.0，双极性为 0.5。

标准化实数分为双极性(围绕0.5上下变化)和单极性(以0.0为起点在0.0～1.0之间变化)两种。

以下程序段用于将 AC0 中的双极性实数标准化：

```
/R      64000.0，AC0    //累加器中的实数值除以 64 000.0
+R      0.5，AC0        //加上偏置，使其落在 0.0～1.0 之间
MOVR    AC0，VD100      //标准化的实数值存入回路表
```

3) 回路输出变量的数据转换

程序执行时把各个标准化实数量用离散化 PID 算式进行处理，产生一个在 0.0～1.0 之间变化的标准化实数值，在输出变量传送给 D/A 模拟量单元之前，必须把回路输出变量转换为相应的 16 位整数，然后周期性将其传送到指定的 AQW，用以驱动模拟量的输出负载，实现模拟量的控制。这一过程是实数值标准化的逆过程。

(1) 回路输出变量的刻度化。把回路输出的标准化实数转换成刻度实数，转换公式如下：

$$R_{scal} = (M_n - Off_{set}) \cdot S_{pan}$$

式中：R_{scal}——回路输出的刻度实数值。

M_n——回路输出的标准化实数值。

回路输出变量的刻度化程序如下：

MOVR	VD108，AC0	//将回路输出结果放入 AC0
-R	0.5，AC0	//对双极性输出值减去 0.5
*R	64 000.0，AC0	//得到回路输出变量的刻度值

(2) 将实数转换为整数(INT)。将回路输出变量的刻度值换为整数(INT)的程序如下：

ROUND	AC0，ACO	//将实数转换为双字整数
DTI	AC0，ACO	//将双字整数转换为整数
MOVW	AC0，AQW0	//将整数输出到模拟量输出模块

4) 选择PID回路类型

在大部分模拟量的控制中，使用的回路控制类型并不是比例、积分和微分三者俱全。例如，只需要比例回路或只需要比例积分回路，通过对常量参数的设置，可以关闭不需要的控制类型。

关闭积分回路：把积分时间 T_i 设置为无穷大，此时虽然由于有初值 MX 使积分项不为0，但积分作用可以忽略。

关闭微分回路：把微分时间 T_d 设置为 0，微分作用即可关闭。

关闭比例回路：把比例增益 K_c 设置为 0，则只保留积分和微分项。

实际工作中，使用最多的是 PI 调节器。

5) 出错条件

如果指令操作数超出范围，CPU 会产生编译错误，致使编译失败。PID 指令不检查回路表中的值是否在范围之内，必须确保过程变量、给定值、输出值、积分项前值、过程变量前值在 0.0～1.0 之间。

如果 PID 运算发生错误，那么特殊存储器标志位 SM1.1 会被置 1，并且中止 PID 指令的执行。要想消除这种错误，单靠改变回路表中的输出值是不够的，正确的方法是在执行 PID 运算之前改变引起运算错误的输入值，而不是更新输出值。

四、任务实施

本任务用 PLC 实现恒温系统的控制。

1. 控制要求

某恒温箱最高工作温度为 100℃，现要求将箱内温度维持在 75℃。使用 Pt100 检测箱内温度，然后通过温度变送器将电压量或电流量送给 EM235 模块，经 PID 运算后，再将 EM235 的输出值传给加热控制器，从而控制加热装置的执行。

2. 训练目的

掌握 PID 指令的使用方法。

3. 控制要求分析

恒温控制实际上就是一个单闭环控制系统。在恒温控制系统中，温度变送器将温度的变化转化为电流信号(0～100%温度对应模拟电流 0～20 mA)，该信号即为系统的反馈信号，送入模拟量扩展模块 EM235 的输入信号端，经 A/D 转换后存储于 AIW×中。

PID 控制系统根据温度的变化，将运算结果 AQW0 经 D/A 转换后从 EM235 的 M0、

V0 端输出 0～10 V 模拟电压，再送到加热控制器，从而控制加热装置的运行。

4. 恒温控制系统示意图

恒温控制系统示意图如图 8-33 所示。

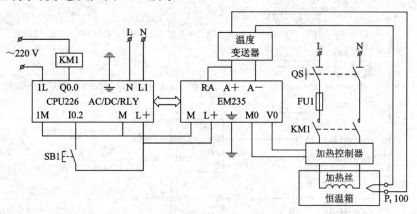

图 8-33　恒温控制系统示意图

5. 恒温控制系统 PID 程序设计

恒温控制系统 PID 程序设计的主程序如图 8-34 所示，子程序如图 8-35 所示，中断程序如图 8-36 所示。

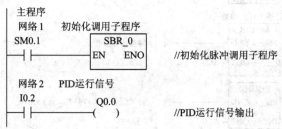

图 8-34　PLC 主程序

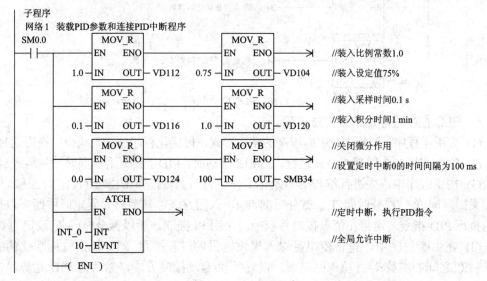

图 8-35　PLC 子程序

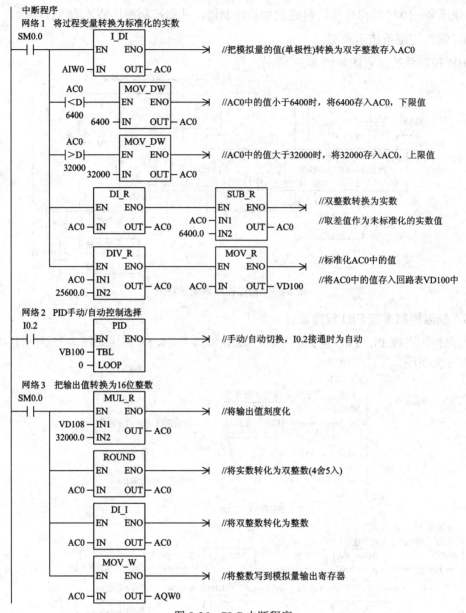

图 8-36 PLC 中断程序

6. PLC 控制程序的编程方法讲解

(1) 采用主程序、子程序、中断程序的结构形式,可优化程序结构,减少扫描周期时间。

(2) 输入信号 I0.2 控制 PID 的运行,当 I0.2 接通时,PID 指令运行,同时加热装置启动。

(3) 在子程序中,先进行编程的初始化工作,将 5 个固定值的参数(设定值 SP_n、增益 K_c、采样时间 T_s、积分时间 T_i、微分时间 T_d)填入回路表,然后再设置定时中断,以便周期地执行 PID 指令。通常在恒温控制系统中,采用 PI 控制,所以微分时间 T_d 设定为 0。

(4) 在中断程序中,先将模拟量输入模块提供的过程变量 PV_n 转换成标准化的实数(0.0～1.0 之间的实数),并填入回路表。设置手动/自动控制方式,然后将 PID 运算输出的标准化实数 M_n 先刻度化,再转换成有符号的整数,最后送至模拟量输出模块,去控制温度控制器，温度控制器再控制加热丝的加热电压，从而实现恒温控制。

五、知识拓展

1. 控制要求

使用光电传感器检测轴流风扇每 100 ms 内的脉冲数，从而将轴流风扇的转速控制在要求的范围内。

2. 要求分析

使用定时中断，每 100 ms 中断一次主程序，再在中断程序中使用 PID 指令，控制高速计数器每中断一次检测的脉冲数，从而达到控制轴流风扇转速的目的。

3. PID 程序设计

轴流风扇恒速控制系统 PID 程序设计如图 8-37 和图 8-38 所示。

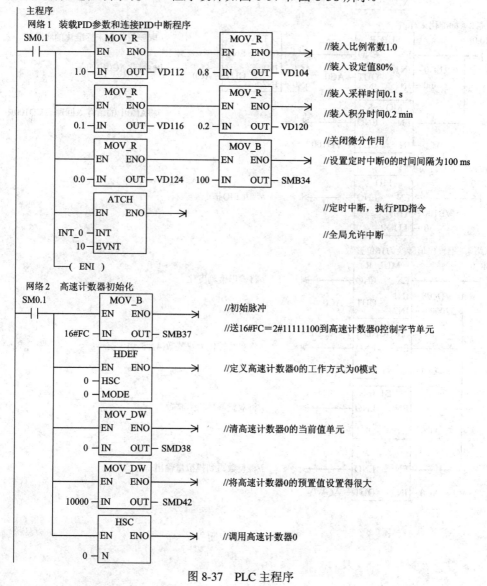

图 8-37　PLC 主程序

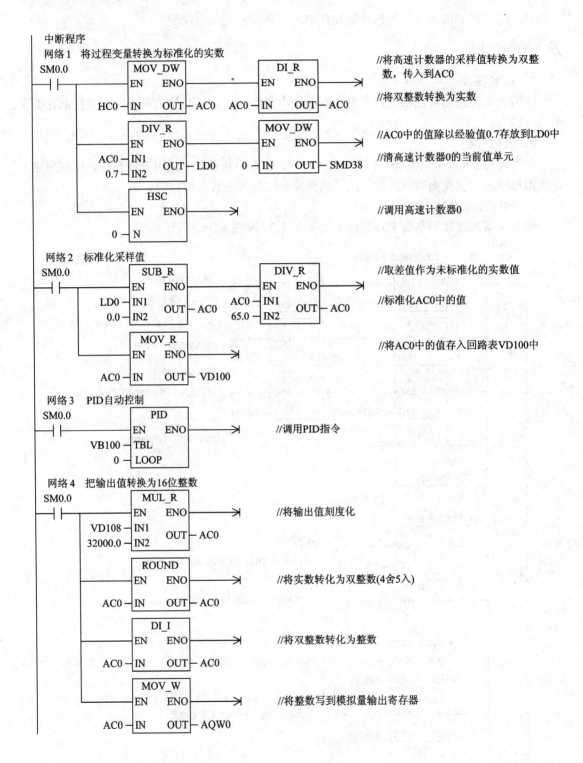

图 8-38　PLC 中断程序

项目 8 练习题

1．设计一个高精度时间中断程序，每 1 s 读取输入端口 IB0 数据 1 次，并送至 QB0。

2．写出高速计数器 HSC0 的初始值、预置值及当前值存储单元，并写出其控制字节中各位的意义。

3．假设模拟量输出量程设定为 ±10 V，编写程序将数字量 1000、3000、9000、27 000 转换为对应的模拟电压值。

4．某一过程控制系统，其中一个双极性模拟量输入参数从 AIW0 采集到 PLC 中，通过 PID 指令计算出的控制结果从 AQW0 输出到控制对象。PID 参数表起始地址为 VD100。试设计一段程序完成下列任务：

(1) 每 200 ms 中断一次，执行中断程序。

(2) 在中断程序中完成对 AIW0 的采集、转换及标准化处理；完成回路控制输出值的工程量标定及输出。

5．设计一个定时中断程序，用定时中断 1 实现周期为 0.5 s 的高精度定时，并在 QB0 端口以增 1 形式输出。当 QB0=2#1111 1111 时，中断停止。

6．使用单相高速计数器 HSC0(工作模式 1)和中断指令对输入端 I0.0 脉冲信号计数，当计数值等于大于 50 时，输出端 Q0.0 输出，当外部复位时 Q0.0 断开。

7．量程为 0~10MP 的压力变送器的输出信号为 DC 4~20 mA，模拟量输入模块将 0~20 mA 转换为 0~32 000 的数字量。假设某时刻的模拟量输入为 10 mA，试计算转换后的数字值。

8．水箱液位控制。某一水箱有一条进水管和一条出水管，进水管的水流量随时间不断变化，要求控制出水管阀门的开度，使水箱内的液位始终保持在水满时液位的一半。系统使用比例积分及微分控制，采用下列控制参数值：$K_c = 0.4$，$T_s = 0.2$ s，$T_i = 30$ min，$T_d = 15$ min。

项目 9
PLC 在顺序控制方面的应用

任务 1　单流程顺序控制程序

一、任务引入

在设计可编程控制器的梯形图时，许多人采用经验设计法。这种方法没有固定的步骤可以遵循，且具有很大的试探性和随意性，对于各种不同的控制系统，不同的设计者编写出的程序可能都不相同，使其他人阅读时很难快速掌握。特别是在设计复杂系统的梯形图时，需要大量的中间单元来完成记忆、联锁、互锁等功能，考虑的因素较多，它们往往又交织在一起，分析起来比较困难，很容易遗漏一些应考虑的问题，并且在修改某一局部电路时，经常是"牵一发而动全身"，对控制系统其他部分可能产生意想不到的影响。另外，用经验法设计出的梯形图往往比较复杂，给 PLC 控制系统的维护和改进也带来很大困难。此时，可用顺序控制设计法来解决。

二、任务分析

要掌握顺序控制设计法，必须掌握以下知识：
(1) 顺序功能图的设计思想、组成和画法。
(2) 顺序控制指令。
(3) 机械手的动作和电动机的顺序控制的设计方法。

三、相关知识

1. 顺序功能图的产生及相关知识

所谓顺序控制，就是按照生产工艺预先规定的顺序，在生产过程中各个执行机构在各个输入信号的作用下，根据内部状态和时间的顺序，自动、有顺序地进行操作。

1) 顺序控制设计法的思想

顺序控制设计法最基本的思想是将系统的一个周期划分为若干个顺序相连的阶段

(步)，然后用编程元件(如顺控继电器 S)代表各个阶段，再利用转换条件控制代表各步的编程元件，最后用代表各步的编程元件控制 PLC 的各输出位。

在中小型 PLC 程序设计时，如果用顺序控制设计法，则需要根据系统的工艺过程设计顺序功能图，然后根据顺序功能图画出梯形图程序；大型或部分中型 PLC，有的可直接用功能流程图进行编程。

2) 顺序功能图

顺序功能图(Sequential Function Chart)也称状态转移图，它是描述控制系统的控制过程、功能和特性的一种图形，是设计 PLC 控制程序的有利工具。它并不涉及所描述的控制功能的具体技术，是一种通用的技术语言，可供进一步设计和不同专业人员之间进行技术交流。

顺序功能图由步、动作、有向连线和转换条件四部分组成，如图 9-1 所示。

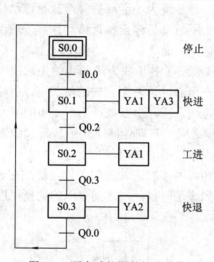

图 9-1 顺序功能图的组成结构

(1) 步。步是控制系统中的一个相对不变的性质，对应于一个稳定的状态。相邻两步之间的状态总是不同的。步用矩形框表示，框中的数字是该步的编号，编号可以是该步对应的工步序号，也可以是与该步相对应的编程元件(如 PLC 内部的通用辅助继电器、步标志继电器等)。

一个步表示控制过程中的稳定状态，可以对应一个或多个动作。一般在步右边加一个矩形框，在框中用简明的文字说明该步对应的动作。

步的划分方法如图 9-2 所示。

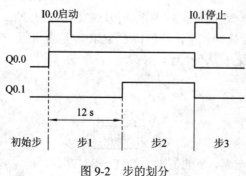

图 9-2 步的划分

① 初始步(用双线框表示)。初始步对应于控制系统的初始状态，是系统运行的起点。一个控制系统至少有一个初始步。

② 活动步。当系统处于某一步所在的阶段时，该步处于活动状态，称为"活动步"。步处于活动状态时，相应的动作被执行；处于不活动状态时，相应的非存储型动作被停止，存储型动作继续保持。

(2) 动作。步是控制系统中的一个稳定状态，但并不是 PLC 的输出触点动作。在步中，可以有一个 PLC 的输出触点动作，也可以没有任何输出触点动作。动作是指某步活动时 PLC 向被控系统发出的指令。

动作用矩形框中的文字或符号表示，该矩形框与相应步的矩形框相连接。当步处于活动状态时，对应的动作被执行。注意应表明动作是保持型还是非保持型的。保持型的动作是指该步活动时执行该动作，该步变为不活动后继续执行该动作。非保持型动作是指该步活动时执行该动作，该步变为不活动后停止执行该动作。一般保持型的动作在顺序功能图中应该用文字或指令助记符标注，而非保持型动作不标注。

(3) 有向连线。有向连线表明了各步成为活动步的先后次序和转移的方向。有向连线的默认方向为从上到下和从左至右，这两个方向的箭头可以省略；如果方向反向，则箭头必须标明。必须中断的有向连线，应在中断处标明下一步的标号和所在页数。

(4) 转换条件。在两个步之间的有向连线上用一段短横线表示转换，将相邻的两步分隔开，并用一个有向线段来表示转换的方向。

转换条件是指能够实现相邻两步状态转换的条件，标注在表示转换的短横线旁边。当相邻两步之间的转换条件得到满足时，两步之间自动的切换得以实现，如图 9-3 所示。

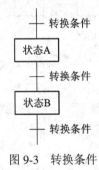

图 9-3　转换条件

2．顺序控制指令

1) 顺序步开始指令(LSCR)

顺序步开始指令标志一个顺序控制继电器段(SCR 段)的开始。LSCR 指令将 S 位的值装载到 SCR 堆栈和逻辑堆栈的栈顶，其值决定 SCR 段是否执行，当 S x.y=1 时，该程序步执行；当 S x.y=0 时，该程序步不执行。

指令表：LSCR S x.y

梯形图：

其中，S 称为顺序控制继电器，S 的范围为 S0.0～S31.7。

2) 顺序步转移指令(SCRT)

顺序步转移指令用于执行 SCR 段的转换。SCRT 指令包含两个功能：一是通过置位下一个要执行的 SCR 段的 S 位，使下一个 SCR 段开始工作；二是使当前工作的 SCR 段的 S 位复位，使该段停止工作。

指令表：SCRT S x.y

梯形图：

S x.y
SCRT

3) 顺序步结束指令(SCRE)

顺序步结束指令使程序退出当前正在执行的 SCR 段，表示一个 SCR 段的结束。每个 SCR 段必须由 SCRE 指令结束。

指令表：SCRE

梯形图：

SCRE

顺序步的处理程序在 LSCR 和 SCRE 之间。

4) SCR 段的功能

从 LSCR 指令开始到 SCRE 指令结束的所有指令组成一个顺序控制继电器(SCR)段。LSCR 指令标记一个 SCR 段的开始，当该段的状态器置位时，允许该 SCR 段工作。SCR 段必须用 SCRE 指令结束。当 SCRT 指令的输入端有效时，一方面置位下一个 SCR 段的状态器 S，以便使下一个 SCR 段开始工作；另一方面使该段的状态器复位，使该段停止工作。

每一个 SCR 程序段一般有以下三种功能：

(1) 驱动处理，即在该段状态器有效时，要做什么工作；有时也可能不做任何工作。

(2) 指定转移条件和目标，即满足什么条件后状态转移到何处。

(3) 转移源自动复位功能，即状态发生转移后，置位下一个状态的同时，自动复位原状态。

使用说明：顺序控制指令仅对元件 S 有效，顺序控制继电器 S 也具有一般继电器的功能，所以对它能够使用其他指令。SCR 段程序能否执行取决于该状态器(S)是否被置位，SCRE 与下一个 LSCR 之间的指令逻辑不影响下一个 SCR 段程序的执行。

不能把同一个 S 位用于不同程序中，例如：如果在主程序中用了 S0.1，则在子程序中就不能再使用它。在 SCR 段中不能使用 JMP 和 LBL 指令，就是说不允许跳入、跳出或在内部跳转，但可以在 SCR 段附近使用跳转和标号指令。在 SCR 段中不能使用 FOR、NEXT 和 END 指令。在状态发生转移后，所有的 SCR 段的元器件一般也要复位，如果希望继续输出，则可使用置位/复位指令。在使用功能图时，状态器的编号可以不按顺序安排。

四、任务实施

本任务实现单流程顺序控制程序：机械手控制程序。

1) 控制要求

机械手在工作过程中,将工件从 A 点移动到 B 点,在移动中要完成下降、夹紧、上升、右移、左移和松开六个动作。机械手的工作示意图如图 9-4 所示,设图示位置为初始位置。

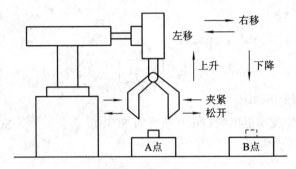

图 9-4 机械手的工作示意图

2) 训练目的

(1) 掌握顺序功能图的用法。

(2) 学会机械手简单动作的控制方法。

3) 控制要求分析

电动机启动时,应从初始位置开始,依次在行程开关的控制下完成下降→夹紧→上升→右移→下降→松开→上升→左移各动作,然后进行循环。

4) 实训设备

S7-200 PLC (AC/DC/RLY)一台、机械手模拟实验板一块。

5) 设计步骤

(1) I/O 信号分配。输入/输出信号分配见表 9-1。

表 9-1 I/O 信号分配

输入信号(I)		输出信号(Q)	
元件	信号地址	元件	信号地址
启动按钮	I0.0	机械手左移	Q0.0
停止按钮	I0.1	机械手右移	Q0.1
机械手左限位置	I0.2	机械手上升	Q0.2
机械手右限位置	I0.3	机械手下降	Q0.3
机械手上限位置	I0.4	机械手松开与夹紧	Q0.4
机械手下限位置	I0.5		

(2) 设计机械手顺序功能图及梯形图。单流程顺序功能图如图 9-5(a)所示,转换后的梯形图如图 9-5(b)所示。

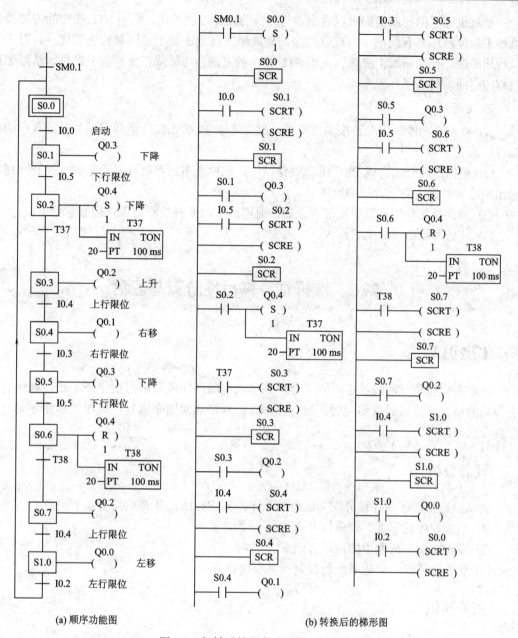

(a) 顺序功能图　　　　　　(b) 转换后的梯形图

图 9-5　机械手的顺序功能图及梯形图

6) 程序说明

按下启动按钮 I0.0，机械手开始下降，当到达下限位置时，行程开关 I0.5 闭合，机械手下降动作停止，夹紧动作开始。延时 2 s(确保工件夹紧完成)后机械手开始上升，当到达上限位置时，行程开关 I0.4 闭合，机械手上升动作停止，右移动作开始。当到达右限位置时，行程开关 I0.3 闭合，机械手右移动作停止，下降动作开始。当到达下限位置时，行程开关 I0.5 再次闭合，机械手下降动作停止，放松工件的动作开始，并延时 2 s(确保工件完全松开)，之后机械手将再次完成上升动作和左移到初始位置。即当行程开关 I0.2 闭合时，机械手的一个运动周期结束。

通过机械手的控制实例可以看出，与传统的设计方法相比，采用 STL 指令的方法设计机械手控制程序具有简单、直观、程序结构清晰、规范、易于理解和检查等优点。对于复杂程序的顺序控制系统，应优先选用 STL 指令的方法，可以降低编程的复杂性，从而缩短编程的时间，提高工作效率。

7) 运行调试

(1) 将顺序功能图程序转换成梯形图，然后输入 PLC 主机，运行调试并验证程序的正确性。

(2) 根据地址分配完成 PLC 外部硬件接线，并检查主回路接线是否正确，控制回路的输出地址和所接线圈是否正确对应。

(3) 确认控制系统及程序正确无误后，通电试车，如有故障出现，应紧急停车。

(4) 分析可能出现故障的原因。

任务 2　选择性、并行性分支与汇合

一、任务引入

我们在实际项目的设计中，除了会用到单流程顺序功能图编写程序外，还会遇到一些更复杂的情况，这时候就要用到其他一些形式的顺序功能图来编程，比如选择性分支、并行性分支与汇合。

二、任务分析

要掌握选择性、并行性分支与汇合的顺序控制设计法，就必须具备以下能力：

(1) 掌握程序的定义、组成以及用法。

(2) 掌握在实际问题中的应用方法。

(3) 熟悉交通灯、分拣系统的控制原理和设计方法。

三、相关知识

1. 选择性分支和汇合

由两个及以上的分支程序组成的，但只能从中选择一个分支执行的程序，称为选择性流程程序。选择性分支和汇合的功能图及其转换的梯形图如图 9-6 所示。

2. 并行性分支和汇合

一个顺序控制状态流分成两个或多个不同分支控制状态流，这就是并行性分支。当一个控制状态流分成多个分支时，所有的分支控制状态流必须同时激活。当多个控制状态流产生的结果相同时，可以将这些控制状态流合并成一个控制状态流，即并行性分支的汇合。当进行控制状态流的合并时，所有的分支控制状态流必须都是已完成了的。这样，在转移条件满足时才能转移到下一个状态，如图 9-7 所示。

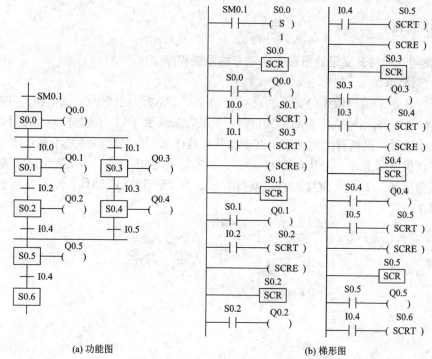

(a) 功能图　　　　　　　　　(b) 梯形图

图 9-6　选择性分支和汇合的功能图及其转换的梯形图

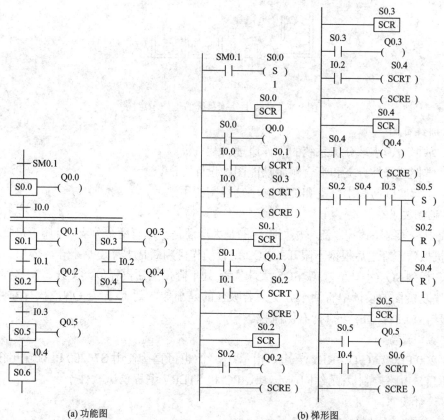

(a) 功能图　　　　　　　　　(b) 梯形图

图 9-7　并行性分支和汇合的功能图和转换成的梯形图

四、任务实施

1．使用选择性分支设计机械手自动分拣系统程序

1) 控制要求

对图 9-8 所示的机械手分拣系统进行自动控制，完成大小球的分拣工作。其中左上为原点，机械臂下降(当碰铁压着的是大球时，机械臂未达到下限，限位开关 SQ2 不动作，而压着的是小球时，机械臂达到下限，SQ2 动作，这样可判断是大球还是小球)。然后机械臂将球吸住，机械臂上升，上升至 SQ3 动作，再右行到 SQ5(若是大球)或 SQ4(若是小球)动作，机械臂下降，下降至 SQ2 动作，将球释放，再上升至 SQ3 动作，然后左移至 SQ1 动作到原点。

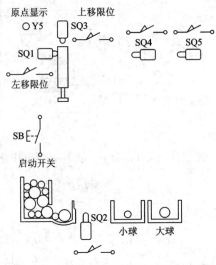

图 9-8　机械手分拣系统的工作示意图

2) 训练目的

(1) 掌握大、小球分拣系统的工作原理。

(2) 掌握选择性分支和汇合顺序功能图的设计方法。

(3) 了解实际问题中分支和汇合顺序功能图的用法。

3) 控制要求分析

根据工艺要求，该控制流程根据吸住的是大球还是小球有两个分支，且属于选择性分支。分支在机械臂下降之后根据下限开关 SQ2 是否动作可判断是大球还是小球，分别将球吸住、上升、右行到 SQ4(小球位置)或 SQ5(大球位置)处下降，然后再释放、上升、左移到原点。

顺序功能图的设计中有两个分支：若吸住的是小球，则 I0.2 为 ON，执行左侧流程；若为大球，I0.2 为 OFF，执行右侧流程。

4) 实训设备

S7-200 PLC (AC/DC/RLY)一台、指示灯 6 个(也可直接使用 S7-200 PLC 输出模块的输出指示灯)、电路控制板(元件同前)一块、PC 和 STEP 7 编程调试软件一台。

5) 设计步骤

(1) 分配 I/O 地址，如表 9-2 所示。

表 9-2 I/O 地址分配

输入信号(I)		输出信号(Q)	
元件	信号地址	元件	信号地址
启动按钮 SB	I0.0	机械臂下降	Q0.0
SQ1	I0.1	吸球	Q0.1
SQ2	I0.2	机械臂上升	Q0.2
SQ3	I0.3	机械臂右移	Q0.3
SQ4	I0.4	机械臂左移	Q0.4
SQ5	I0.5	原点指示	Q0.5

(2) 设计大、小球分拣控制的顺序功能图，如图 9-9 所示。

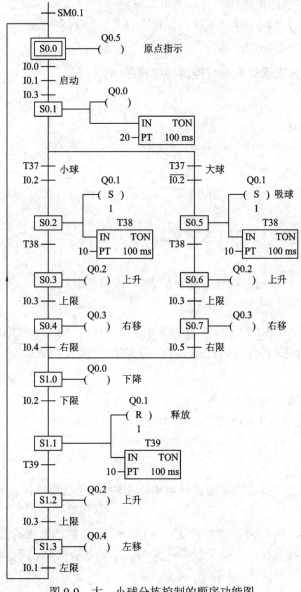

图 9-9 大、小球分拣控制的顺序功能图

6) 程序说明

如图 9-9 所示，左上为原点，机械臂下降，当碰铁压着的是大球时，机械臂未达到下限，限位开关 SQ2 不动作；而当压着的是小球时，机械臂达到下限，SQ2 动作，这样可判断是大球还是小球；然后机械臂将球吸住，同时延时，保证动作完成，接着机械臂上升，上升至 SQ3 后，再右行到 SQ5(若是大球)或 SQ4(若是小球)位置，机械臂下降，下降至 SQ2，将球释放，再上升至 SQ3，最后左移回到 SQ1 原点位置，一次循环结束。

7) 运行调试

(1) 顺序功能图转换成梯形图，然后将程序输入 PLC 主机，运行调试并验证程序的正确性。

(2) 进行 PLC 外部硬件接线，并检查主回路接线是否正确。

(3) 确认控制系统及程序正确无误后，通电试车，如有故障出现，应紧急停车。

(4) 分析可能出现故障的原因。

2. 使用并行性分支设计交通灯控制系统程序

1) 控制要求

控制要求如表 5-1 所示。

2) 训练目的

(1) 掌握交通灯的工作原理。

(2) 进一步熟悉西门子 S7-200PLC 编程软件的使用方法和程序输入、下载及调试方法。

(3) 掌握 S7-200PLC 定时器的使用方法。

3) 控制要求分析

根据控制要求，需采用并行性分支和汇合顺序功能图编程。

4) 实训设备

S7-200 PLC(AC/DC/RLY)一台、指示灯 6 个(也可直接使用 S7-200 PLC 输出模块的输出指示灯)、电路控制板(元件同前)一块、PC 和 STEP 7 编程调试软件一台。

5) 设计步骤

(1) 分配 I/O 地址，如表 5-2 所示。

(2) 设计输入/输出模块接线图，如图 5-8 所示。

(3) 设计程序，如图 9-10 所示。

6) 运行调试

(1) 将顺序功能图转换成梯形图，然后将程序输入 PLC 主机，运行调试并验证程序的正确性。

(2) 按图 5-8 完成 PLC 外部硬件接线，并检查主回路接线是否正确。

(3) 确认控制系统及程序正确无误后，通电试车，如有故障出现，应紧急停车。

(4) 分析可能出现故障的原因。

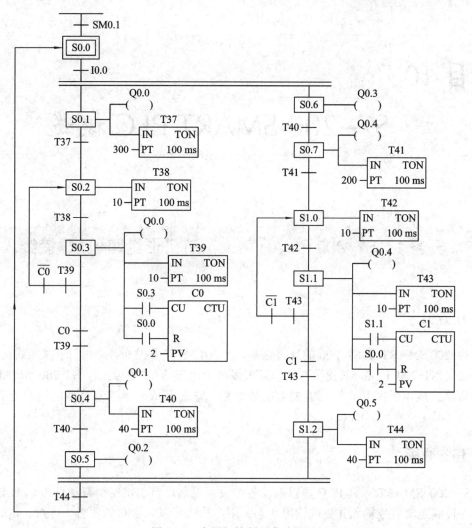

图 9-10　交通灯控制顺序功能图

项目 9 练习题

1．使用顺序功能图编写三台电动机的顺序控制程序。

控制要求：当按下启动按钮后，三台电动机 M1、M2、M3 按先后顺序间隔 5 s 依次启动运行，当 M3 运行 10 s 后，M1、M2、M3 再按相反的顺序间隔 5 s 依次停止运行，可循环。

2．使用顺序功能图编写项目 5 练习题 4 "用 PLC 实现按钮式人行道交通灯的控制"。

项目 10

S7-200 SMART PLC 概述

一、任务引入

S7-200 SMART 是 S7-200 的升级版本，于 2012 年 7 月发布，是西门子家族的新成员，用以取代 S7-200 PLC，其使用方法和绝大多数指令与 S7-200 类似。S7-200 SMART 的结构紧凑、成本低廉且具有功能强大的指令集，这使其成为了控制小型应用的完美解决方案。

二、任务分析

S7-200 SMART 系列 PLC 可以控制各种设备以满足自动化控制需要。其 CPU 根据用户程序控制逻辑监视输入并更改输出状态，用户程序可以包含布尔逻辑、计数、定时、复杂数学运算以及与其他智能设备的通信。

三、相关知识

1. S7-200 SMART PLC 的外形结构

S7-200 SMART CPU 将微处理器、集成电源输入电路和输出电路组合到一个结构紧凑的外壳中，形成了功能强大的 S7-200 SMART 系列 PLC，如图 10-1 所示。

2. S7-200 SMART CPU 型号及特性

S7-200 SMART PLC 有标准型和经济型两种类型。经济型 CPU 模块直接通过单机本体满足相对简单的控制需要，无扩展功能；而标准型 CPU 模块最多可以配置 6 个扩展模块，配有总 I/O 点数分别为 20、30、40、60 点等模块，每种模块又分为继电器输出和晶体管输出两种，使得产品配置更加灵活，可以最大限度地控制成本。表 10-1 列出了标准型 S7-200 SMART CPU 简要技术规范。

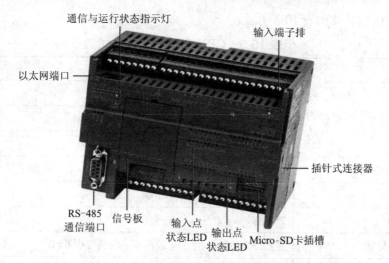

图 10-1   S7-200 SMART PLC 的外形结构

表 10-1   标准型 S7-200 SMART CPU 简要技术规范

特　性	CPU SR20/ST20	CPU SR30/ST30	CPU SR40/ST40	CPU SR60/ST60
外形尺寸 W × H × D/(mm × mm × mm)	90 × 100 × 81	110 × 100 × 81	125 × 100 × 81	175 × 100 × 81
本机数字量 I/O 点	12DI/8DO	18DI/12DO	24DI/16DO	36DI/24DO
用户程序区	12 KB	18 KB	24 KB	30 KB
用户数据区	8 KB	12 KB	16 KB	20 KB
最大信号模块扩展	4	4	4	4
信号板扩展	1	1	1	1
高速计数器	共 4 个：4 个单相 60 kHz 或 2 个 A/B 相 40 kHz			
最大脉冲输出频率	2 个，100 kHz (仅 ST20)	3 个，100kHz (仅 ST30)	3 个，100 kHz (仅 ST40)	3 个，100 kHz (仅 ST60)
实时时钟 备用时间 7 天	有	有	有	有
脉冲捕捉输入点数	12	12	14	14

3. CPU SR20 的常规规范和特征

CPU SR20 为常用的 SMART PLC，CPU SR20 的常规规范如表 10-2 所示。

表 10-2   CPU SR20 的常规规范

技术数据	CPU SR20 AC/DC/继电器
订货号	6ES7 288-1SR20-0AA0
尺寸 W × H × D/(mm × mm × mm)	90 × 100 × 81
重量	367.3 g
功耗	14 W
可用电流(EM 总线)	最大 740 mA (5 V(DC))
可用电流(24 V(DC))	最大 300 mA(传感器电源)
数字量输入电流消耗(24 V(DC))	所用的每点输入 4 mA

CPU SR20 的特征如表 10-3 所示。

表 10-3　CPU SR20 的特征

技术数据	说　　明
用户存储器[①]	程序：12 KB
	用户数据：8 KB
	保持性：最大 10 KB[①]
板载数字量 I/O	12 点输入/8 点输出
过程映像大小	256 位输入(I)/256 位输出(Q)
位存储器 (M)	256 位
临时(局部)存储器	主程序中 64 B，每个子例程和中断例程中 64 B
信号模块扩展	4 个
信号板扩展	最多 1 个
高速计数器	共 4 个
	4 个，每个 60 kHz，单相
	2 个，每个 40 kHz，A/B 相
脉冲输出[②]	2 个，100 kHz[②]
脉冲捕捉输入	12 个
循环中断	2 个，分辨率为 1 ms
沿中断	4 个上升沿和 4 个下降沿(使用可选信号板时，各为 6 个)
存储卡	Micro-SD 卡(可选)
实时时钟精度	+/− 120 秒/月
实时时钟保持时间	通常为 7 天，25℃时最少为 6 天(免维护超级电容)

注：① 可组态 V 存储器、M 存储器、C 存储器的存储区(当前值)，以及 T 存储器要保持的部分
　　　(保持性定时器上的当前值)，最大可为最大指定量。

　　② 指定的最大脉冲频率仅适用于带晶体管输出的 CPU 型号。对于带有继电器输出的 CPU
　　　型号，不建议进行脉冲输出操作。

CPU SR20 的性能如表 10-4 所示。

表 10-4　CPU SR20 的性能

指令类型	执行速度
布尔运算	0.15 μs/指令
移动字	1.2 μs/指令
实数数学运算	3.6 μs/指令

S7-200 SMART 支持的用户程序元素见表 10-5 所示。

表 10-5　S7-200 SMART 支持的用户程序元素

元　素	数　量	说　明
POU	类型/数量	主程序：1 个
		子例程：128(0～127)个
		中断例程：128(0～127)个
	嵌套深度	从主程序：8 个子例程级别
		从中断例程：4 个子例程级别
累加器	数量	4 个
定时器	类型/数量	非保持性(TON、TOF)：192 个
		保持性(TONR)：64 个
计数器	数量	256 个

CPU SR20 的通信功能如表 10-6 所示。

表 10-6　CPU SR20 的通信功能

技术数据	说　明
端口数	以太网：1 个
	串行端口：1 (RS485)个
	附加串行端口：1(带有可选 RS232/485 信号板)个
HMI 设备	每个端口 4 个
编程设备(PG)	以太网：1 个
连接	以太网：1 个用于编程设备，4 个用于 HMI
	RS485：4 个用于 HMI
数据传输率	以太网：10/100 Mb/s
	RS485 系统协议：9600 b/s、19 200 b/s 和 187 500 b/s
	RS485 自由端口：1200～115 200 b/s
隔离(外部信号与 PLC 逻辑侧)	以太网：变压器隔离，1500 V DC
	RS485：无
电缆类型	以太网：CAT5e 屏蔽电缆
	RS485：PROFIBUS 网络电缆

数字量输入和数字量输出特性如表 10-7 和表 10-8 所示。

表 10-7　数字量输入特性

技 术 数 据	CPU SR20　AC/DC/继电器
输入点数	12 个
类型	漏型/源型(IEC1 类漏型)
额定电压	4 mA 时 24 V DC，额定值
允许的连续电压	最大 30 V DC
浪涌电压	35 V DC，持续 0.5 s
逻辑 1 信号(最小)	2.5 mA 时 15 V DC
逻辑 0 信号(最大)	1 mA 时 5 V DC
隔离(现场侧与逻辑侧)	500 V AC，持续 1 min
滤波时间	每个通道上可单独选择： μs：　0.2，0.4，0.8，1.6，3.2，6.4，12.8 ms：　0.2，0.4，0.8，1.6，3.2，6.4，12.8
HSC 时钟输入频率(最大) (逻辑 1 电平=15～26 V DC)	4 个 HSC，每个 60 kHz，单相 2 个 HSC，每个 40 kHz，A/B 相
同时接通的输入数	12 个
电缆长度(最大值)，以米为单位	屏蔽：500 m 正常输入，50 m HSC 输入 非屏蔽：300 m 正常输入

表 10-8　数字量输出特性

技术数据	CPU SR20　AC/DC/继电器
输出点数	8 个
类型	继电器，干触点
电压范围	5～30 V DC 或 5～250 V AC
每点的额定电流(最大)	2.0 A
每个公共端的额定电流(最大)	10.0 A
灯负载	30 W DC/200 W AC
通态电阻	新设备最大为 0.2 Ω
浪涌电流	触点闭合时为 7 A
隔离(现场侧与逻辑侧)	1500 V AC，持续 1 min(线圈与触点)
隔离电阻	新设备最小为 100 MΩ
断开触点间的绝缘	750 V AC，持续 1 min
开关延迟(Qa.0～Qa.7)	最长 10 ms
机械寿命(无负载)	10 000 000 个断开/闭合周期
额定负载下的触点寿命	100 000 个断开/闭合周期
同时接通的输出数	8 个
电缆长度(最大值)，以米为单位	屏蔽：　500 m 正常输入，50 m HSC 输入 非屏蔽：300 m 正常输入

四、任务实施

1. SMART PLC 的接线

SMART PLC 有交流供电和直流供电两种类型,输出电路分为晶体管 DC 输出和继电器输出两大类,其中 CPU SR×× 为继电器输出,CPU ST×× 为晶体管输出。图 10-2 为 CPU SR20 AC/DC/继电器输出接线图,图 10-3 为 CPU ST40 DC/DC/DC 晶体管输出接线图。

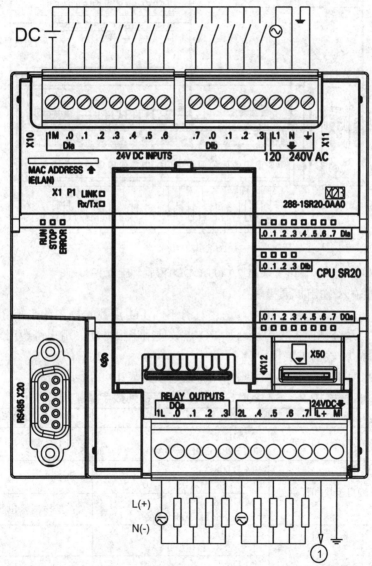

注:①为 24 V DC 传感器电源输出。

图 10-2   CPU SR20 AC/DC/继电器输出接线图

SR30、SR40、SR60 的接线图与图 10-2 类似,ST20、ST30、ST60 的接线图与图 10-3 类似。

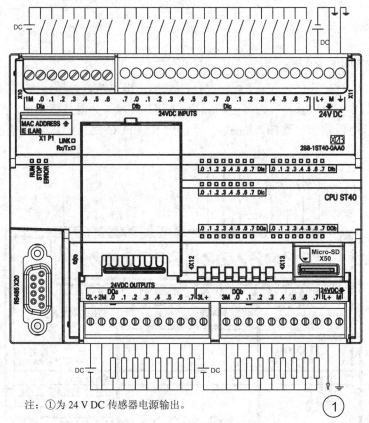

注：①为 24 V DC 传感器电源输出。

图 10-3　CPU ST40 DC/DC/DC 晶体管输出接线图

2. 数字量输入/输出扩展模块

如果主机 I/O 点数不够，用户可选用具有不同 I/O 点数的数字量扩展模块，以满足不同的控制需要。系统规模扩大后，增加 I/O 点数使用也很方便。用户可选用 8 点、16 点或 32 点的数字量输入/输出扩展模块。

S7-200 SMART PLC 系列数字量常用扩展模块如表 10-9 所示。

表 10-9　S7-200 SMART PLC 系列数字量扩展模块

名　称	型　号	I/O 点数
EM 8 点数字量输入模块和订货号	EM DE08 6ES7 288-2DE08-0AA0	8 点 DC 输入
EM 8 点数字量输出模块和订货号	EM DT08 6ES7 288-2DT08-0AA0	8 点 24 V(DC)输出
	EM DR08 6ES7 288-2DR08-0AA0	8 点继电器输出
数字量混合输入/输出扩展模块和订货号	EM DT16 6ES7 288-2DT16-0AA0	24 V(DC) 8 入/8 出
	EM DR16 6ES7 288-2DR16-0AA0	24 V(DC) 8 入/继电器 8 出
	EM DT32 6ES7 288-2DT32-0AA0	24 V(DC) 16 入/16 出
	EM DR32 6ES7 288-2DR32-0AA0	24 V(DC) 16 入/继电器 16 出

数字量混合输入/输出扩展模块 DT16、DR16 的接线图如图 10-4 和图 10-5 所示。掌握了数字量混合输入/输出扩展模块的接线,也就掌握了数字量输入模块、数字量输出模块的接线,这里不再详述。

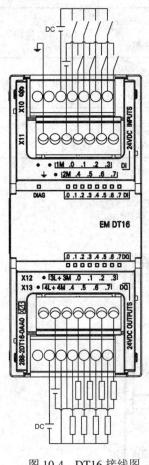
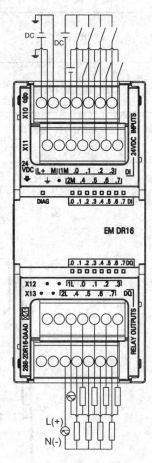

图 10-4　DT16 接线图　　　　　　　　图 10-5　DR16 接线图

3. 模拟量扩展模块

S7-200 SMART PLC 有 3 种模拟量扩展模块,即模拟量输入 EM AE04 模块、模拟量输出 EM AQ02 模块、模拟量输入/输出 EM AM06 模块。

模拟量输入 EM AE04 模块的输入范围为 ±10 V、±5 V、±2.5 V 或 0～20 mA,满量程数据范围为 −27 648～27 648,分辨率电压模式为 11 位 + 符号位,电流模式为 11 位。

模拟量输出 EM AQ02 模块的输出范围为 ±10 V 或 0～20 mA,满量程数据电压输出范围为 −27 648～27 648,电流为 0～27 648,分辨率电压模式为 10 位 + 符号位,电流模式为 10 位。

模拟量输入/输出 EM AM06 模块的输入范围为 ±10 V、±5 V、±2.5 V 或 0～20 mA,满量程数据范围为 −27 648～27 648;输出范围为 ±10 V 或 0～20 mA,满量程数据电压输出范围为 −27 648～27 648,电流为 0～27 648,分辨率电压模式为 10 位 + 符号位,电流模式为 10 位。

三种模块的参数如表 10-10 所示。

表 10-10　S7-200 SMART PLC 系列数字量扩展模块

名　　称	型　　号	I/O 点数
模拟量输入(AI)扩展模块和订货号	EM AE04 6ES7 288-3AE04-0AA0	4 路模拟量输入
模拟量输出(AO)扩展模块和订货号	EM AQ02 6ES7 288-3AQ02-0AA0	2 路模拟量输出
模拟量输入/输出(AI/AO)扩展模块和订货号	EM AM06 6ES7 288-3AM06-0AA0	4 路模拟量输入/2 路模拟量输出

三种模块的接线图如图 10-6～图 10-8 所示。

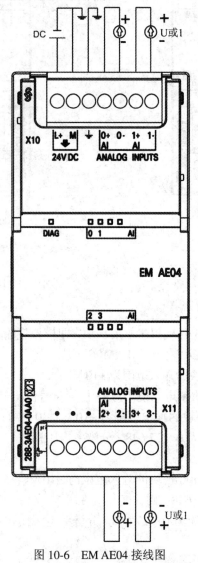

图 10-6　EM AE04 接线图

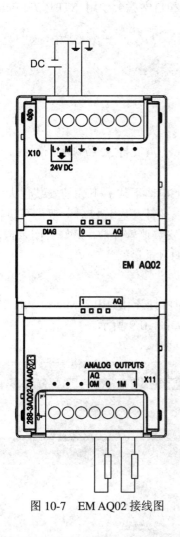

图 10-7　EM AQ02 接线图

图 10-8　EM AM06 接线图

任务 2　STEP 7-Micro/WIN SMART 编辑软件的使用

一、任务引入

　　STEP 7-Micro/WIN SMART 是一款功能强大的软件，用于 S7-200 SMART 系列 PLC 程序编辑、监控与调试。与 S7-200 编程软件 STEP 7- Micro/WIN 类似，在 S7-200 中运行的程序，大都可以在 S7-200 SMART 中运行，故在掌握了 STEP 7- Micro/WIN 编程软件后，再学习 STEP 7-Micro/WIN SMART 编程软件，会很容易。

二、任务分析

　　STEP 7-Micro/WIN SMART 编程软件与 STEP 7-Micro/WIN 编程软件的区别不是很大，

会使用 STEP 7-Micro/WIN 编程软件的人，稍加培训和自学就会使用 STEP 7-Micro/WIN SMART 编程软件。

三、相关知识

1. STEP 7-Micro/WIN SMART 的安装

软件对计算机最低要求：

① 操作系统：Windows XP SP3(仅 32 位)、Windows 7 (支持 32 位和 64 位)；

② 至少 350 MB 的空闲硬盘空间。

用户可在西门子(中国)自动化与驱动集团的网站上申请下载，下载的安装包大多都是扩展名为 ISO 的光盘镜像压缩文件。用虚拟光驱加载并打开安装包后，双击可执行文件"SETUP.EXE"，按照常规的选项选择即可完成安装。安装该软件前，最好关闭杀毒、防火墙软件以及其他处于运行状态的程序，且存放该软件的目录最好为英文。

2. STEP 7-Micro/ WIN SMART 的界面

软件安装完毕后，直接双击桌面上的快捷图标，即可打开 STEP 7-Micro/WIN SMART 软件。该软件提供给用户一个友好的环境，其主界面如图 10-9 所示。

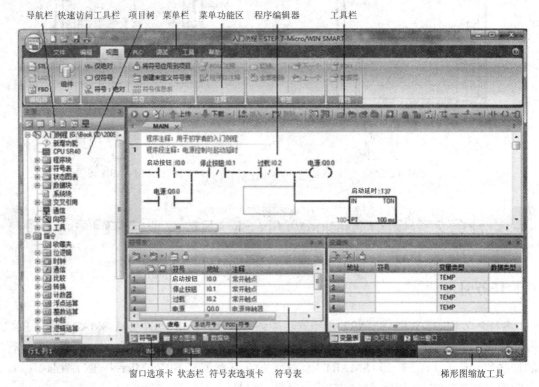

图 10-9　STEP 7-Micro/WIN SMART 软件的主界面

1) 快速访问工具栏

快速访问工具栏位于菜单栏上方。通过快速访问文件按钮可简单快速地访问"文件"菜单的大部分功能以及最近文档。快速访问工具栏上的其他按钮对应于文件功能"新建"

(New)、"打开"(Open)、"保存"(Save)和"打印"(Print)。右击菜单功能区，可以"自定义快速访问工具栏"。

2) 项目树

编辑项目时，使用项目树非常方便。项目树可以显示，也可以隐藏。如果项目树未显示，则按以下步骤显示项目树：单击菜单栏上的"视图"→"窗口"→"组件"→"项目树"。另外，在项目树的右上角有个小钉图标，当这个小钉图标横放时，项目树会自动隐藏，这样编辑区域就会变大。如果用户希望项目树一直显示，只要单击小钉图标，使其竖放即可。

3) 导航栏

导航栏显示在项目树上方，可快速访问项目树上的对象。单击一个导航栏按钮相当于展开项目树并单击同一选择内容。导航栏按钮从左到右依次为"符号表""状态图""数据块""系统块""交叉引用""通信"。如要打开通信，单击导航栏上的"通信"按钮，与单击项目树上的"通信"选项效果是等同的。

4) 菜单栏

菜单栏包括"文件""编辑""视图""PLC""调试""工具"及"帮助"7 个菜单项。用户可以定制"工具"菜单，在该菜单中增加自己的工具。

5) 程序编辑器

程序编辑器是编写和编辑程序的区域。打开程序编辑器有以下 2 种方法：

(1) 单击菜单栏中的"文件"→"新建"(或者"打开"按钮)打开 STEP 7-Micro/WIN SMART 项目。

(2) 在项目树中打开"程序块"文件夹，方法是单击分支展开图标或双击"程序块"文件夹图标，然后双击主程序(OBI)、子程序或中断例程。

编辑器的图形界面如图 10-10 所示，包括工具栏、POU 选择器、POU 注释、程序段注释、程序段编号、装订线等部分。

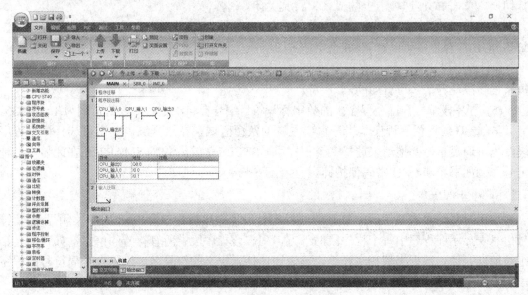

图 10-10 编辑器的图形界面

(1) 工具栏：包含常用操作按钮，以及可放置到程序段中的通用程序元素，如表 10-11 所示。

表 10-11　工具栏常用按钮

序号	按钮图形	含　义
1		将 CPU 工作模式更改为 RUN 或 STOP；编译程序
2		上传和下载传送
3		针对当前所选对象的插入和删除功能
4		调试操作以启动程序监视和暂停程序监视
5		书签和导航功能：放置书签，转到下一页书签，转到上一页书签，移除所有书签和转到特定程序段、行或线
6		强制功能：强制、取消强制和全部取消强制
7		可拖动到程序段的通用程序元素
8		地址和注释显示功能：显示符号、显示绝对地址、显示符号和绝对地址、切换符号信息表显示、显示 POU 注释以及显示程序段注释
9		设置 POU 保护和常规属性

(2) POU 选择器：能够在主程序块(MAIN)、子程序(SBR_0)或中断(1NT_0)编程之间进行切换。单击 POU 选项卡上的"×"将其关闭。

(3) POU 注释：显示在 POU 中第一个程序段上方，提供详细的多行 POU 注释功能。每条 POU 注释最多可以有 4096 个字符。

(4) 程序段注释：显示在程序段旁边，为每个程序段提供详细的多行注释附加功能。每条程序段注释最多可有 4096 个字符。

(5) 程序段编号：每个程序段的数字标识符。编号会自动进行，取值范围为 1～65536。

(6) 装订线：位于程序编辑器窗口左侧的灰色区域，在该区域内单击可选择单个程序段，也可通过单击并拖动来选择多个程序段。STEP 7-Micro/WIN SMART 还在此显示各种符号，例如书签和 POU 密码保护锁。

6) 符号信息表

启用符号信息表显示后，打开的项目均显示程序段符号信息(除非用户关闭显示)。符号信息表显示在程序中每个程序段的下方，列出该程序段中所有符号的信息，如符号名、绝对地址、值、数据类型和注释等，该表还包括未定义的符号名。不包含全局符号的程序段，不显示符号信息表，所有重复条目均被删除。符号信息表不可编辑。

要在程序编辑器窗口中查看或隐藏符号信息表，有以下 3 种方法：

(1) 在"视图"菜单功能区的"符号"区域单击"符号信息表"按钮。

(2) 按 Ctrl+T 快捷键组合。

(3) 在"视图"菜单的"符号"区域单击"将符号应用于项目"按钮，"应用所有符号"命令使用所有新、旧和修改的符号名更新项目。如果当前未显示"符号信息表"，单击此按钮便会显示。

7) 符号表

符号是为存储器地址或常量指定的名称。用户可为下列存储器类型创建符号：I、Q、M、SM、A、AQ、V、S、C、T、HC。符号表是符号和地址对应关系的列表。

打开符号表有 3 种方法，具体如下：

(1) 单击导航栏中的"符号表"按钮。

(2) 在"视图"菜单的"窗口"区域中，从"组件"下拉列表中选择"符号表"。

(3) 在项目树中打开"符号表"文件夹，选择一个表名称，然后按下 Enter 键或者双击表名称。

8) 状态栏

状态栏位于主窗口底部，用于提供用户在 STEP 7-Micro/WIN SMART 中执行的操作的相关信息。

在编辑模式下工作时，状态栏显示编辑器信息：简要状态说明、当前程序段编号、当前编辑器的位置、当前编辑模式(插入或覆盖)。

状态栏可显示在线状态信息：指示通信状态的图标、本地站(如果存在)的通信地址和站名称、存在致命或非致命错误的状况(如果有)。

9) 输出窗口

输出窗口列出了最近编译的 POU 和在编译期间发生的所有错误。如果已打开程序编辑器窗口和输出窗口，则可在输出窗口中双击错误信息使程序自动滚动到错误所在的程序，纠正程序后，重新编译程序以更新输出窗口和删除已纠正程序段的错误参考。

要清除输出窗口的内容，右击显示区域，然后从上下文菜单中选择"清除"。如果从上下文菜单中选择"复制"，还可将内容复制到剪贴板。在"工具"菜单的"选项"设置中，还可组态输出窗口的显示选项。

10) 状态图表

将程序下载至 PLC 之后，可以通过状态图表来监控和调试程序。

在控制程序的执行过程中，可用两种不同方式查看状态图表数据的动态改变，见表 10-12。

表 10-12　两种不同方式监控状态图表中的数据

图标状态	在表格中显示状态数据：每行指定一个要监视的 PLC 数据值。可指定存储器地址、格式、当前值和新值(如果使用强制命令)
趋势显示	通过随时间变化的 PLC 数据绘图跟踪状态数据：可以在表格视图和趋势视图之间切换现有状态图表，也可在趋势视图中直接分配新的趋势数据

11) 变量表

初学者一般不会用到变量表，以下用一个例子来说明变量表的使用。

例 10-1 用子程序表达算式 Ly＝(La＋Lb)*Lx。

步骤如下：

(1) 在子程序界面中单击菜单栏的"视图"→"组件"→"变量表"，打开变量表。

(2) 在变量表中输入如图 10-11 所示的参数。

	地址	符号	变量类型	数据类型	注释
1		EN	IN	BOOL	
2	LW0	La	IN	INT	
3	LW2	Lb	IN	INT	
4	LW4	Lx	IN	INT	`
5			IN_OUT		
6	LD6	Ly	OUT	DINT	
7			TEMP		

图 10-11 变量表

(3) 在子程序中输入如图 10-12 所示的程序。

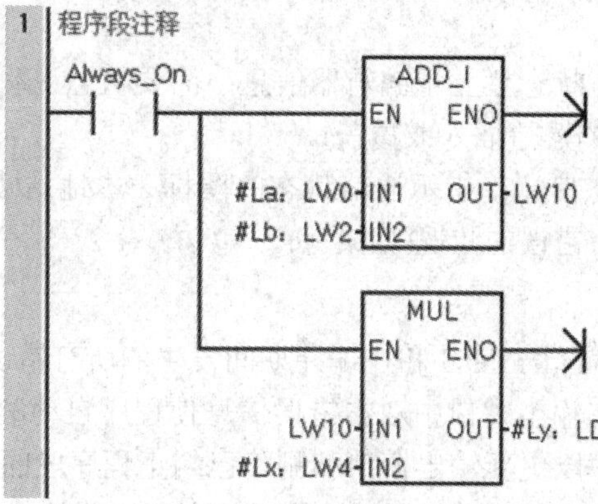

图 10-12 子程序

(4) 在主程序中调用子程序，并将运算结果存入 MD0 中，如图 10-13 所示。MD0 中的运算结果可通过状态图表进行监控。

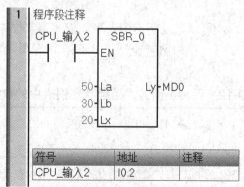

图 10-13 主程序

12) 数据块

数据块包含可向 V 存储器地址分配数据值的数据页。可使用下列方法之一访问数据块：

(1) 在导航栏上单击数据块按钮。

(2) 在"视图"菜单的"窗口"区域，从"组件"下拉列表中选择"数据块"，如图 10-14 所示，将 10 赋值给 VB0，其作用相当于图 10-15 所示的程序。

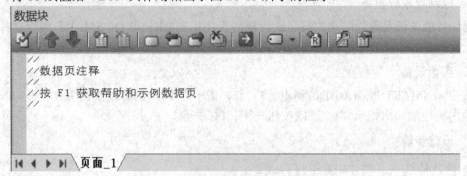

图 10-14　数据块

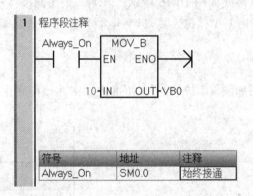

图 10-15　程序

13) 交叉引用

调试程序时，用户可能需要增加、删除或编辑参数。使用"交叉引用"窗口查看程序中参数当前的赋值情况，可防止无意间重复赋值。可通过以下方法之一访问交叉引用表：

(1) 在项目树中打开"交叉引用"文件夹，然后双击"交叉引用""字节使用"或"位使用"。

(2) 单击导航栏中的交叉引用图标。

(3) 在"视图"菜单功能区的"窗口"区域，单击"查看组件"中的"交叉引用"。

四、任务实施

本任务完成单按键闪烁电路的编程与调试。

1. 控制要求

试采用 S7-200 SMART PLC 实现单按键闪烁电路，要求如下：按下按钮 SB1，指示灯 HL1 断开 2 s、接通 1 s 交替闪烁，然后按下按钮 SB1，闪烁停止。再按下按钮 SB1，指示灯又交替闪烁,再按下又停止。要求完成硬件接线及 PLC 程序的编写、编译、下载并调试。

2. 训练目的

(1) 掌握 STEP 7-Micro/WIN SMART 编程软件的使用方法。

(2) 掌握 SMART PLC 的接线方法。

3. 控制要求分析

此任务的关键是通过简单的程序设计掌握 STEP 7-Micro/WIN SMART 编程软件的使用,以及掌握 SMART PLC 的接线方法。

4. 实训设备

S7-200 SMART PLC(AC/DC/继电器)一台、指示灯 1 个(也可直接使用 S7-200 SMART PLC 输出模块的输出指示灯)、三联按钮一个、PC 一台。

5. 设计步骤

1) 硬件接线

根据控制要求,硬件接线如图 10-16 所示。若输入采用源型接法,则 24 V 电源正极连接公共端 1 M;若输入采用漏型接法,则 24 V 电源负极连接公共端 1 M。本任务接线采用源型接法。

2) 程序编写与调试

启停控制程序梯形图如图 10-17 所示。下面主要讲述该程序由编辑输入到下载、运行和监控的完整过程。

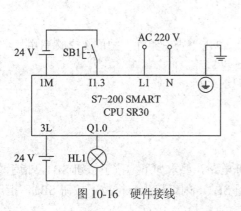

图 10-16 硬件接线

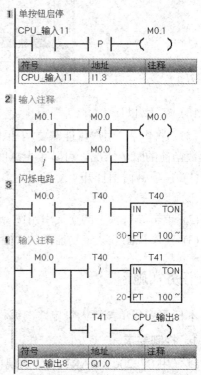

图 10-17 启停控制程序梯形图

(1) 启动软件。启动 STEP 7-Micro/WIN SMART 软件，弹出如图 10-18 所示的界面。

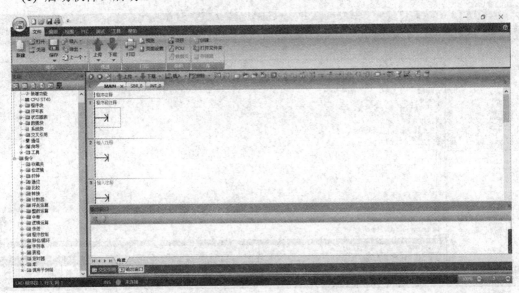

图 10-18　STEP 7-Micro/WIN SMART 软件界面

(2) 硬件配置。展开项目树中的"项目 1"节点，选中并双击"CPU ST40"(也可能是其他型号的 CPU)，这时弹出"系统块"界面，在 CPU 模块行单击"▼"按钮，选择 CPU 机型(CPU SR30)与固件版本号(V2.01)，然后单击"确定"按钮返回，如图 10-19 所示。

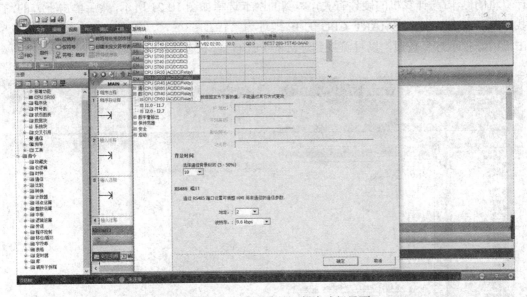

图 10-19　PLC 类型选择、版本选择界面

(3) 程序编辑与编译。拖曳程序编辑器上方工具栏中的动合、动断、线圈等按钮，在编辑窗口编辑程序，编辑完毕后保存。然后单击编辑器上方工具栏中的"编译"按钮进行编译，编译结果在输出窗口中显示，如图 10-20 所示。若程序有错误，则输出窗口会显示错误信息，这时可在输出窗口中错误处双击以跳转到程序中该错误所在处，然后进行修改。

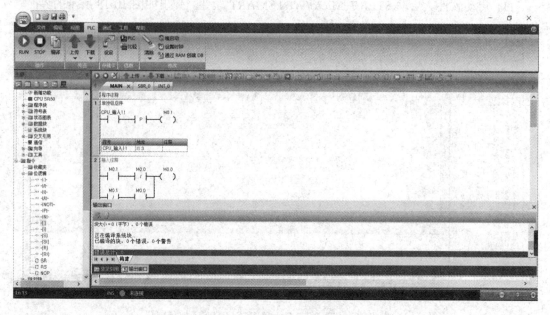

图 10-20   程序编辑与编译界面

(4) 联机通信。用普通的网线完成计算机与 PLC 的硬件连接后,双击 STEP 7-Micro/WIN SMART 编程软件项目树中的"通信",弹出"通信"对话框。单击"▼"按钮,选择个人计算机的网卡(与计算机的硬件有关),本例的网卡选择如图 10-21 所示,然后单击下方的"查找 CPU"按钮,找到 SMART CPU 的 IP 地址为"192.168.2.1",如图 10-22 所示。可以单击"闪烁指示灯"按钮,以目测找到连接的 PLC(运行状态指示灯交替闪烁)。

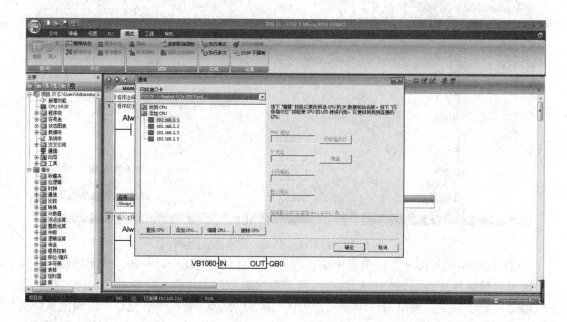

图 10-21   网卡选择

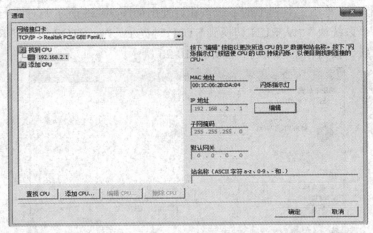

图 10-22　查找 CPU

单击"闪烁停止"按钮，然后单击"确定"按钮，连接成功。如连接不成功，则弹出如图 10-23 所示的对话框。这是因为个人计算机的 IP 地址没有和 SMART PLC 的 IP 地址设置成同一网段。不设置个人计算机 IP 地址，也可以搜索到可访问的 PLC，但不能下载程序。

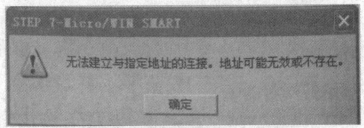

图 10-23　通信连接错误

(5) 设置计算机 IP 地址。先打开个人计算机的"网络连接"，选中"本地连接"，打开"本地连接 属性"对话框，选中"Internet 协议版本 4 (TCP/IPv4)"，单击"属性"，在弹出的对话框中的"使用下面的 IP 地址"处，把个人计算机的 IP 地址设置成与 SMART CPU 的 IP 地址同一网段(末尾数字不同，其他同，例如"192.168.2.6")，如图 10-24 所示，然后单击"确定"按钮返回。

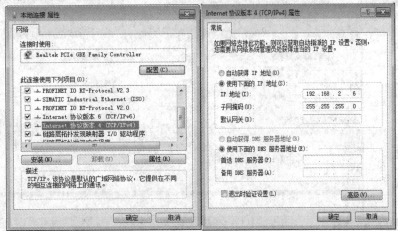

图 10-24　个人计算机 IP 地址设置

(6) 下载程序。单击工具栏中的下载按钮，弹出如图 10-25 所示的对话框，勾选"程序块""数据块""系统块""从 RUN 切换到 STOP 时提示""从 STOP 切换到 RUN 时提示"后，单击"下载"按钮，下载成功界面如图 10-26 所示。

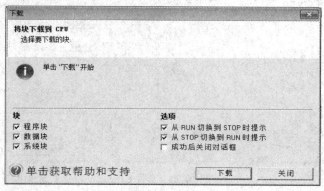

图 10-25　下载程序

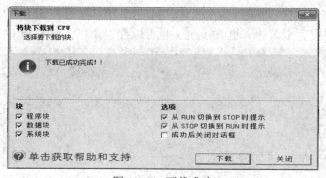

图 10-26　下载成功

(7) 运行和停止模式切换。若要运行下载到 PLC 中的程序，只需单击工具栏中的"运行"按钮，在弹出的如图 10-27 所示的对话框中选择"是"即可。同理，若要停止运行程序，则只需单击工具栏中的"停止"按钮。

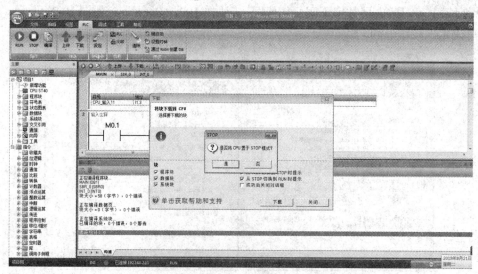

图 10-27　运行程序

(8) 程序状态监控。单击工具栏中的"程序状态"按钮，即可开启监控。但中间会弹出如图 10-28 所示的比较对话框，单击"比较"按钮，出现如图 10-29 所示的"已通过"字样时，单击"继续"按钮即可。此时会发现编辑器里的程序，如图 10-30 所示。

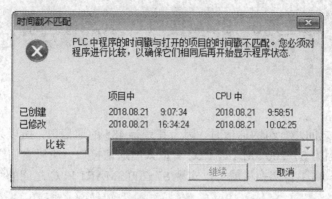

图 10-28　比较对话框

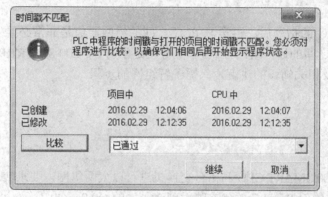

图 10-29　比较通过

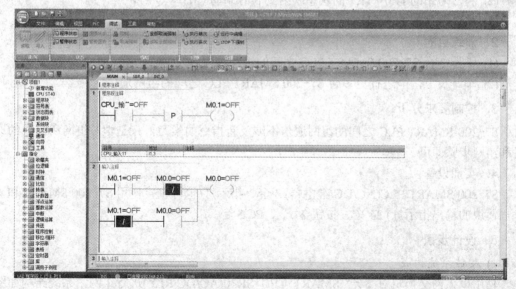

图 10-30　程序状态监控

此时按下 I1.3 外接的 SB1 按钮，会发现 Q1.0 外接的指示灯以灭 2 s、亮 1 s 的频率闪烁；按下 SB1 按钮，闪烁停止。再按下 SB1 按钮，指示灯又交替闪烁，再按下又停止。

任务 3　SMART PLC 以太网组网

一、任务引入

S7-200 PLC 之间进行组网通信时，因为其只有 485 的通信口，所以只能使用 PPI 的方式进行通信。但因为 S7-200 SMART PLC 有以太网通信接口，所以它们之间的组网通信就变得相对容易，只需 1 台交换机就可以实现 S7-200 SMART PLC 之间的组网通信。

二、任务分析

在学习完 PLC 的指令后，再学习 PLC 之间的组网通信是非常必要的，因为我们有时会碰到多台 PLC 之间的通信组网控制。本任务就是学习 S7-200 SMART PLC 之间如何组网通信的，而不涉及相关知识的讲解，只需了解组网的步骤。

三、任务实施

1．控制要求

用 3 台 S7-200 SMART CPU 和 1 台交换机进行以太网组网，要求实现如下功能：

(1) 将 1 号站的 I1.0～I1.7 的状态映射到 2 号站的 Q0.0～Q0.7。

(2) 将 2 号站的 I1.0～I1.7 的状态映射到 3 号站的 Q0.0～Q0.7。

(3) 将 3 号站的 I1.0～I1.7 的状态映射到 1 号站的 Q0.0～Q0.7。

2．训练目的

(1) 掌握 3 台 S7-200 SMART PLC 之间的组网过程。

(2) 举一反三，能进行更多台 S7-200 SMART PLC 之间的组网通信。

3．控制要求分析

S7-200 SMART PLC 之间的组网通信不涉及新指令的学习，只是学习组网所需要的设备和组网步骤即可。

4．实训设备

S7-200 SMART PLC(AC/DC/继电器) 3 台、指示灯(也可直接使用 S7-200 SMART PLC 输出模块的输出指示灯) 24 个、按钮 24 个、PC 3 台。

5．设计步骤

1) 硬件系统构成

使用以太网交换机对 3 台 SMART CPU SR30(AC/DC/RLY)进行组网，系统结构如图 10-31 所示。

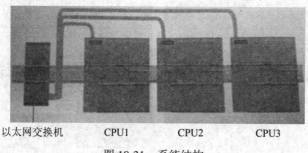

以太网交换机　　　　CPU1　　　　CPU2　　　　CPU3

图 10-31　系统结构

2) 分配 Internet 协议(IP)地址

以太网组网时，必须为每个连接至以太网网络的 S7-200 SMART CPU 输入"IP 地址" "子网掩码"，且网络上的每台设备需要设定唯一的 IP 地址，包括编辑设备等。

(1) 为编辑设备分配 IP 地址。按照图 10-24 所示的打开方式，打开"Internet 协议(TCP/IP) 属性"对话框，为计算机分配 IP 地址"192.168.0.10"，输入子网掩码为"255.255.255.0"，默认网关留空，然后单击"确定"按钮返回。

(2) 更改项目中的 SMART CPU 的 IP 地址。在项目树中，双击"通信"节点，打开"通信"对话框，选择网络接口卡，单击"查找 CPU"按钮，找到的 3 台 CPU 的 IP 地址如图 10-32 所示。

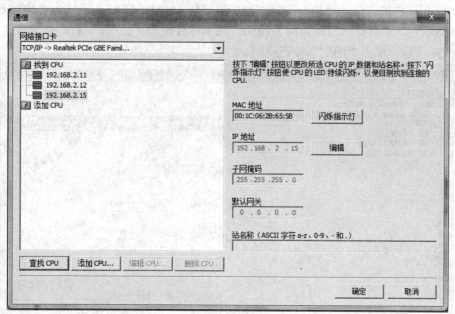

图 10-32　查找 CPU

① 选择找到的第一台 CPU 的 IP 地址，单击"闪烁指示灯"按钮，观察是哪一个 CPU 状态指示灯闪烁，以确定此 IP 地址对应的 CPU。

② 选中第一台 CPU 的 IP 地址，单击"编辑"按钮，修改 IP 地址为"192.168.0.1"，子网掩码为"255.255.255.0"，默认网关留空，站名称为"1"，如图 10-33 所示，然后单击"设置"按钮，在 CPU 中完成更新。

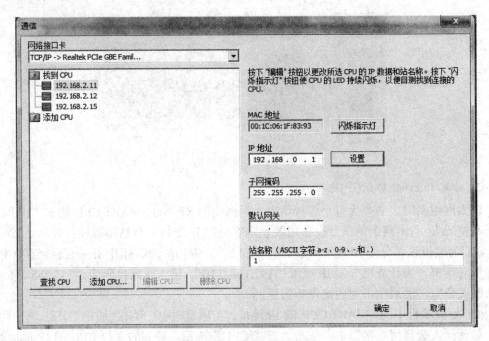

图 10-33 修改 IP 地址

③ 采用同样的方法，分别修改第二台、第三台 SMART CPU 的地址为"192.168.0.2""192.168.0.3"，子网掩码与默认网关相同，站名称分别为"2"和"3"，全部修改完毕后如图 10-34 所示，单击"确定"按钮返回。

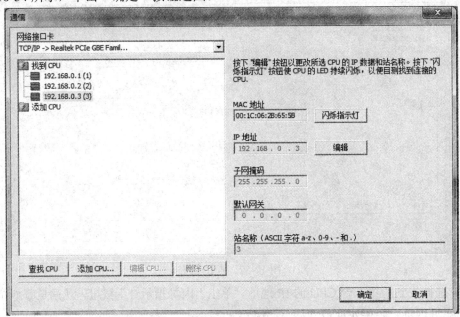

图 10-34 设定 3 台 SMART CPU 的 IP 地址

3) 使用 GET/PUT 向导

GET 和 PUT 指令适用于通过以太网进行的 S7-200 SMART CPU 之间的通信，在 CPU

内同一时间最多只能激活 8 个 GET 和 PUT 指令。本任务中有 2 个从站，可以考虑同时激活 2 条网络读指令和 2 条网络写指令，编写主站的网络读写程序。

更简便的方法是借助 GET/PUT 向导程序。利用向导程序可以快速简单地配置复杂的网络读写指令操作，引导完成以下任务：

(1) 指定所需要的网络操作数目。在项目树中打开"向导"文件夹，然后双击"Get/Put"，打开"Get/Put 向导"，单击右侧的"添加"按钮，如图 10-35 所示。

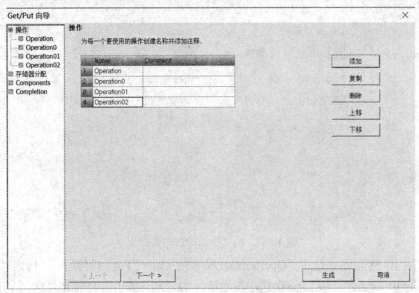

图 10-35　向导界面添加

(2) 指定网络操作。

① 如图 10-36 所示，选中"Operation"，类型选择"Put"(写操作)，传送"1"字节，远程 CPU 的 IP 地址为"192.168.0.2"，本地地址为"VB1000"，远程地址为"VB1000"。

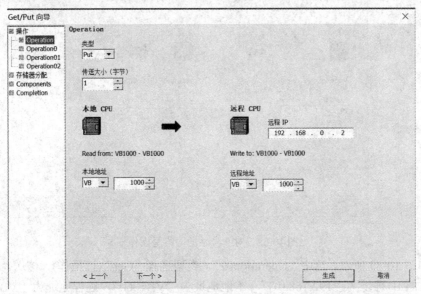

图 10-36　对 2 号站的网络写操作

② 如图 10-37 所示，选中"Operation"，类型选择"Get"(读操作)，传送"1"字节，远程 CPU 的 IP 地址为"192.168.0.2"，本地地址为"VB1020"，远程地址为"VB1020"。

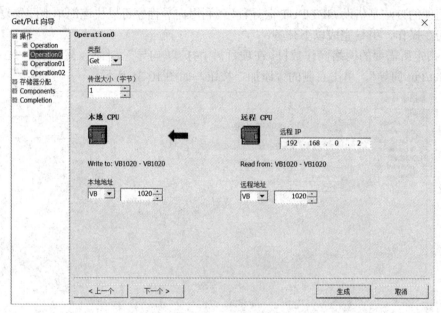

图 10-37　对 2 号站的网络读操作

③ 如图 10-38 所示，选中"Operation01"，类型选择"Put"(写操作)，传送"1"字节，远程 CPU 的 IP 地址为"192.168.0.3"，本地地址为"VB1020"，远程地址为"VB1040"。

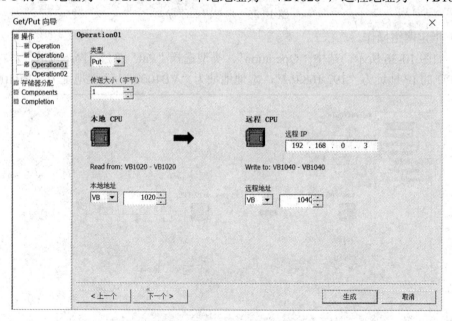

图 10-38　对 3 号站的网络写操作

④ 如图 10-39 所示，选中"Operation02"，类型选择"Get"(读操作)，传送"1"字节，远程 CPU 的 IP 地址为"192.168.0.3"，本地地址为"VB1060"，远程地址为"VB1060"。

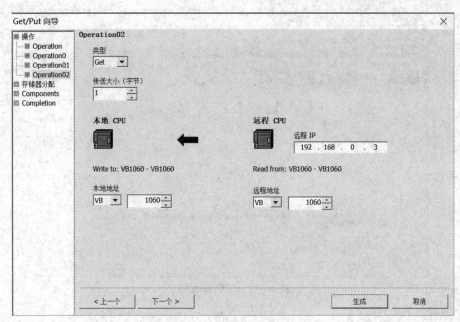

图 10-39　对 3 号站的网络读操作

(3) 分配 V 存储器。用户配置的每项网络操作都需要 16 个字节 V 存储器，在 Get/Put 向导菜单中单击"存储器分配"，向导会自动建议一个起始地址，可以编辑该地址，但一般选择建议即可，如图 10-40 所示。

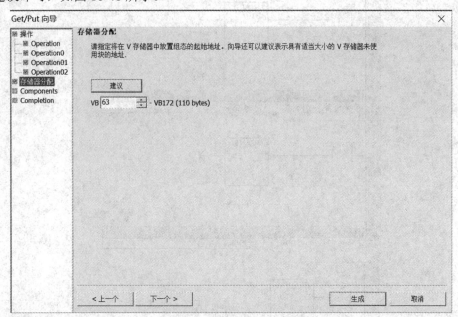

图 10-40　分配 V 存储器

(4) 生成代码块。在 Get/Put 向导菜单中单击"Components"(组建)，根据向导生成子例程代码，如图 10-41 所示。单击"下一个"按钮，再单击"生成"(Generate)按钮即完成向导组态。

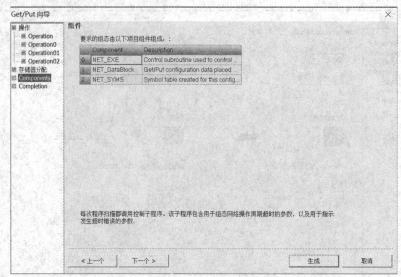

图 10-41   子例程代码

4) 编写组网程序

利用编程软件 STEP 7-Micro/WIN SMART 编写 1 号站程序(如图 10-42 所示)、2 号站程序(如图 10-43 所示)、3 号站程序(如图 10-44 所示)。1 号主站本地与远程 2 号站、3 号站存储器的映射关系如图 10-45 所示。

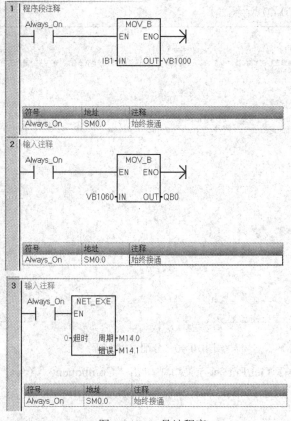

图 10-42   1 号站程序

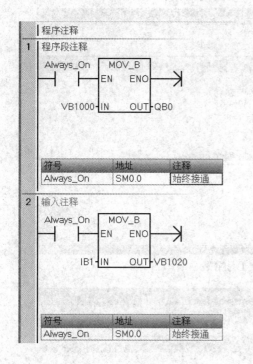

图 10-43　2 号站程序

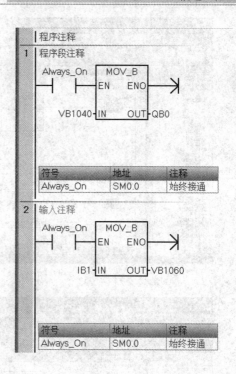

图 10-44　3 号站程序

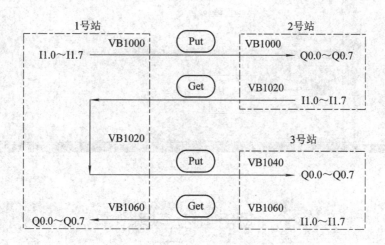

图 10-45　映射关系

5) 调试与运行

在"通信"对话框中，选中目标 CPU 的 IP 地址，单击"确定"按钮返回；然后编译此 CPU 的 PLC 程序，编译完毕后单击"下载"按钮即可。单击工具栏中的"程序状态"按钮，可分别监控 1 号主站和 2 号从站，如图 10-46 和图 10-47 所示。

按下 1 号站的 I1.0～I1.7 按钮，2 号站对应的 Q0.0～Q0.7 灯亮；按下 2 号站的 I1.0～I1.7 按钮，3 号站对应的 Q0.0～Q0.7 灯亮；按下 3 号站的 I1.0～I1.7 按钮，1 号站对应的 Q0.0～Q0.7 灯亮，证明联网成功。

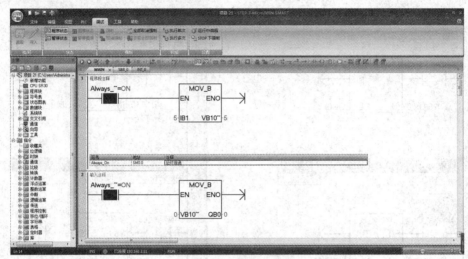

图 10-46　监控 1 号主站

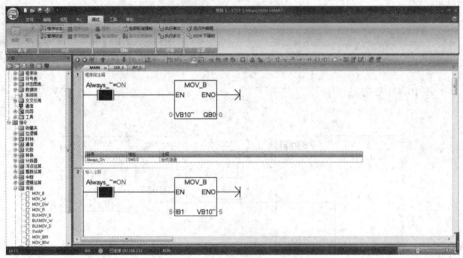

图 10-47　监控 2 号从站

项目 10 练习题

用 3 台 S7-200 SMART CPU 和 1 台交换机进行以太网组网，要求实现如下功能：

(1) 1 号站：按下 1 号站的按钮 SB1，1 号站的灯 Q0.1 亮，5 s 后，2 号站的灯 Q0.1 亮，10 s 后，3 号站的灯 Q0.1 亮。按下 1 号站的停止按钮 SB2，1 号站、2 号站、3 号站的灯 Q0.1 灭。

(2) 2 号站：按下 2 号站的按钮 SB1，2 号站的灯 Q0.2 间隔 0.5 s 闪亮，5 次后，1 号站的灯 Q0.2 亮，10 次后，3 号站的灯 Q0.2 亮。按下 2 号站的停止按钮 SB2，1 号站、2 号站、3 号站的灯 Q0.2 灭。

(3) 3 号站：按下 3 号站的按钮 SB1，能将 1 号站、2 号站、3 号站所有正在亮的灯熄灭。

附录

西门子 S7-200 系列 PLC

附表 1 西门子 S7-200 系列 PLC CPU 规范表

	CPU221	CPU222	CPU224	CPU226
电 源				
输入电压	20.4～28.8 V DC/85～264 V AC(47～63 Hz)			
24 V DC 传感器 电源容量	180 mA		280 mA	400 mA
存 储 器				
用户程序空间	2048 字		4096 字	8192 字
用户数据(EEPROM)	1024 字(永久存储)		2560 字(永久存储)	5120 字(永久存储)
装备(超级电容) (可选电池)	50h/典型值(40℃最少 8 h) 200d/典型值		190h/典型值(40℃最少 120 h) 200d/典型值	
I/O 接口				
本机数字输入/输出	6 输入/4 输出	8 输入/6 输出	14 输入/10 输出	24 输入/16 输出
数字 I/O 映像区	256(128 入/128 出)			
模拟 I/O 映像区	无	32(16 入/16 出)	64(32 入/32 出)	
允许最大的扩展模块	无	2 模块	7 模块	
允许最大的智能模块	无	2 模块	7 模块	
脉冲捕捉输入	6	8	14	24
高速计数器 单相 两相	4 个计数器 4 个 30 kHz 2 个 20 kHz		6 个计数器 6 个 30 kHz 4 个 20 kHz	
脉冲输出	2 个 20 kHz(仅限于 DC 输出)			

续表

	CPU221	CPU222	CPU224	CPU226
常　规				
定时器	256 个定时器：4 个 1 ms 定时器；16 个 10 ms 定时器；236 个 100 ms 定时器			
计数器	256(由超级电容器或电池备份)			
内部存储器位 掉电保护	256(由超级电容器或电池备份) 112(存储在 EEPROM)			
时间中断	2 个 1 ms 的分辨率			
边沿中断	4 个上升沿和/或 4 个下降沿			
模拟电位器	1 个 8 位分辨率		2 个 8 位分辨率	
布尔量运算执行速度	0.22 μs			
时钟	可选卡件		内置	
卡件选项	存储卡、电池卡和时钟卡		存储卡和电池卡	
集成的通信功能				
端口(受限电源)	1 个 RS485 接口		2 个 RS485 接口	
PPI，DP/T 波特率	9.6 b/s、19.2 kb/s、187.5 kb/s			
自由口波特率	1.2~115.2 kb/s			
每段最大电缆长度	使用隔离的中继器：187.5 kb/s 可达 1000 m，34.8 kb/s 可达 1200 m； 未使用中继器：50 m			
最大站点数	每段 32 个站，每个网络 126 个站			
最大主站数	32 个			
点到点(PPI 主站模式)	是(NETR/NETW)			
MPI 连接	共 4 个，2 个保留(1 个给 PG，1 个给 OP)			

附表 2　西门子 S7-200 系列 PLC 部分扩展模块表

类　型	数字量扩展模块			模拟量扩展模块		
型　号	EM221	EM222	EM223	EM231	EM232	EM235
输入点	8	无	4/8/16	4	无	4
输出点	无	8	4/8/16	无	2	1
隔离组点数	8	2	4	无	无	无
输入电压	24 V(DC)	无	24 V(DC)	无	无	无
输出电压	无	24 V(DC)或 24~230 V AC	24 V(DC)或 24~230 V AC	无	无	无
A/D 转换器	无	无	无	<250 μs	无	<250 μs
分辨率	无	无	无	12 bit A/D 转换	电压：12 bit 电流：11 bit	12 bit A/D 转换

附表 3 西门子 S7-200 系列 PLC CPU 存储范围和特性汇总表

描　述		范　围				存　取　格　式			
		CPU221	CPU222	CPU224	CPU226	位	字节	字	双字
用户程序区(B)		4096	4096	8192	16384	无			
用户数据区(B)		2048	2048	8192	10240				
输入映像寄存器		I0.0～I15.7	I0.0～I15.7	I0.0～I15.7	I0.0～I15.7	Ix.y	IBx	IWx	IDx
输出映像寄存器		Q0.0～Q15.7	Q0.0～Q15.7	Q0.0～Q15.7	Q0.0～Q15.7	Qx.y	QBx	QWx	QDx
模拟输入(只读)		无	AIW0～AIW30	AIW0～AIW62	AIW0～AIW62	无	无	AIWx	无
模拟输出(只写)		无	AQW0～AQW30	AQW0～AQW62	AQW0～AQW62	无	无	AQWx	无
变量存储器		VB0～VB2047	VB0～VB2047	VB0～VB8191	VB0～VB10239	Vx.y	VBx	VWx	VDx
局部存储器		L0.0～L63.7	L0.0～L63.7	L0.0～L63.7	L0.0～L63.7	Lx.y	LBx	LWx	LDx
位部存储器		M0.0～M31.7	M0.0～M31.7	M0.0～M31.7	M0.0～M31.7	Mx.y	MBx	MWx	MDx
特殊存储器(只读)		SM0.0～M179.7 SM0.0～M29.7	SM0.0～M179.7 SM0.0～M29.7	SM0.0～M179.7 SM0.0～M29.7	SM0.0～M179.7 SM0.0～M29.7	SMx.y	SMBx	SMWx	SMDx
定时器	数量	256(T0～T255)	256(T0～T255)	256(T0～T255)	256(T0～T255)	Tx	无	Tx	无
	保持接通延时 1ms	T0、T64	T0、T64	T0、T64	T0、T64				
	保持接通延时 10ms	T1～T4 T65～T68	T1～T4 T65～T68	T1～T4 T65～T68	T1～T4 T65～T68				
	保持接通延时 100 ms	T5～T31 T69～T95	T5～T31 T69～T95	T5～T31 T69～T95	T5～T31 T69～T95				
	接通/断开延时 1 ms	T32、T96	T32、T96	T32、T96	T32、T96				
	接通/断开延时 10ms	T33～T36 T97～T100	T33～T36 T97～T100	T33～T36 T97～T100	T33～T36 T97～T100				
	接通/断开延时 100 ms	T37～T63 T101～T255	T37～T63 T101～T255	T37～T63 T101～T255	T37～T63 T101～T255				
计数器		C0～C255	C0～C255	C0～C255	C0～C255	Cx	无	Cx	无
高速计数器		HC0、HC3～HC5	HC0、HC3～HC5	HC0～HC5	HC0～HC5	无	无	无	HCx
顺控继电器		S0.0～S31.7	S0.0～S31.7	S0.0～S31.7	S0.0～S31.7	Sx.y	SBx	SWx	SDx
累加器		AC0～AC3	AC0～AC3	AC0～AC3	AC0～AC3	无	ACx	ACx	ACx
跳转/标号		0～255	0～255	0～255	0～255	无	无	无	无
调用/子程序		0～63	0～63	0～63	0～127	无	无	无	无
中断程序		0～127	0～127	0～127	0～127	无	无	无	无
PID 回路		0～7	0～7	0～7	0～7	无	无	无	无
通信口		0	0	0	0、1	无	无	无	无

附表 4　西门子 S7-200 系列 PLC 指令系统速查表

布 尔 指 令	
LD　　bit	装载
LDI　　bit	立即装载
LDN　　bit	取反后装载
LDNI　　bit	取反后立即装载
A　　bit	与
AI　　bit	立即与
AN　　bit	取反后与
ANI　　bit	取反后立即与
O　　bit	或
OI　　bit	立即或
ON　　bit	取反后或
ONI　　bit	取反后立即或
LDBx　IN1，IN2	装载字节比较的结果。IN1(x：$<$、$\leqslant$、$=$、$\geqslant$、$>$、$\neq$)IN2
ABx　　IN1，IN2	与字节比较的结果。IN1(x：$<$、$\leqslant$、$=$、$\geqslant$、$>$、$\neq$)IN2
OBx　　IN1，IN2	或字节比较的结果。IN1(x：$<$、$\leqslant$、$=$、$\geqslant$、$>$、$\neq$)IN2
LDWx　IN1，IN2	装载字比较的结果。IN1(x：$<$、$\leqslant$、$=$、$\geqslant$、$>$、$\neq$)IN2
AWx　　IN1，IN2	与字比较的结果。IN1(x：$<$、$\leqslant$、$=$、$\geqslant$、$>$、$\neq$)IN2
Owx　　IN1，IN2	或字比较的结果。IN1(x：$<$、$\leqslant$、$=$、$\geqslant$、$>$、$\neq$)IN2
LDDx　IN1，IN2	装载双字比较的结果。IN1(x：$<$、$\leqslant$、$=$、$\geqslant$、$>$、$\neq$)IN2
ADx　　IN1，IN2	与双字比较的结果。IN1(x：$<$、$\leqslant$、$=$、$\geqslant$、$>$、$\neq$)IN2
ODx　　IN1，IN2	或双字比较的结果。IN1(x：$<$、$\leqslant$、$=$、$\geqslant$、$>$、$\neq$)IN2
LDRx　IN1，IN2	装载实数比较的结果。IN1(x：$<$、$\leqslant$、$=$、$\geqslant$、$>$、$\neq$)IN2
ARx　　IN1，IN2	与实数比较的结果。IN1(x：$<$、$\leqslant$、$=$、$\geqslant$、$>$、$\neq$)IN2
ORx　　IN1，IN2	或实数比较的结果。IN1(x：$<$、$\leqslant$、$=$、$\geqslant$、$>$、$\neq$)IN2
LDSx　IN1，IN2	装载字符串比较的结果。IN1(x：$<$、$\neq$)IN2
ASx　　IN1，IN2	与字符串比较的结果。IN1(x：$<$、$\neq$)IN2
OSx　　IN1，IN2	或字符串比较的结果。IN1(x：$<$、$\neq$)IN2
NOT	堆栈取反
EU	上升沿脉冲
DU	下降沿脉冲
=　　bit	输出
=I　　bit	立即输出

续表一

布 尔 指 令	
S　　S- bit，N	置位一个区域
R　　R- bit，N	复位一个区域
SI　　S- bit，N	立即置位一个区域
RI　　R- bit，N	立即复位一个区域
ALD	与装载
OLD	或装载
LPS	逻辑压栈(堆栈控制)
LRD	逻辑读(堆栈控制)
LPP	逻辑弹出(堆栈控制)
LDS　N	装载堆栈(堆栈控制)
AENO	与 ENO
实时时钟指令	
TODR　　T	读实时时钟
TODW　　T	写实时时钟
数学、增减指令	
+I　　IN1，OUT	整数加法：IN1+OUT=OUT
+D　　IN1，OUT	双整数加法：IN1+OUT=OUT
+R　　IN1，OUT	实数加法：IN1+OUT=OUT
−I　　IN1，OUT	整数减法：IN1+OUT=OUT
−D　　IN1，OUT	双整数减法：IN1+OUT=OUT
−R　　IN1，OUT	实数减法：IN1+OUT=OUT
MUL IN1，OUT	整数或实数乘法：IN1×OUT=OUT
*I　　IN1，OUT	整数乘法：IN1×OUT=OUT
*D　　IN1，OUT	双整数乘法：IN1×OUT=OUT
*R　　IN1，OUT	实数乘法：IN1×OUT=OUT
DIV IN1，OUT	整数或实数除法：IN1×OUT=OUT
/I　　IN1，OUT	整数除法：IN1×OUT=OUT
/D　　IN1，OUT	双整数除法：IN1×OUT=OUT
/R　　IN1，OUT	实数除法：IN1×OUT=OUT
SQRT IN，OUT	平方根
LN　　IN，OUT	自然对数
EXP　　IN，OUT	自然指数
SIN　　IN，OUT	正弦
COS　　IN，OUT	余弦
TAN　　IN，OUT	正切

续表二

数学、增减指令	
INCB OUT	字节增 1
INCW OUT	字增 1
INCD OUT	双字增 1
DECB OUT	字节减 1
DECW OUT	字减 1
DECD OUT	双字减 1
PID TBL，LOOP	PID 回路
定时器和计数器指令	
TON Txxx，PT	通电延时定时器
TOF Txxx，PT	断开延时定时器
TONR Txxx，PT	带记忆的通电延时定时器
CTU Cxxx，PV	增计数
CTD Cxxx，PV	减计数
CTUD Cxxx，PV	增/减计数
程序控制指令	
END	程序的条件结束
STOP	切换到 STOP 模式
WDR	看门狗复位(300 ms)
JMP N	跳到定义的标号
LBL N	定义一个跳转的标号
CALL N(N1，…)	调用子程序[N1，…]
CRET	从子程序条件返回
FOR INDX，INIT，FINAL NEXT	For/Next 循环
LSCR S- bit	顺控继电器段的启动
LSRT S- bit	状态转移
CSCRE	顺控继电器段条件结束
SCRE	顺控继电器段结束
传送、移位、循环和填充指令	
MOVB IN，OUT	字节传送
MOVW IN，OUT	字传送
MOVD IN，OUR	双字传送
MOVR IN，OUT	实数传送
BIR IN，OUT	字节立即读
BIW IN，OUT	字节立即写

续表三

传送、移位、循环和填充指令	
BMB　IN，OUT，N	字节块传送
BMW　IN，OUT，N	字块传送
BMD　IN，OUT，N	双字块传送
SWAP DATA，S-BIT，N	寄存器移位
SRB　　OUT，N	字节右移
SRW　OUT，N	字右移
SRD　OUT，N	双字右移
SLB　OUT，N	字节左移
SLW　OUT，N	字左移
SLD　OUT，N	双字左移
RRB　OUT，N	字节循环右移
RRW　OUT，N	字循环右移
RRD　OUT，N	双字循环右移
RLB　OUT，N	字节循环左移
RLW　OUT，N	字循环左移
RLD　OUT，N	双字循环左移
FILI　　IN，OUT，N	用指定的元素填充存储空间
逻辑操作	
ANDB　IN1，OUT	字节逻辑与
ANDW　IN1，OUT	字逻辑与
ANDD　IN1，OUT	双字逻辑与
ORB　IN1，OUT	字节逻辑或
ORW　IN1，OUT	字逻辑或
ORD　IN1，OUT	双字逻辑或
XORB　IN1，OUT	字节逻辑异或
XORW　IN1，OUT	字逻辑异或
XORD　IN1，OUT	字节取反逻辑异或
INVB　OUT	字节取反
INVW　OUT	字取反
INVD　OUT	双字取反
字符串指令	
SLEN　IN，OUT	字符串长度
SCAT　IN，OUT	连接字符串
SCPY　IN，INDX	复制字符串
SSCPY　IN，OUT，N，OUT	复制子字符串
CFND　IN1，IN2，OUT	在字符串中查找第一个字符
SFNT　IN1，IN2，OUT	在字符串中查找字符串

续表四

表　指　令	
ATT　DATA，TBL	把数据加入到表中
LIFO　TBL，DATA	从表中取数据(后进先出)
FIFO　TBL，DATA	从表中取数据(先进先出)
FND=TBL，PATEN，INDX FND≠TBL，PATEN，INDX FND＜TBL，PATEN，INDX FND＞TBL，PATEN，INDX	根据比较条件在表中查找数据
转　换　指　令	
BCDI　OUT	BCD 码转换成整数
IBCD　OUT	整数转换成 BCD 码
BTI　　IN，OUT	字节转换成整数
ITB　　IN，OUT	整数转换成字节
ITD　　IN，OUT	整数转换成双整数
DTI　　IN，OUT	双整数转换成整数
DTR　　IN，OUT	双字转换成实数
TRUNC IN，OUT	实数转换成双字(舍去小数)
ROUND IN，OUT	实数转换成双整数(保留小数)
ATH　　IN，OUT	ASCII 码转换成十六进制格式
HTA　　IN，OUT，LEN	十六进制格式转换成 ASCII 码
ITA　　IN，OUT，FMT	整数转换成 ASCII 码
DTA　　IN，OUT，FMT	双整数转换成 ASCII 码
RTS　　IN，OUT，FMT	实数转换成 ASCII 码
ITS　　IN，FMT，OUT	整数转换成字符串
DTS　　IN，FMT，OUT	双整数转换成字符串
RTS　　IN，FMT，OUT	实数转换成字符串
STI　　IN，INDX，OUT	字符串转换成整数
STD　　IN，INDX，OUT	字符串转换成双整数
STR　　IN，INDX，OUT	字符串转换成实数
DECO　IN，OUT	解码
ENCO　IN，OUT	编码
SEG　　IN，OUT	产生 7 段码显示格式
中　　断	
CRETI	从中断条件返回
ENI	允许中断
DISI	禁止中断
ATCH　INT，EVNT	给事件分配中断程序
DTCH　EVNT	解除中断事件

高 速 指 令		
HDEF	HSC，MODE	定义高速计数器模式
HSC	N	激活高速计数器
PLS	Q	脉冲输出(Q 为 0 或 1)
通　信		
XMT	TBL，PORT	自由口传送
RCV	TBL，PORT	自由口接受信息
TODR	TBL，PORT	网络读
TODW	TBL，PORT	网络写
GPA	ADDR，PORT	获取口地址
SPA	ADDR，PORT	设置口地址

西门子 S7–200 系列 PLC 特殊存储器(SM)标志位

特殊存储器标志位提供大量的状态和控制功能,用来在 PLC 和用户程序之间交换信息。

(1) SMB0：状态位。如附表 5 所示，SMB0 有 8 个状态位，在每个扫描周期结束时，由 CPU 更新这些位。

附表 5　特殊存储器字节 SMB0

SM 位	描　　述
SM0.0	该位始终为 1
SM0.1	该位在首次扫描时为 1，用途之一是调用初始化子程序
SM0.2	若保持数据丢失，则该位在一个扫描周期中为 1。该位可用作错误存储器位，或用来调用特殊启动顺序功能
SM0.3	开机后进入 RUN 方式，该位将变为 ON，持续一个扫描周期，该位可用作在启动操作之前给设备提供一个预热时间
SM0.4	该位提供了一个时钟脉冲，30 s 为 1，30 s 为 0，周期为 1 min，它提供了一个简单易用的延时或 1 min 的时钟脉冲
SM0.5	该位提供了一个时钟脉冲，0.5 s 为 1，0.5 s 为 0，周期为 1 s，它提供了一个简单易用的延时或 1 s 的时钟脉冲
SM0.6	该位为扫描时钟，本次扫描置 1，下次扫描置 0。可用作扫描计数器的输入
SM0.7	该位指示 CPU 工作方式开关的位置(0 为 TERM 位置，1 为 RUN 位置)。当开关在 RUN 位置时，用该位可使自由端口通信方式有效，那么当切换至 TERM 位置时，同编程设备的正常通信也会有效

(2) SMB1：状态位。如附表 6 所示，SMB1 包含了各种潜在的错误提示，这些位因指令的执行被置位或复位。

附表 6　特殊存储器字节 SMB1

SM 位	描　述
SM1.0	当执行某些指令，其结果为 0 时，将该位置 1
SM1.1	当执行某些指令，其结果溢出或查出非法数值时，将该位置 1
SM1.2	当执行数学运算，其结果为负数时，将该位置 1
SM1.3	试图除以零时，将该位置 1
SM1.4	当执行 ATT 指令时，试图超出表范围时，将该位置 1
SM1.5	当执行 LIFO 或 FIFO 指令时，试图空表中读数时，将该位置 1
SM1.6	当试图把一个非 BCD 数转换为二进制数时，将该位置 1
SM1.7	当 ASCII 码不能转换为有效的十六进制数时，将该位置 1

(3) SMB2：自由端口接收字符缓冲区。

(4) SMB3：自由端口奇偶校验错误。

(5) SMB4：队列溢出。SMB4 包含中断队列溢出位、中断允许标志位和发送空闲位等。

(6) SMB5：I/O 错误状态。

(7) SMB6：CPU 标识(ID)寄存器。

(8) SMB8～SMB21：I/O 模块标识与错误寄存器。

(9) SMB22～SMB26：扫描时间。SMB22～SMB26 中是以 ms 为单位的上一次扫描时间、最短时间和最长扫描时间。

(10) SMB28 和 SMB29：模拟电位器。

(11) SMB30 和 SMB130：自由端口控制寄存器。SMB30 和 SMB130 分别控制自由端口 0 和自由端口 1 的通信方式，用于设置通信的波特率和奇偶校验等，并提供选择自由端口方式或使用系统支持的 PPI 通信协议，可以对它们读或写。

(12) SMB31 和 SMB32：EEPROM 写控制。

(13) SMB34 和 SMB35：定时中断的时间间隔寄存器。SMB34 和 SMB35 用于设置定时器中断 0 与定时器中断 1 的时间间隔(1～255ms)。

(14) SMB36～SMB65：HSC0、HSC1、HSC2 寄存器。如附表 7 所示，SMB36～SMB65 用于监视和控制高速计数器 HSC0、HSC1 和 HSC2 的操作。

附表 7　特殊存储器字节 SMB36～SMB65

SM 位	描　述 (只读)
SM36.0～SM36.4	保留
SM36.5	HSC0 当前计数方向位：1=增计数
SM36.6	HSC0 当前值等于预置值位：1=等于
SM36.7	HSC0 当前值大于预置值位：1=大于
SM37.0	HSC0 复位的有效控制位：0=高电平复位有效，1=低电平复位有效
SM37.1	保留

续表

SM 位	描 述 (只读)
SM37.2	HSC0 正交计数器的计数速率选择：0=4×计数速率；1=1×计数速率
SM37.3	HSC0 方向控制位：1=增计数
SM37.4	HSC0 更新方向：1=更新方向
SM37.5	HSC0 更新预置值：1=向 HSC0 写新的预置值
SM37.6	HSC0 更新当前值：1=向 HSC0 写新的初始值
SM37.7	HSC0 有效位：1=有效
SMD38	HSC0 新的初始值
SMD42	HSC0 新的预置值
SM46.0～SM46.4	保留
SM46.5	HSC1 当前计数方向位：1=增计数
SM46.6	HSC1 当前值等于预置值位：1=等于
SM46.7	HSC1 当前值大于预置值位：1=大于
SM47.0	HSC1 复位的有效控制位：0=高电平复位有效，1=低电平复位有效
SM47.1	HSC1 启动有效电平控制位：0=高电平，1=低电平
SM47.2	HSC1 正交计数器的计数速率选择：0=4×计数速率；1=1×计数速率
SM47.3	HSC1 方向控制位：1=增计数
SM47.4	HSC1 更新方向：1=更新方向
SM47.5	HSC1 更新预置值：1=向 HSC1 写新的预置值
SM47.6	HSC1 更新当前值：1=向 HSC1 写新的初始值
SM47.7	HSC1 有效位：1=有效
SMD48	HSC1 新的初始值
SMD52	HSC1 新的预置值
SM56.0～SM56.4	保留
SM56.5	HSC2 当前计数方向位：1=增计数
SM56.6	HSC2 当前值等于预置值位：1=等于
SM56.7	HSC2 当前值大于预置值位：1=大于
SM57.0	HSC2 复位的有效控制位：0=高电平复位有效，1=低电平复位有效
SM57.1	HSC2 启动有效电平控制位：0=高电平，1=低电平
SM57.2	HSC2 正交计数器的计数速率选择：0=4×计数速率；1=1×计数速率
SM57.3	HSC2 方向控制位：1=增计数
SM57.4	HSC2 更新方向：1=更新方向
SM57.5	HSC2 更新预置值：1=向 HSC2 写新的预置值
SM57.6	HSC2 更新当前值：1=向 HSC2 写新的初始值
SM57.7	HSC2 有效位：1=有效
SMD58	HSC2 新的初始值
SMD62	HSC2 新的预置值

(15) SMB66～SMB85：PTO/PWM 寄存器。

(16) SMB86～SMB94：端口 0 接收信息控制。

(17) SMW98：扩展总线错误计数器。

(18) SMB130：自由端口 1 控制寄存器。

(19) SMB131～SMB165：HSC3、HSC4、HSC5 寄存器。如附表 8 所示，SMB131～SMB165 用于监视和控制高速计数器 HSC3、HSC4 和 HSC5 的操作。

附表 8　特殊存储器字节 SMB131～SMB165

SM 位	描 述 (只读)
SM131～SM135	保留
SM136.0～SM136.4	保留
SM136.5	HSC3 当前计数方向位：1=增计数
SM136.6	HSC3 当前值等于预置值位：1=等于
SM136.7	HSC3 当前值大于预置值位：1=大于
SM137.0～SM137.2	保留
SM137.3	HSC3 方向控制位：1=增计数
SM137.4	HSC3 更新方向：1=更新方向
SM137.5	HSC3 更新预置值：1=向 HSC3 写新的预置值
SM137.6	HSC3 更新当前值：1=向 HSC3 写新的初始值
SM137.7	HSC3 有效位：1=有效
SMD138	HSC3 新的初始值
SMD142	HSC3 新的预置值
SM146.0～SM146.4	保留
SM146.5	HSC4 当前计数方向位：1=增计数
SM146.6	HSC4 当前值等于预置值位：1=等于
SM146.7	HSC4 当前值大于预置值位：1=大于
SM147.0	HSC4 复位的有效控制位：0=高电平复位有效，1=低电平复位有效
SM147.1	保留
SM147.2	HSC4 正交计数器的计数速率选择：0=4×计数速率；1=1×计数速率
SM147.3	HSC4 方向控制位：1=增计数
SM147.4	HSC4 更新方向：1=更新方向
SM147.5	HSC4 更新预置值：1=向 HSC4 写新的预置值
SM147.6	HSC4 更新当前值：1=向 HSC4 写新的初始值
SM147.7	HSC4 有效位：1=有效

SM 位	描 述 (只读)
SMD148	HSC4 新的初始值
SMD152	HSC4 新的预置值
SM156.0～SM156.4	保留
SM156.5	HSC5 当前计数方向位：1=增计数
SM156.6	HSC5 当前值等于预置值位：1=等于
SM156.7	HSC5 当前值大于预置值位：1=大于
SM157.0～SM157.2	保留
SM157.3	HSC5 方向控制位：1=增计数
SM157.4	HSC5 更新方向：1=更新方向
SM157.5	HSC5 更新预置值：1=向 HSC5 写新的预置值
SM157.6	HSC5 更新当前值：1=向 HSC5 写新的初始值
SM157.7	HSC5 有效位：1=有效
SMD158	HSC5 新的初始值
SMD162	HSC5 新的预置值

(20) SMB166～SMB185：PTO0 和 PTO1 包络定义表。

(21) SMB186～SMB194：端口 1 接收信息控制。

(22) SMB220～SMB594：智能模块状态，即预留给智能扩展模块的状态信息。

参 考 文 献

[1] 吴丽. 电气控制与 PLC 应用技术[M]. 北京：机械工业出版社，2009.

[2] 张运波，等. 工厂电气控制技术[M]. 北京：高等教育出版社，2006.

[3] 张桂金. 电气控制线路故障分析与处理[M]. 西安：西安电子科技大学出版社，2009.

[4] 黄永红. 张新华.低压电器[M]. 北京：化学工业出版社，2007.

[5] 张伟林. 电气控制与 PLC 综合应用技术[M]. 北京：人民邮电出版社，2009.

[6] 薛晓明. 变频器技术与应用[M]. 北京：北京理工大学出版社，2009.

[7] 张永飞. PLC 及其应用[M]. 大连：大连理工大学出版社，2009.

[8] S7-200 SMART 系统手册[M]. 2012.